RAL · NEU 研究报告　No. 0003

# 1450mm 酸洗冷连轧机组自动化控制系统研究与应用


轧制技术及连轧自动化国家重点实验室

（东北大学）

北　京

冶 金 工 业 出 版 社

2014

## 内容简介

本书全面介绍了带钢酸洗冷连轧机组自动化控制系统，内容包括酸洗冷连轧自动控制系统的硬件、网络与典型仪表配置，酸洗速度张力控制系统，破鳞拉矫机延伸率控制，冷连轧机主令控制系统，动态变规格控制，液压伺服控制，冷连轧自动厚度控制，冷轧自动板形控制，酸洗过程控制系统，冷连轧设定模型机模型自适应和自学习等。

本书可供从事冶金自动化工作的工程技术人员、科研人员阅读，也可供高等院校材料成型及自动化专业的师生参考。

**图书在版编目(CIP)数据**

1450mm酸洗冷连轧机组自动化控制系统研究与应用/轧制技术及连轧自动化国家重点实验室(东北大学)著．—北京：冶金工业出版社，2014.10
(RAL·NEU研究报告)
ISBN 978-7-5024-6686-2

Ⅰ.①1…　Ⅱ.①轧…　Ⅲ.①带钢—酸洗—冷连轧—机组自动化—控制系统—研究　Ⅳ.①TG335.12

中国版本图书馆CIP数据核字(2014)第217204号

出版人　谭学余
地　　址　北京市东城区嵩祝院北巷39号　邮编　100009　电话　(010)64027926
网　　址　www.cnmip.com.cn　电子信箱　yjcbs@cnmip.com.cn
责任编辑　卢　敏　李培禄　美术编辑　彭子赫　版式设计　孙跃红
责任校对　卿文春　责任印制　牛晓波
ISBN 978-7-5024-6686-2
冶金工业出版社出版发行；各地新华书店经销；北京百善印刷厂印刷
2014年10月第1版，2014年10月第1次印刷
169mm×239mm；13.5印张；212千字；198页
**48.00**元

**冶金工业出版社　投稿电话　(010)64027932　投稿信箱　tougao@cnmip.com.cn**
**冶金工业出版社营销中心　电话　(010)64044283　传真　(010)64027893**
**冶金书店　地址　北京市东四西大街46号(100010)　电话　(010)65289081(兼传真)**
**冶金工业出版社天猫旗舰店　yjgy.tmall.com**
(本书如有印装质量问题，本社营销中心负责退换)

# 研究项目概述

## 1. 研究项目背景与立题依据

冷轧板带材属于高附加值产品，是汽车、家电、食品包装、建筑等行业必不可少的原材料，近年来工业发达国家在钢材结构上的一个明显变化是在保持钢材板带比持续提高的前提下，高附加值的深加工冷轧板带产品显著增加[1]。在我国进口的钢材中，冷轧板进口量占总进口量的比例超过80%，而其中进口量最大的品种依次为优质镀层板、高精度冷轧深冲板、电工钢和不锈钢板带，总量占钢材进口总量的比例超过70%。根据目前我国冷轧产品的需求情况，一方面是解决国内自己需求的快速增长；另一方面是替代进口，解决市场占有率和自给率低的问题。在下游行业对冷轧板带需求增加的同时，对产品质量和规格也提出了越来越高的要求。厚度精度是产品质量中最为重要的指标之一，国家标准中厚度允许偏差只能达到毫米（mm）级范围之内，而用户要求的厚度偏差精度已经是达到了微米（μm）级。我国生产的冷轧带钢产品厚度大多在0.25mm以上，可以稳定轧制生产薄至0.18mm产品的大部分是单机架六辊或二十辊可逆式轧机，导致了目前冷轧板生产中薄规格产品缺乏的状况。

思文科德薄板科技有限公司是一家以超薄精品冷轧薄板、薄板镀锡、镀锡板彩色印刷产业链为主导的企业，其1450mm酸洗冷连轧机组的产品主要为电镀锡产品和冷轧产品，整体设计具有国际先进水平。采用浅槽紊流式酸洗，五机架全六辊UCM轧机，卡罗塞尔卷取机，最大轧制速度为1350m/min，成品带钢为厚度0.18～0.55mm、宽度750～1050mm的镀锡基板，再经二次冷轧后生产最薄0.12mm的镀锡板。该酸轧机组为轧制技术及连轧自动化国家重点实验室（东北大学）三电总包，轧线主传动采用TMEIC交-直-交传动，使用西门子TDC系统、HP服务器及IBA数据采集系统，配置 IRM 测厚仪、BETA 激光测速仪、ABB 板形仪等高端仪表。在该项目实施过程中，采用了具有东北大学自主知识产权的一系列冷轧控制创新技术，申请了多项发明专利和软件著作权。1450mm 酸轧联机具有的主要控制功能包括：酸洗冷连轧物料跟踪与线协调控制、高精度厚度控制、机架间张力控制、动态变规格、冷连轧板形控制、酸洗和冷连轧设定计算模型、自学习与自适应控制和离线仿真测试等[2,3]。这是国内第一条完全依靠自己力量开发两级全线控制系统应用软件并进行自主调试的大型高端精品酸轧机组。

酸洗冷连轧过程涉及材料成型、控制理论与控制工程、计算机科学、机械等多个学科领域，是一个典型的多学科综合交叉的冶金工业流程，具有多变量、强耦合、高响应、非线性、高精度等特点[4~6]。从 20 世纪 60 年代起计算机控制系统开始广泛应用于轧制过程，德国西门子、日本日立等几家大的电气公司掌握着冷连轧的核心技术，基本垄断了世界高端板带冷连轧自动化控制技术的市场。迄今为止我国引进的冷连轧生产线计算机控制系统已经囊括了世界上所有掌握核心技术的公司，出于对自己核心技术的保密，引进系统中一些关键模型及控制功能通常采用“黑箱”的形式，使新功能和新产品的开发以及以后的系统升级改造受到很大制约。近年来，国外先进技术和装备的大量引进加上国内自主创新，无论在装机水平、生产能力还是产品质量方面我国都有了大幅度的提高，但还存在设备现代化和自动化水平不高、厚度控制和板形控制等核心控制系统的控制精度及稳定性与国际先进水平存在一定差距等很多问题，开发具有我国自主知识产权的酸洗冷连轧控制系统，必将有力推动我国钢铁行业的科技进步，有着极其深远的经济和社会效益。

## 2. 研究进展与成果

近年来，东北大学轧制技术及连轧自动化国家重点实验室在酸洗冷连轧工艺控制系统方面做了大量的工作，对从国外引进的冷连轧机组自动控制系统进行消化和吸收，与日本三菱合作完成了上海宝钢益昌薄板有限公司五机架冷连轧机模型设定程序开发及在线应用，与西门子奥钢联合作完成了唐钢 1800mm 五机架冷连轧工艺控制系统应用软件联合开发，与鞍钢自动化公司合作完成了鞍钢福建1450mm冷轧机过程控制数学模型系统研制、开发与现场调试。通过多年的努力和技术积累，东北大学轧制技术及连轧自动化国家重点实验室已经具备了自主设计、集成和开发酸洗冷连轧机组自动化工艺控制系统的能力。2013年，东北大学完成了迁安市思文科德薄板科技有限公司的1450mm酸洗冷连轧机组自动控制系统研制与开发工作，该冷连轧生产线是国内第一条完全依靠自己力量开发全线控制系统应用软件并自主调试的酸洗冷连轧机组。

控制系统是酸洗冷连轧机组的核心，运行良好的控制系统是工艺质量和生产效率的前提和保障。在该项目实施过程中，采用了具有东北大学自主知识产权的一系列酸轧控制创新技术，申请了多项发明专利和软件著作权。

针对酸洗冷连轧机组的工艺控制要求，设计了包含基础自动化和过程自动化的控制系统方案，根据数据传输要求选择不同通讯网络，并配置测厚仪、板形仪等完备的特殊仪表。根据酸洗冷连轧机组的设备构成，对酸洗段张力辊及活套进行分区域的速度张力控制，实现高精度的轧机飞剪控制、卡罗塞尔卷取机控制、焊缝跟踪、动态变规格控制功能，在酸轧全线跟踪的基础上完成设定值处理。

针对伺服阀非线性特性提出了非线性补偿策略，给出了颤振补偿控制策略，实现液压压下系统中的位置闭环控制和轧制力闭环控制。提出了最大弯辊力的确定方法及弯辊力设定模型，根据经验确定了正、负弯辊力的最佳分配方法，并给出了窜辊系统控制方法。

结合轧机的仪表配置，设计并建立了冷连轧厚度自动控制系统。通过在第1和第2机架设置多种类型的AGC，将大部分厚度偏差消除在前部机架。在末机架采用多种AGC控制策略，在不同轧制策略下保证了成品厚度精度。开发了末机架轧制力补偿控制，在优化了厚度和张力控制方式的基础上保证了末机架轧制力的控制精度。提出了动态负荷平衡控制，防止了某个机架的负荷过大。开发了速度修正控制，以保障AGC对机架速度的调节过程得到高效合理的执行。提出了基于动态张力阈值的机架间张力控制策略，完成基于辊缝调节的正常张力控制闭环和基于速比调节的极限张力控制闭环。

针对板形辊的物理特性和实际生产条件制定了板形测量环节的数学模型，

并在生产实践中给出了板形测量系统中的各种补偿策略。为了解决板形调节机构调节超限的问题，建立了多变量最优化的板形反馈控制模型，基于板形执行机构的板形调控功效系数建立了板形控制的目标函数，并制定了板形调控功效系数的自学习模型。

开发了一套适于在线应用的过程控制系统，实现了系统管理、数据通讯、运行信息管理、标签信息管理、过程跟踪等辅助功能，并通过模型计算实现核心的设定计算功能。为了保证模型设定的精度以及解决传统方法难以求解的问题，采用了简易有限元法对轧制参数进行计算。为了提高辊缝预设定的精度，采用了一种新型的冷连轧机弹跳模型。综合考虑了冷连轧过程中的重要因素，开发了一种基于成本函数的多目标轧制规程优化模型。

将该控制系统方案和控制策略成功应用于思文科德 1450mm 酸洗冷连轧生产线，实现了轧制技术及连轧自动化国家重点实验室在板带冷连轧自动控制领域的跨越式发展。该项目的实施有力地推动了大型高端酸洗冷连轧机组的自主创新和国产化进程，使我国拥有了酸洗冷连轧自动控制系统的自主知识产权，打破了国外技术垄断，节省巨额技术引进费用，将大大增强我国在轧制控制系统方面的核心竞争力。

## 3. 论文与专利

该项目实施过程中，在国内外学术期刊发表论文 20 余篇，申请国家专利 10 余项，出版专著 1 部。

**论文：**

（1）孙杰，张浩宇，李旭，张殿华．广义预测控制在监控 AGC 系统中的应用研究．中南大学学报（自然科学版），2012，43(10)：3852 ~ 3856.

（2）Zhang Haoyu, Sun Jie, Zhang Dianhua, Chen Shuzong, Zhang Xin. Improved smith prediction monitoring AGC system based on feedback-assisted iterative learning control. Journal of Central South University of Technology, Accepted.

（3）张浩宇，孙杰，张殿华，曹剑钊．基于流量预估的直拉式冷轧机液压张力控制策略．材料与冶金学报，2013，12(4)：283 ~ 288.

（4）陈树宗，彭文，姬亚锋，张殿华．基于目标函数的冷连轧轧制力模型参数自适应．东北大学学报(自然科学版)，2013，34(8)：1128～1131.

(5) 张欣，张殿华，李旭，孙杰．五机架带钢冷连轧机张力控制系统研究．轧钢，2013，30(4)：47～50.

(6) Sun Jie，Zhang Dianhua，Li Xu，Zhang Jin，Du Deshun. Smith prediction monitor AGC system based on fuzzy self-tuning PID control. Journal of Iron and Steel Research，2010，17(2)：22～26.

(7) 孙杰，李旭，谷德昊，王国力，张殿华．高精度铝箔张力控制策略的研究与应用．电机与控制学报，2011，15(12)：73～77.

(8) 王鹏飞，张殿华，刘佳伟，王军生，俞小峰．冷轧板形测量值计算模型的研究与应用．机械工程学报，2011，47(4)：58～65.

(9) Zhang Xin，Zhang Dianhua，Chen Shuzong，Zhang Haoyu，Li Xu，Sun Jie. Modeling and analysis for interstand tension control in 6-high tandem cold rolling mill. Journal of Central South University of Technology (Accepted).

(10) 孙杰，胡云建，李炳奇，张殿华．铝箔厚度控制系统及厚度优化策略．东北大学学报(自然科学版)，2014，35(4):516～520.

(11) 张殿华，刘佳伟，王军生，王鹏飞．带钢冷连轧板形功效系数自学习计算模型．钢铁，2010，45(3)：52～56.

(12) 孙杰，张殿华，李旭，张泽瑞．厚度计 AGC 应用中存在的问题及对策．东北大学学报(自然科学版)，2009，30(11)：1621～1623.

(13) Sun Jie，Zhang Haoyu，Qin Dawei，Gu Dehao，Zhang Dianhua. Simulation research of integral controller in monitor AGC system. Proceedings of the 2012 24th Chinese Control and Decision Conference，Taiyuan，2012：3292～3294.

(14) Zhang Haoyu，Sun Jie，Zhang Dianhua，Li Xu. Compensation method to improve dynamics of hydraulic gap control system. Proceedings of the 2012 24th Chinese Control and Decision Conference，Taiyuan，2012：1536～1541.

(15) Chen Shuzong，Zhang Dianhua，Sun Jie，Peng Lianggui，Zhang Xin，Liu Yinzhong. Multi-objective optimization of rolling schedule based on cost function for tandem cold mill. Journal of Central South University of Technology，2014，21(5):1734～1740.

(16) Ji Yafeng，Zhang Dianhua，Sun Jie，Li Xu，Chen Shuzong，Di Hong-

shuang. Algorithm design and application of novel GM-AGC based on mill stretch characteristic curve. Journal of Central South University of Technology，2014，21(3):942～947.

(17) Zhang Xin, Zhang Dianhua, Sun Jie, Li Xu, Cheng Pingwen. On quality control strategy in last stand of tandem cold rolling mill. 2012 31st Chinese Control Conference，Taiyuan，2012：7562～7564.

(18) Chen Shuzong，Zhang Dianhua，Sun Jie，Wang Junsheng，Song Jun. Online calculation model of rolling force for cold rolling mill based on numerical integration. Proceedings of the 2012 24th Chinese Control and Decision Conference，Taiyuan，2012：3951～3955.

(19) Wang Pengfei，Zhang Dianhua，Li Xu，Zhang Wenxue. Research and application of dynamic substitution control of actuators in flatness control of cold rolling mill. Steel Research，2011，82(4)：379～387.

(20) 张殿华，张欣，李旭，孙杰，谷德昊．基于 Smith 预估控制器的监控 AGC 在冷连轧机上的应用．钢铁研究学报，2012，23(12)：60～63.

(21) 陈树宗，张殿华，刘印忠，李旭，彭良贵．唐钢 1800mm 五机架冷连轧机过程控制模型设定系统．中国冶金，2013，22(10)：13～18.

(22) 张殿华，陈树宗，孙杰，宋君，王军生．基于实测值置信度的冷连轧轧制力模型自适应．钢铁研究学报，2013，25(11)：30～33.

(23) 陈树宗，张殿华，孙杰，李旭．液压弯辊控制系统的建模及辨识．东北大学学报(自然科学版)，2012，33(2)：208～212.

(24) 李旭，张殿华，何立平，张浩，李一栋．冷轧监控 AGC 智能 Smith 预估器的算法设计．系统仿真学报，2009，21(14)：4405～4408.

(25) 张殿华，孙杰，李旭，李文田，孟德霞，付韶武．冷轧平整机延伸率控制系统的应用及研究．钢铁研究学报，2008，20(5)：56～58.

(26) 李旭，张殿华，张浩，韩继征，王晶，刘翠红．唐钢 1700mm 五机架冷连轧计算机控制系统．材料与冶金学报，2008，7(2)：151～155.

(27) 张殿华，李旭，张浩，韩继征．辊缝型监控 AGC 纯滞后补偿控制器的算法设计及应用．钢铁，2008，43(6)：52～55.

(28) 李旭，张殿华，张浩，韩继征．基于 CORUM 模型与多闭环的冷连轧自动控制系统．东北大学学报(自然科学版)，2008，29(4)：533～536.

专利：

（1）李旭，孙杰，赵况，张欣，张浩宇，谷德昊，张殿华．一种测量传动系统转动惯量的方法，2013，中国，ZL201110374048.5。

（2）张殿华，李旭，孙杰，谷德昊，李建平，刘相华．一种板带轧制中卷径测量装置及卷取张力控制方法，2010，中国，ZL2008100134636.6。

（3）李旭，刘相华，张殿华，孙杰，支颖，胡贤磊，矫志杰，吴志强，孙涛．周期性变厚度带材轧制过程中张力的控制方法及控制系统，2011，中国，ZL200910012396.0。

（4）王贵桥，张福波．一种斜刃剪切机液压传动回路，2011，中国，ZL201010010117.X。

（5）孙涛，刘相华，张殿华，支颖，胡贤磊，矫志杰，孙杰，吴志强，李旭．周期性变厚度带材轧制过程中厚度的控制方法及控制系统，2011，中国，ZL2009100123994。

（6）张殿华，牛树林，张浩，李旭，孙杰，孙涛，刘相华．一种基于测厚仪反馈信号的高精度板带轧制厚度控制方法，2011，中国，ZL2009100126992.2。

（7）张殿华，刘相华，卢超，李建平，李旭，孙涛．一种中厚板液压滚切剪的控制方法和装置，2011，中国，ZL200810012268.1。

（8）张殿华，李旭，王鹏飞，孙杰．一种冷轧机工作辊弯辊超限的动态替代调节方法，2012，中国，ZL201010616810.1。

（9）张殿华，李旭，谷德昊，孙杰，李建平，刘相华．一种板带轧制中测量料卷卷径、带宽的装置及其方法，2010，中国，ZL200810013465.5。

（10）孙涛，张殿华，王君．一种动态补偿液压伺服阀零漂的方法，2009，中国，ZL200710157853.6。

（11）张殿华，刘相华，孙涛，吴志强，王国栋．一种快速高精度板带轧制过程自动控制厚度的方法，2008，中国，ZL200610045735.1。

专著：

（1）丁修堃，张殿华，王贞祥．高精度厚度控制理论与实践．冶金工业出版社，61.5万字，2009。

## 4. 项目完成人员

| 主要完成人员 | 职　称 | 单　位 |
|---|---|---|
| 张殿华 | 教　授 | 东北大学 RAL 国家重点实验室 |
| 孙　杰 | 讲　师 | 东北大学 RAL 国家重点实验室 |
| 李　旭 | 讲　师 | 东北大学 RAL 国家重点实验室 |
| 陈树宗 | 博士后 | 东北大学 RAL 国家重点实验室 |
| 彭良贵 | 讲　师 | 东北大学 RAL 国家重点实验室 |
| 张　欣 | 博士生 | 东北大学 RAL 国家重点实验室 |
| 张浩宇 | 博士生 | 东北大学 RAL 国家重点实验室 |
| 王　力 | 博士生 | 东北大学 RAL 国家重点实验室 |
| 朱晓岩 | 博士生 | 东北大学 RAL 国家重点实验室 |
| 甄立东 | 高级实验员 | 东北大学 RAL 国家重点实验室 |
| 胡云建 | 工程师 | 东北大学 RAL 国家重点实验室 |
| 陈秋捷 | 工程师 | 东北大学 RAL 国家重点实验室 |
| 李炳奇 | 工程师 | 东北大学 RAL 国家重点实验室 |
| 王国力 | 工程师 | 东北大学 RAL 国家重点实验室 |
| 陈华昕 | 工程师 | 东北大学 RAL 国家重点实验室 |
| 闫注文 | 博士生 | 东北大学 RAL 国家重点实验室 |
| 卜赫男 | 博士生 | 东北大学 RAL 国家重点实验室 |
| 吴春玲 | 工程师 | 东北大学 RAL 国家重点实验室 |

## 5. 报告执笔人

张殿华、孙杰、李旭、陈树宗、张浩宇、张欣、王力、闫注文。

## 6. 致谢

思文科德 1450mm 酸轧机组是我国第一条完全依靠自主力量开发全线控制系统应用软件并自主调试的酸洗冷连轧项目，从合同签订、控制系统设计到现场调试都遇到了各种各样的困难，在轧制技术及连轧自动化国家重点实验室领导和思文科德领导的关心和支持下取得了令人满意的结果。

感谢王国栋院士的关心和悉心指导，王老师严谨的治学态度、高瞻远瞩的战略眼光和渊博的专业知识都使酸轧项目组受益匪浅，从项目设计到项目执行王老师都给出了很多建设性的指导意见，是整个项目能够顺利完成的关键所在。感谢以吴迪教授为首的实验室领导班子的关心和帮助，感谢实验室为项目组提供了一个良好的工作平台和强大的后盾。

感谢思文科德集团公司李民董事长的信任以及对自主创新的冷连轧控制系统研究与开发的大力支持，为东北大学提供了一个展示自己的舞台，感谢李总为推动大型高端酸洗冷连轧机组的国产化进程所做出的努力。感谢张浩总经理、诸旭东总经理等思文科德公司领导和专家的支持和帮助，以及对项目执行过程中所遇到问题的宽容和理解，感谢思文科德酸轧项目部领导和所有技术人员的配合。

感谢酸轧项目组全体人员所付出的心血和汗水，作为第一套自主开发的酸轧控制系统，所有控制程序都是从底层开发，在项目执行开始以后的两年来，酸轧项目组很多人员放弃了休息时间，项目调试过程中的关键阶段全体人员连续两个月不分昼夜的奋战，没有一个人有任何一句怨言。作为项目中坚力量的几个博士研究生虽然都面临着毕业，但他们都选择了推迟撰写毕业论文，全身心地投入到控制系统的开发和调试中，衷心地感谢他们的努力和付出。

感谢项目实施过程中遇到的所有问题，是它们促进了我们的成长与进步。

# 目　　录

# 摘　　要

控制系统是酸洗冷连轧机组的核心，运行良好的控制系统是工艺质量和生产效率的前提和保障。酸洗冷连轧过程涉及材料成型、控制理论与控制工程等多个学科领域，是一个典型的多学科综合交叉的冶金工业流程，具有多变量、强耦合、高响应、非线性、高精度等特点。本书以思文科德1450mm酸洗冷连轧机组建设项目为背景，对酸轧速度张力控制、液压执行机构、厚度自动控制、板形自动控制、轧制过程设定模型等内容进行了研究，并将研究成果用于生产，取得了良好的控制效果。主要研究内容如下：

（1）根据酸洗冷连轧机组的工艺控制要求，给出了包含基础自动化和过程自动化的控制系统方案，根据数据传输要求选择不同通讯网络，并配置测厚仪、板形仪等完备的特殊仪表。

（2）介绍了酸洗冷连轧机组的设备构成，对酸洗段张力辊及活套的速度张力控制、轧机飞剪控制、卡罗塞尔卷取机控制、焊缝跟踪、动态变规格控制及设定值处理等做了详细描述。

（3）深入研究了液压压下系统中的位置闭环控制和轧制力闭环控制，针对伺服阀非线性特性提出了非线性补偿策略，另外给出了颤振补偿控制策略。阐述了最大弯辊力的确定方法及弯辊力设定模型，根据经验确定了正、负弯辊力的最佳分配方法，并给出了窜辊系统控制方法。

（4）结合轧机的仪表配置，设计并建立了五机架冷连轧厚度自动控制系统。通过在第1和第2机架设置多种类型的AGC，将大部分尖峰性的厚度偏差消除在前部机架。在末机架采用多种AGC控制策略，在不同轧制策略下保证了成品厚度精度。开发了末机架轧制力补偿控制，在优化了厚度和张力的控制方式的基础上保证了末机架轧制力的控制精度。提出了动态负荷平衡控制，防止了某个机架的负荷过大。开发了速度修正控制，以保障AGC对机架速度的调节过程得到高效合理的执行。提出了基于动态张力阈值的机架间张力控制策略，并对正常张力控制闭环和极限张力控制闭环进行了深入研究。

(5) 针对板形辊的物理特性和实际生产条件制定了板形测量环节的数学模型，并在生产实践中给出了板形测量系统中的各种补偿策略。为了解决板形调节机构调节超限的问题，建立了多变量最优化的板形反馈控制模型，基于板形执行机构的板形调控功效系数建立了板形控制的目标函数，并制定了板形调控功效系数的自学习模型。

(6) 结合工程项目的具体设备配置和酸洗冷连轧工艺特点，开发了一套适于在线应用的过程控制系统，实现了系统管理、数据通讯、运行信息管理、标签信息管理、过程跟踪等辅助功能，并通过模型计算实现核心的设定计算功能。为了保证模型设定的精度以及解决传统方法难以求解的问题，采用简易有限元法对轧制参数进行了计算。为了提高辊缝预设定的精度，采用了一种新型的冷连轧机弹跳模型。综合考虑了冷连轧过程中的重要因素，开发了一种基于成本函数的多目标轧制规程优化模型。

将该控制系统方案和控制策略成功应用于思文科德 1450mm 酸洗冷连轧生产线，实现了 T5 料 0.18mm 镀锡基板的高速轧制，实现了轧制技术及连轧自动化国家重点实验室在板带冷连轧自动控制领域的跨越式发展。该项目的实施有力地推动了大型高端酸洗冷连轧机组的自主创新和国产化进程，使我国拥有了酸洗冷连轧自动控制系统的自主知识产权，将大大增强我国在轧制控制系统方面的核心竞争力。

**关键词：** 酸洗冷连轧；酸洗控制；液压伺服控制；厚度控制；板形控制；过程控制系统

# 1 自动化系统概述

自动化控制系统分过程自动化级和基础自动化级两个层次，预留生产管理级接口。

酸洗机组及冷连轧机组自动化系统与网络配置图如图 1-1 和图 1-2 所示。

## 1.1 基础自动化控制系统

基础自动化控制系统采用 SIEMENS 公司的产品，包括 S7-400/S7-300/TDC PLC 主控制器以及 ET200 远程 I/O 站。这些 PLC 控制系统与人机接口的 WinCC 同属西门子公司产品，所以控制系统在以太网及 Profibus-DP 网通讯上比较简单，易维护。

### 1.1.1 SIMATIC TDC

SIMATIC TDC CPU 为 64 位 RISC 处理器、266MHz 时钟频率、32Mbyte SDRAM 内存，最短循环扫描时间 100μs，典型值为 0.3ms，典型浮点运算时间 0.9μs（乘法）。最快控制周期可小于 1ms，适合应用在分布式生产过程的快速系统中。硬件集成化程度高，百分之百的工业级芯片，适用于各种温度环境和工业现场环境。

图 1-3 为 SIMATIC TDC 外形图。

SIMATIC TDC 的基本配置为：

（1）机架和电源（包括冷却风机）；

（2）主 CPU 模块；

（3）输入输出模块；

（4）10/100M 以太网接口模块（TCP/IP 协议）；

（5）Profibus 总线模块；

（6）远程 I/O 模块；

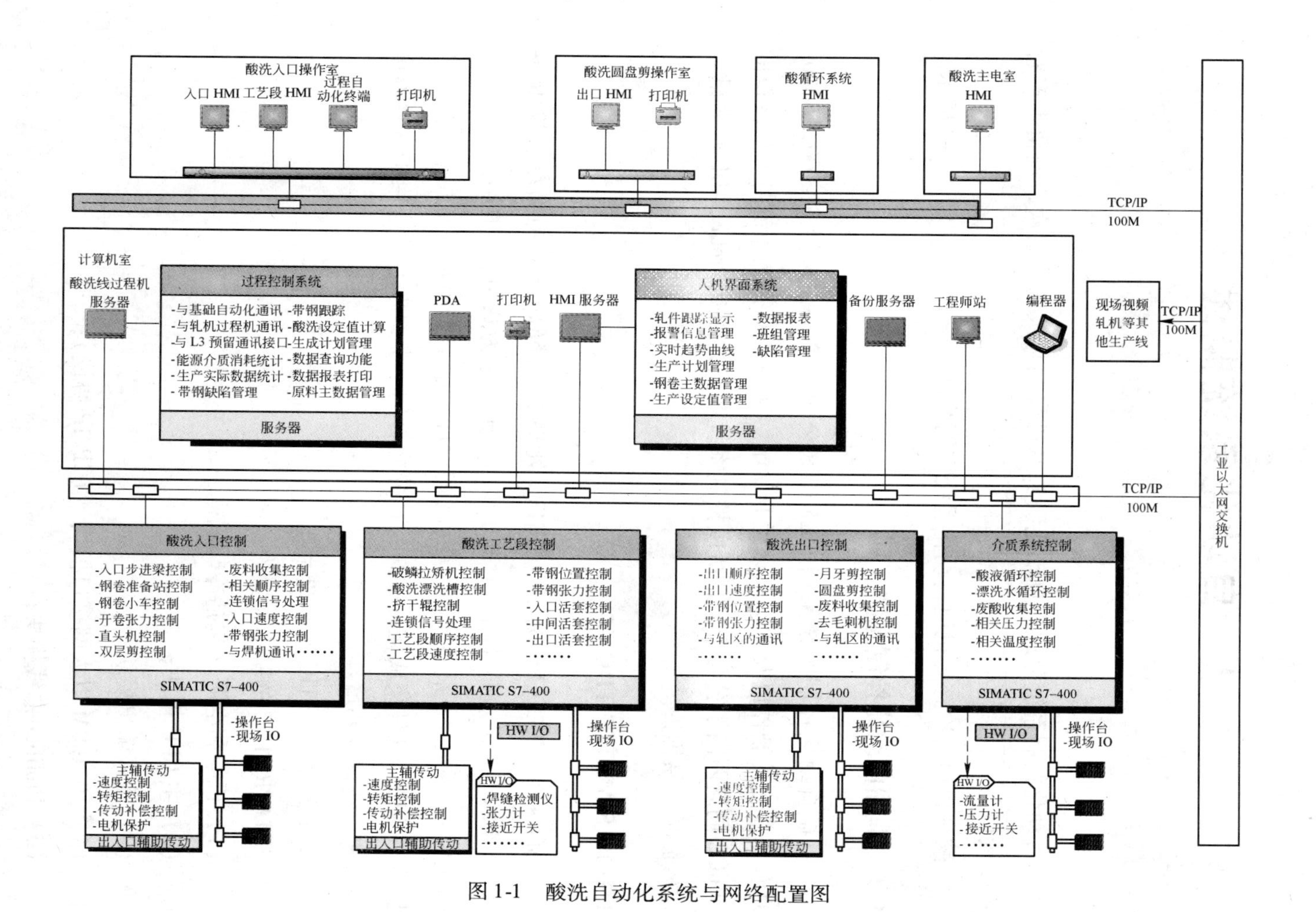


图 1-1 酸洗自动化系统与网络配置图

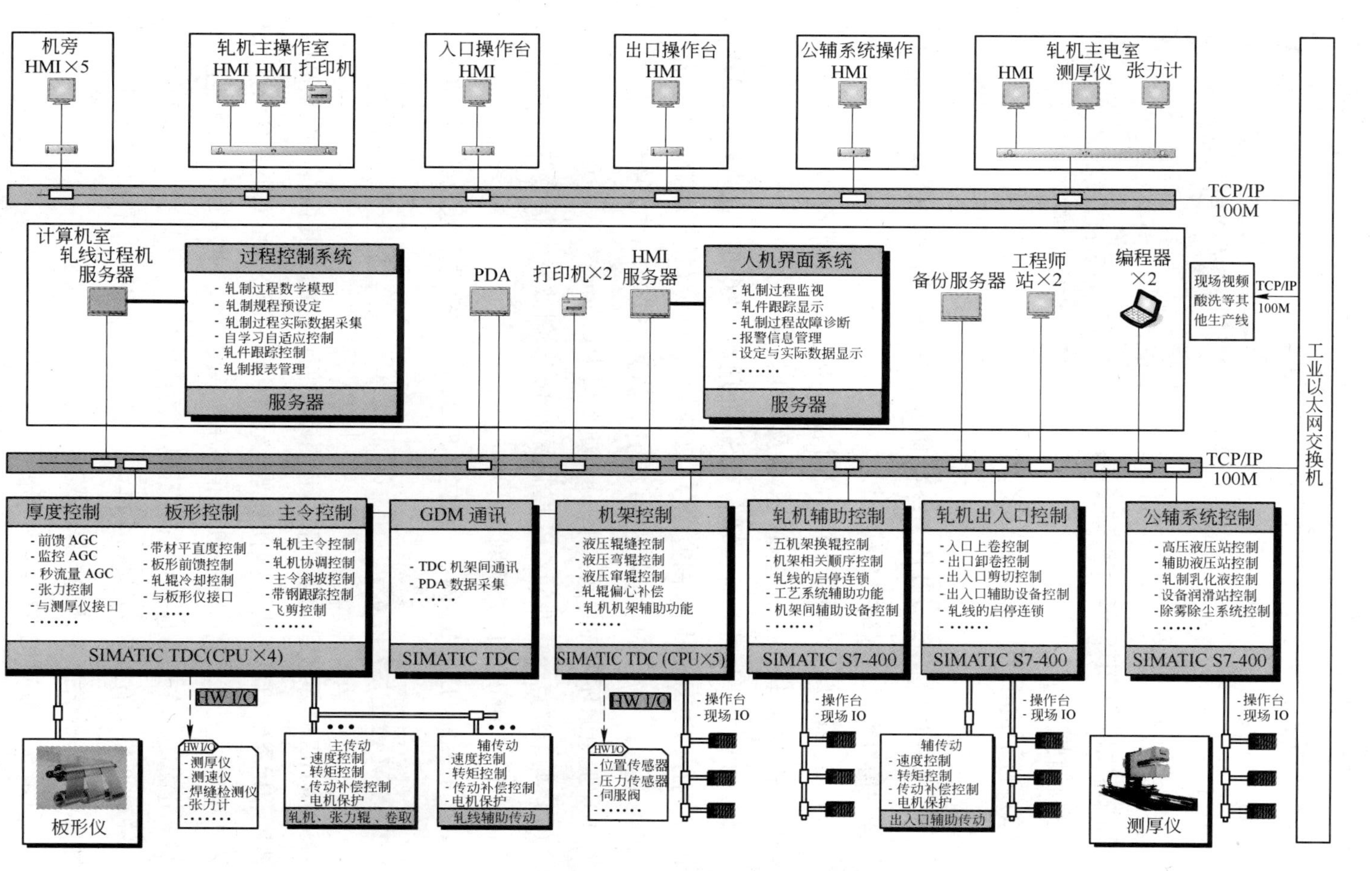


图 1-2 冷连轧自动化系统与网络配置图

（7）编程软件；

（8）系统配置和系统工具软件；

（9）TCP/IP 以太网通讯软件。

SIMATIC TDC 产品的主要特点是：

（1）适用于复杂的、高动态性能的开环和闭环控制，如闭环的辊缝控制、液压系统定位控制等；

（2）特别适用于实时、多任务的应用场合；

图 1-3 SIMATIC TDC 外形图

（3）系统模块化结构设计，含有 DI/DO 模板、AI/AO 模板、增量型/绝对值脉冲信号模板、网络接口模板；

（4）21 槽框架，高性能 64 位高性能背板总线，自带冷却风扇，可插多块 CPU（最多 20 块）和一些通讯模板及 I/O 模板；

（5）CPU 主要性能指标：64 位 RISC 处理器、266MHz 时钟频率、32Mbyte SDRAM 内存、512kbyte 同步高速缓存、256kbyte SRAM（用于保存操作系统的故障诊断信息等）、2/4/8Mbyte 可选用户程序存储器、STEP7/CFC 编程语言；

（6）最短循环扫描时间：100μs，典型值为 0.3ms；

（7）典型浮点运算时间：PI 控制器 2.3μs，斜波发生器 5.3μs；

（8）10/100Mbits 以太网网卡；

（9）Profibus-DP/MPI 网卡，可连接 ET200M 远程控制模块及数字传动系统。

### 1.1.2 SIMATIC S7 PLC

SIMATIC S7 系统是为生产和过程自动化而设计的，其拥有一个较高的处理速度和优秀的通讯性能。即使在恶劣、不稳定的工业环境下，全封闭的模块依然可正常工作。结合 SIMATIC 的编程工具，使得 SIMATIC S7 的组态和编程都十分简便，在工程应用中占有了很大的比例。

S7-400 是具有中高档性能的 PLC，采用模块化无风扇设计，适用于对可靠性要求极高的大型复杂的控制系统。

图 1-4 为 SIMATIC S7-400 外形图。

SIEMENS S7-400 PLC 的主要配置如下：

(1) 9 槽基板；

(2) 10A 电源模板；

(3) CPU 416-2DP 处理器模板；

(4) 工业以太网接口模板；

(5) 数字量 I/O 模板；

(6) 模拟量 I/O 模板；

(7) 高速计数器/轴定位等智能模块；

(8) Profibus-DP 接口模板；

(9) Step7 编程软件。

图 1-4 SIMATIC S7-400 外形图

SIEMENS S7-400 PLC 产品是西门子公司最新型系列产品。其特点是功能强大，配置灵活。具体有如下突出特点：

(1) 高速：在程序执行方面，极短的指令执行时间使 S7-400 在同类产品竞争中脱颖而出；

(2) 坚固：即使在恶劣、不稳定的工业环境下，全封闭的模板依然可正常工作；无风扇操作降低了安装费用；在运行过程中，模板可插拔；

(3) 功能完善、强大：允许多 CPU 配置，功能更强、速度更快；同时，配有品种齐全的功能模板，充分满足用户各种类型的现场需求；

(4) 通讯能力强：分布式的内部总线允许在 CPU 与中央 I/O 间进行非常快的通讯，P 总线与输入/输出模板进行数据交换，K 总线将大量数据传送到功能模板和通讯模板；

(5) 智能模板丰富：具有多种板上自带 CPU（可减轻 CPU 模板运行负担）的智能模板，可满足各种控制功能。

### 1.1.3 ET200 的配置

自动化系统中现场 I/O 信号的采集采用 SIEMENS 公司的 ET200M 产品。

ET200 是一个模块化的 I/O 站，具有 IP20 的保护等级。由于它可接的模板范围很广，因此 ET200 适合于特殊的和复杂的自动化任务。ET200 是 Profibus-DP 现场总线上的一个从站，最大的传输速率是 12Mbps。

ET200 远程 I/O 系列如图 1-5 所示。

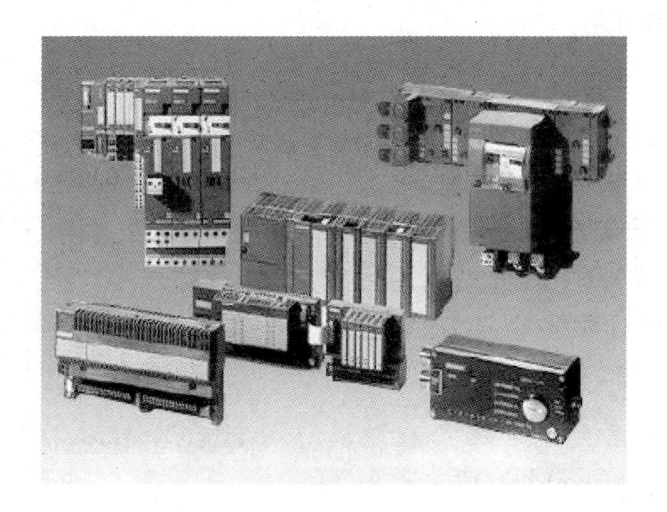

图 1-5 ET200 远程 I/O 系列

在基础自动化控制系统中，采用了大量的 ET200 用于主操作室内操作台、部分机旁操作台箱、PLC 远程 I/O 柜，这些 ET200 通过 Profibus-DP 网与 PLC 相连，这样大大减少了现场 I/O 接线，提高了系统的可靠性，同时也降低了用户投资。

### 1.1.4 自动化 PLC 功能分配

（1）酸洗入口控制（SIMATIC S7-400）：

1）入口顺序控制；

2）入口速度控制；

3）带钢张力控制；

4）带钢跟踪；

5）与焊机和入口操作台通讯；

6）与 HMI 数据交换；

7）数据通讯功能；

8）设备运行联锁控制；

9）生产线故障诊断控制及保护控制。

（2）酸洗工艺段控制（SIMATIC S7-400）：

1）工艺段顺序控制；

2）内部联锁信号处理；

3）工艺段速度控制；

4）带钢位置控制；

5）带钢张力控制；

6）入口活套控制；

7）中间活套控制；

8）出口活套控制；

9）带钢跟踪；

10）与工艺段操作台通讯；

11）与 HMI 数据交换；

12）数据通讯功能；

13）设备运行联锁控制；

14）生产线故障诊断控制及保护控制。

（3）酸洗出口控制（SIMATIC S7-400）：

1）出口顺序控制；

2）出口速度控制；

3）带钢位置控制；

4）带钢张力控制；

5）与出口操作台通讯；

6）与 HMI 数据交换；

7）数据通讯功能；

8）设备运行联锁控制；

9）生产线故障诊断控制及保护控制。

（4）酸洗介质系统控制（SIMATIC S7-400）：

1）酸液循环控制；

2）漂洗水循环控制；

3）排气系统控制；

4）排污系统控制；

5）液位、压力及温度控制；

6）与 HMI 数据交换；

7）数据通讯功能；

8）设备运行联锁控制；

9）生产线故障诊断控制及保护控制。

（5）轧机机架控制（SIMATIC TDC）：

1）轧机的压下位置闭环控制；

2）轧机的轧制力闭环控制；

3）轧机的液压弯辊控制；

4）轧机的液压窜辊控制；

5）轧辊偏心补偿控制；

6）轧机的调零和刚度测试；

7）轧机各机架辅助功能；

8）与 HMI 数据交换；

9）数据通讯功能；

10）设备运行联锁控制；

11）生产线故障诊断控制及保护控制。

（6）轧区工艺控制（SIMATIC TDC）：

1）相关机架的前馈 AGC；

2）相关机架的监控 AGC；

3）相关机架的秒流量 AGC；

4）厚度控制的张力补偿；

5）机架间张力控制；

6）带材平直度控制；

7）轧辊冷却控制；

8）板形前馈控制；

9）轧线主令控制；

10）轧线主令斜坡生成；

11）轧线带钢跟踪；

12）轧线协调控制；

13）与 HMI 数据交换；

14）数据通讯功能；

15）设备运行联锁控制；

16）生产线故障诊断控制及保护控制。

（7）GDM 网络通讯（SIMATIC TDC）：

1）TDC 机架间数据通讯；

2）高速数据采集。

（8）轧机辅助控制（SIMATIC S7-400）：

1）各机架工作辊换辊控制；

2）各机架支承辊换辊控制；

3）各机架中间辊换辊控制；

4）轧区的快停控制；

5）机架间辅助设备控制；

6）与 HMI 数据交换；

7）数据通讯功能；

8）设备运行联锁控制；

9）生产线故障诊断控制及保护控制。

（9）轧机出入口控制（SIMATIC S7-400）：

1）轧机入口上卷控制；

2）轧机入口辅助设备控制；

3）轧机出口卸卷控制；

4）轧机出口辅助设备控制；

5）出入口剪切控制；

6）与 HMI 数据交换；

7）数据通讯功能；

8）设备运行联锁控制；

9）生产线故障诊断控制及保护控制。

（10）轧区公辅系统控制（SIMATIC S7-400）：

1）高压液压站控制；

2）辅助液压站控制；

3）设备润滑站控制；

4）轧制乳化液控制；

5）除尘除雾系统控制；

6）与 HMI 数据交换；

7）数据通讯功能；

8）设备运行联锁控制；

9）生产线故障诊断控制及保护控制。

（11）酸洗区急停控制（SIMATIC S7-300）：酸洗区急停控制。

（12）轧区急停控制（SIMATIC S7-300）：连轧区急停控制。

### 1.1.5 数据采集系统

系统配置两台 PDA，通过 DP 网、光纤和信号采集卡与自动化系统连接，用于酸洗线及轧线生产工艺数据的记录和自动化系统的故障诊断。PDA 过程数据记录系统采用德国 IBA 公司产品。

## 1.2 过程自动化控制系统

过程自动化服务器采用美国惠普公司的 DL580 系列 PC 服务器。

服务器的基本技术指标如下：可扩至四路处理器，4MB 三级缓存，800MHz 双独立前端总线，集成 iLO2 远程管理，标配 1 个内存板，最多支持 4 个，标配 2GB（2 × 1GB）PC2-3200R 400MHz DDR-II 内存，最大可扩充至 64GB，前端可访问热插拔 RAID 内存，可以配置成标准，在线备用，镜像或者 RAID；内置 Smart Array P400 阵列控制器，256MB 高速缓存，8 槽位 SFF SAS 硬盘笼，支持 8 个小尺寸 SAS/SATA 热插拔硬盘，最多 6 个可用 I/O 插槽，3 个标准 PCI-Express x4 和 1 个 64-bit/133MHz PCI-X，可选另 2 个热插拔 64 位/133MHz PCI-X 插槽，或者 2 个 x4 PCI-Express 插槽，或者 1 个 x8 PCI-Express 插槽，可选 x4 ~ x8 PCI-Express 扩展板；集成 2 个 NC371i 多功能千兆网卡，带 TCP/IP Offload 引擎，1 个 910W/1300W 热插拔电源，可增加 1 个热插拔电源实现冗余；6 个热插拔冗余系统风扇。该服务器具有良好的扩展能力和高可靠性，它适合数据中心或远程企业中心使用。

（1）硬件（选用高可靠性的工业标准 PC Server（DL580）），基本配置为：

1）CPU：Intel 四核 Xeon 7310 1.6GHz；

2）内存：2G；

3）硬盘：支持 SAS 2.5″热插拔硬盘，容量为 146G，采用 RAID5 技术实现数据的保护；

4）显示器：19 英寸（1280×1024）液晶显示器。

（2）病毒防火墙（选用趋势科技服务器客户机版本）。

（3）软件：

1）通用软件，包括：操作系统 Windows 2003 Server、数据库 SQL Server 2005、编程软件 VS. net、TCP/IP 以太网通讯软件；

2）防病毒软件；

3）选用趋势科技服务器/客户机版本，网络防火墙杀毒软件名称：Trend Micro Client/Server Security for SMB，最新版本，授权 2 年；

4）应用软件，包括：中间件、跟踪软件、数据管理软件、过程设定软件、实用软件工具（过程模拟仿真、系统调试工具）。

## 1.3 人机界面（HMI）系统

HMI 系统采用服务器/客户端的结构，通过 1000M 电缆端口与交换机连接。

HMI 服务器同过程自动化及基础自动化进行通讯，修改各区 HMI 内容，对各区 HMI 进行管理，使得整条轧线 HMI 系统易于维护和管理。

HMI 服务器选用美国 HP DL580 系列高性能服务器。

### 1.3.1 HMI 服务器的配置

HMI 服务器的基本配置如下：

（1）硬件（选用高可靠性的工业标准 PC Server（DL580）），基本配置为：

1）CPU：Intel 四核 Xeon 7310 1.6GHz；

2）内存：2G；

3）硬盘：支持 SAS 2.5″热插拔硬盘，容量为 146G，采用 RAID5 技术实现数据的保护；

4）显示器：19 英寸（1280×1024）液晶显示器。

（2）病毒防火墙（选用趋势科技服务器客户机版本），网络防火墙杀毒软件名称：Trend Micro Client/Server Security for SMB。最新版本，授权 2 年。

(3) 10/100/1000M 以太网接口（TCP/IP 协议）。

(4) Windows 2003 Sever。

(5) WinCC 图形软件。

(6) SIMATIC WinCC Server（用于实现 HMI 客户机/服务器系统）。

HMI 服务器在系统中承担的功能如下：

(1) 利用可组态的用户接口对 PLC 进行数据采集并与它们进行数据交换。

(2) 作为 HMI 服务器接受来自基础自动化 HMI 客户机的访问。

### 1.3.2 自动化 HMI 终端

HMI 终端通过 100M 电缆端口与放置在各操作台和主电室的边缘交换机连接。

酸洗区配置了 6 台 HMI 终端，连轧区配置了 12 台 HMI 终端，选用研华/DELL/HP PC 机。

每台 HMI 的终端基本配置如下（当前主流机型）：

(1) INTER CORE2 DUO CPU 1.80GHz；

(2) 内存 2GB；

(3) 250GB 硬盘；

(4) DVD 刻录光驱、键盘和鼠标；

(5) 10/100M 以太网接口（TCP/IP 协议）；

(6) 三星 19 英寸（1280×1024）液晶显示器；

(7) Windows XP Professional；

(8) WinCC 图形软件。

### 1.3.3 HMI 监控软件

本工程采用的 SIEMENS WinCC（Windows Control Center——窗口控制中心）系统软件包是 HMI 的核心软件，具有实时监控、历史趋势图和报表、故障信息、良好的人机界面、丰富的图形库、过程控制功能块和数学函数、数据采集、监视和控制自动化过程的强大功能，是基于个人计算机的操作监视系统。其显著特点就是全面开放，在 Windows 标准环境中，它很容易结合标准的和用户的程序建立人机界面，精确地满足生产实际要求，确保安全可靠地控制生产过程。WinCC 还可提供成熟可靠的操作和高效的组态性能，同时具有灵活的伸缩能力。因此，无论简单或复杂任务，它都能胜任。

本工程拟采用的 WinCC 方案为服务器/客户机解决方案。在这里，服务器承担主要任务，如为客户机进行程序连接和日志记录。客户机则利用服务器提供的服务，通过独立的终端总线与服务器通讯，终端客户机可连接到生产线的各个操作室。客户机间的通讯采用标准的 TCP/IP 协议，客户机可自动寻找分配给它们项目的服务器。

## 1.4 自动化网络系统

各级自动化控制系统间采用以太网通讯，通过主交换机、以太网通讯光缆或 RJ45 电缆及分布式边缘交换机等高性能网络设备使整个生产线上的基础自动化系统、HMI 系统、特殊仪表计算机及过程自动化系统等连接起来，实现基础自动化之间、基础自动化与过程自动化、基础自动化与 HMI、基础自动化与特殊仪表之间的数据交换。

基础自动化与传动系统、现场 ET200M 及特殊仪表（部分）之间采用 Profibus-DP 网通讯。为了防止 Profibus-DP 网络产生干扰，在 PLC 主站与第一个传动远程站或主从站之间距离较远时采用光纤传输，主站和从站的两端增加 Profibus 光电转换器。

基础自动化的 TDC 机架之间以及高速数据采集系统采用高速 GDM 网络通讯。

另外，在具体的物理实现上，控制系统的设备选型与配置除了满足系统的功能要求以外，还需要考虑设备的安装环境与布线、用户使用操作等诸多因素。以太网主交换机预留与生产控制计算机系统相连的光纤接口，以方便将来实现生产计划和生产过程以及产品质量数据的在线传递；同时，还预留了与其他单体设备控制系统的光纤接口，通过以太网实现自动化系统与单体设备控制系统间的数据通讯。

### 1.4.1 以太网

自动化控制系统的人机界面与 PLC 之间连成以太网，实现彼此的信息交换。通过以太网，把工艺参数设定值和对电气设备的操作从人机界面传送到各 PLC，把各设备的状态和工艺、电气参数及故障由 PLC 收集送到人机界面的 HMI 显示。PLC 之间、PLC 与过程自动化间也通过以太网实现控制信息及数据的传送。

自动化控制系统采用光纤星型网络拓扑结构，采用 TCP/IP 协议。它可连接各 PLC、工作站，使之交换信息，并可通过以太网在线编辑程序。

其主要特点如下：

（1）数据传输率：10/100/1000Mbps；

（2）协议：TCP/IP；

（3）全双工防止冲突；

（4）交换技术支持并行通讯；

（5）使用自动交叉功能；

（6）自适应功能是网络接点自动地检测信号的传输速率；

（7）传输介质为光纤及五类绞线。

网络中的交换机，包括主交换机和边缘交换机，选用工业级模块化结构的以太网交换机。

主交换机是 PLC、服务器的资料交换中心。它所处的位置要求有快速大量的资料吞吐量、高层次的网络服务功能、安全可靠的运行状态。

本系统配置了两台主交换机，分别安装在酸洗区主电室和轧区主电室。

主交换机具体配置为：

（1）10M/100M/1000M 自适应电缆端口；

（2）4 个 100M 光缆端口。

其主要特点如下：

（1）通过 LED 和信号触点进行设备诊断；

（2）电源冗余；

（3）借助于集成的自动跳线功能，可使用非交叉电缆；

（4）数据传输率的自动检测和协商可借助自动侦测来实现。

位于主电室和操作室的边缘交换机通过 100M 电缆端口连接 HMI 终端与各个区域的 PLC；边缘交换机通过 100M 光纤与主交换机连接。

边缘交换机选用卡轨式模块化工业以太网交换机产品。

### 1.4.2 Profibus 网

PLC 与各自的远程 I/O 站之间、调速传动之间采用 Profibus-DP 总线通讯网络，通过通讯 PLC 把设定参数和控制指令传送到各调速传动系统，并收集各调速传动系统的状态和电气参数送到人机界面的 HMI 上显示。

Profibus-DP 网是一种实时、开放性工业现场总线网络。它的特点是：使用数字传输，易于正确接收和差错校验，保证了传输数据的可靠性和准确性，有利于降低工厂低层设备之间的电缆连接成本，易于安装、维修和扩充，能及时发现故障，便于及早处理。它的最大优点是能充分利用智能设备的能力。

Profibus-DP 网网卡的通讯协议符合欧洲标准 Profibus-DP 协议，该标准允许少量数据的高速循环通讯，因而总线的循环扫描时间是极短的，在一般环境下总线通讯时间可小于 1ms。

这些优点完全归功于以下几个方面：

（1）一个优化的 Profibus-DP 信息服务于子集的构造和提高了数据传输速率；

（2）高度的容错性；

（3）数据的完整性；

（4）标准信息帧结构；

（5）在操作中可自由地访问每个站。

Profibus-DP 网基本数据如下：

（1）数据传输速率：1.5Mbps，最大可到 12Mbps；

（2）网上工作站数：最多 32 个；

（3）传输介质：光纤或双绞屏蔽电缆；

（4）数据传输方式：主-从站令牌方式。

### 1.4.3 GDM 网络

GDM 网络设备采用 SIEMENS 公司产品。GDM 网络系统主要由全局数据存储专用基架、CP52M0 中央存储模块、CP52I0 网络接口模块以及 CP52A0 网络访问模块等组成。GDM 网络的特点在于采用星型拓扑结构，通讯速率可达640Mbps。一个GDM网络最多可支持44个站点，可实现最多836个CPU间的数据通讯。GDM网络各接口之间通过光缆连接。

## 1.5 控制柜与操作盘

自动化控制系统的控制柜与操作盘包括以下内容：

（1）PLC主控制柜；

（2）PLC远程柜；

（3）主操作台；

（4）终端台；

（5）服务器柜；

（6）UPS电源柜；

（7）就地操作台箱。

PLC柜内装有PLC，机柜充分考虑了通风散热和EMC等。

PLC远程I/O柜内装有I/O远程站，机柜充分考虑了通风散热和EMC等。现场大量的检测信号和控制信号直接连接到PLC远程柜上，远程I/O由网络连到主电室PLC的框架上。

操作台设计原则为：简洁实用并考虑操作人员操作习惯。对于功能选择、状态指示、仪表显示等功能，尽可能放到HMI操作站上。操作台大部分信号通过操作台内的远程I/O经网络连到PLC主机；而对于重要的操作，如急停、锁定及一些快速性要求较高的信号将通过硬线直接连到PLC主柜的框架上。操作台台面采用不锈钢台面，台面上操作元件原则上采用施耐德产品。

终端台采用不锈钢台面，工控机放在台内，HMI放在操作台上。

就地操作台箱设计原则为：便于操作工现场操作；对于一些相对独立的设备（液压站），在台箱内安装I/O远程站，便于操作信号和现场I/O信号的接入。

## 1.6 轧线检测仪表

轧线检测仪表是自动化系统的基础，所以，在目前冷连轧自动化水平及轧制速度越来越高的情况下，如不采用相应的自动化检测装置和控制技术，不但自动控制无法实现，而且人工操作也很难进行。因此，在现代酸洗冷连轧机的轧线上应该配置比较齐全的各种检测仪表。这些仪表不仅能检测生产过程中的各种必要的参数，而且可输出检测结果到自动控制系统中进行工程控制。

酸洗连轧生产的特殊环境及特点对轧线检测仪表的要求如下：

（1）很高的检测精度；

（2）实时性强，反应速度快，良好的重复性和可靠性；

（3）能够抗击冶金振动、高温、潮湿及金属粉尘和雾气的干扰。

对于某些检测仪表在输出时应采取隔离、屏蔽等措施以防干扰。

轧线检测仪表主要包括：测厚仪、测速仪、板形仪、张力检测仪、位置传感器及速度编码器等检测元器件。

酸轧轧线检测仪表沿轧制生产主轴线分布设置，用来检测轧材的关键参数。它为冷连轧实现生产过程自动化、加强生产管理、提高产品质量、保证设备安全提供重要的检测信息。这些轧线检测仪表可以将其检测信息送入PLC控制系统完成控制任务，并在画面上显示。图1-6和图1-7分别给出了酸洗线和冷连轧线的仪表布置图。

### 1.6.1 测厚仪

测厚仪安装在第一机架的出入口和第五机架的出入口，用于带钢的厚度检测。检测的厚度数据用于厚度控制和产品厚度质量的检验。

测厚仪共设5台，其编号、安装位置及用途如表1-1所示。

**表1-1 测厚仪编号安装位置及用途**

| 序号 | 编号 | 安装位置 | 用　途 |
|---|---|---|---|
| 1 | X0 | 第一机架前 | 测量原料厚度，用于第一机架前馈 |
| 2 | X1 | 第一机架后 | 测量第一机架出口厚度，用于第一机架监控和第二机架前馈 |
| 3 | X4 | 第四机架后 | 测量第四机架出口厚度，用于第四机架监控和第五机架前馈 |
| 4 | X5A/X5B | 第五机架后 | 测量出口厚度，用于第五机架监控，采用双测厚互为备用 |

### 1.6.2 激光测速仪

激光测速仪安装在第二机架的出入口和第五机架的出入口，用于带钢的

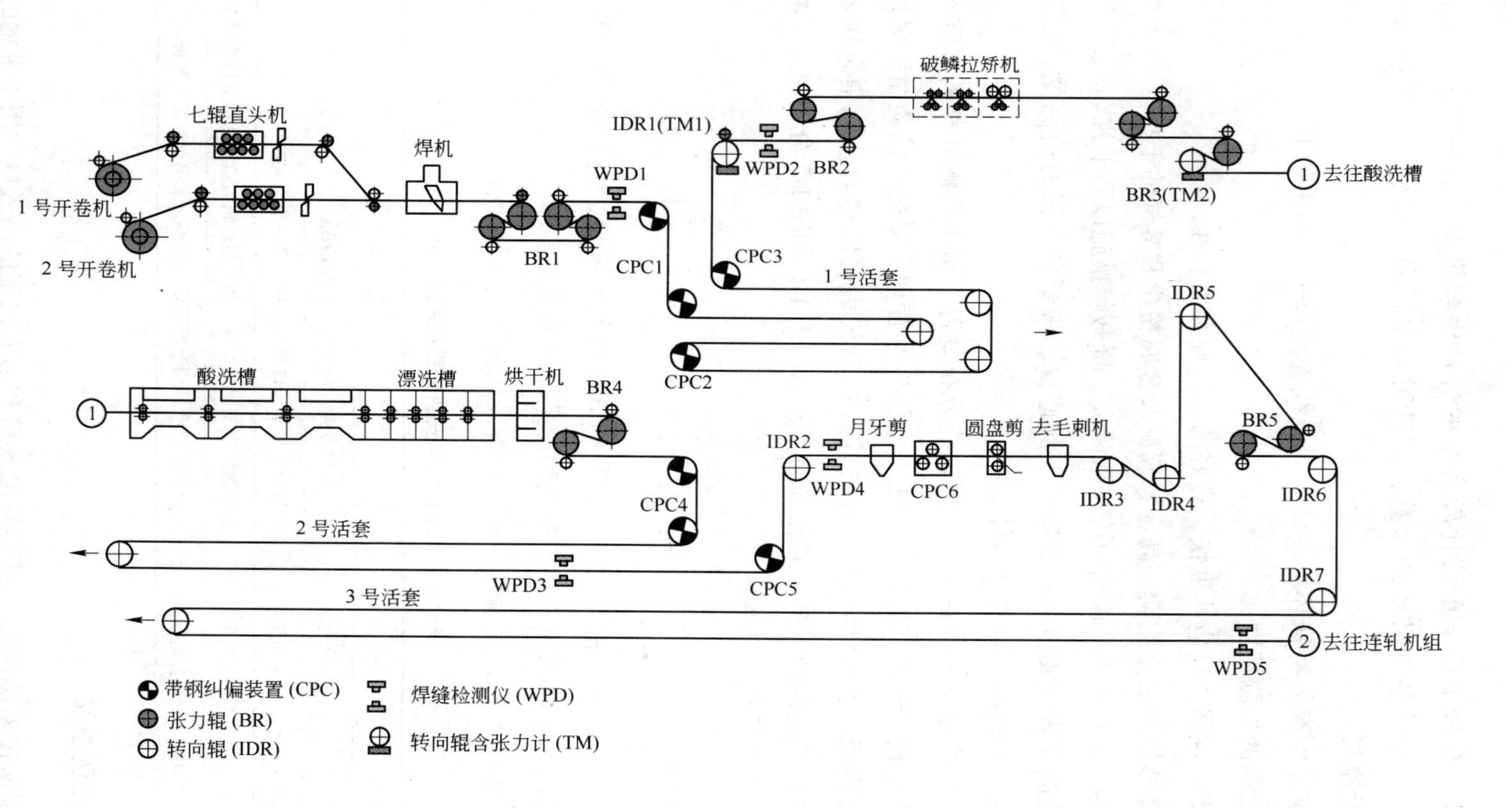


图 1-6 酸洗线特殊仪表布置图

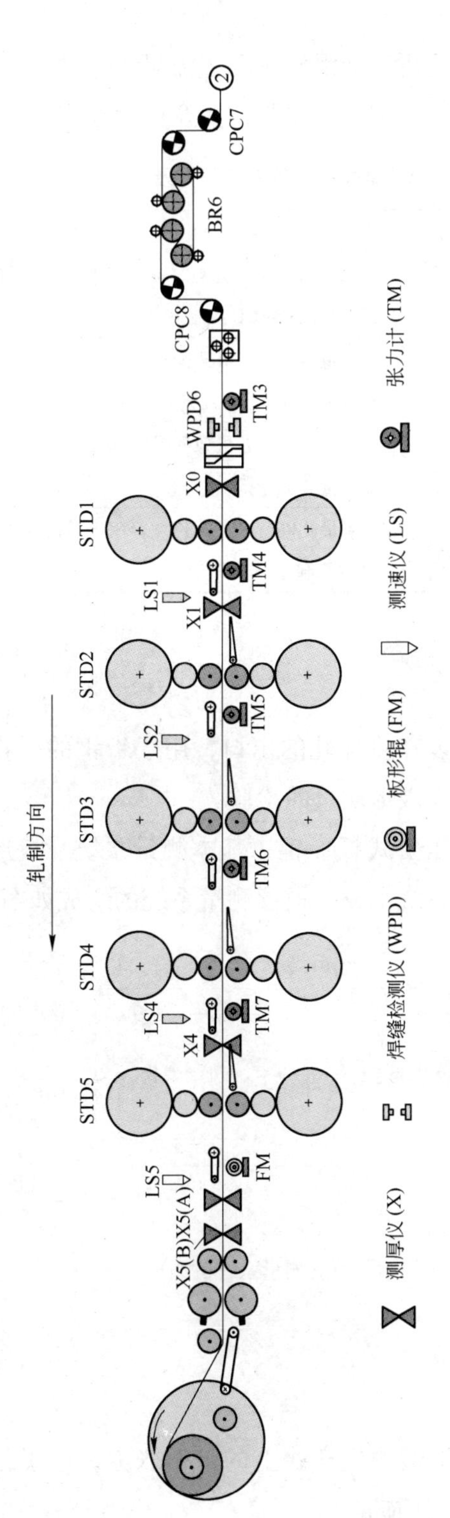


图 1-7 冷连轧线特殊仪表布置图

速度检测。检测的速度数据用于前滑修正和秒流量 AGC 控制。

激光测速仪共设 4 台，其编号、安装位置及用途如表 1-2 所示。

**表 1-2 激光测速仪安装位置及用途**

| 序号 | 编号 | 安装位置 | 用 途 |
| --- | --- | --- | --- |
| 1 | LS1 | 第一机架后 | 测量第一、二机架间带钢速度，用于前滑修正和第一、二机架秒流量 AGC 控制 |
| 2 | LS2 | 第二机架后 | 测量第二、三机架间带钢速度，用于前滑修正和第二机架秒流量 AGC 控制 |
| 3 | LS4 | 第四机架后 | 测量第四、五机架间带钢速度，用于前滑修正和第五机架秒流量 AGC 控制 |
| 4 | LS5 | 第五机架后 | 测量轧机出口带钢速度，用于前滑修正和第五机架秒流量 AGC 控制 |

### 1.6.3 板形仪

配置有一台板形仪安装在冷连轧的出口，用于带钢的平直度检测。检测的数据用于板形控制和产品板形质量的检验。

板形测量系统主要由压磁式板形辊、基本测量系统、板形计算机、通讯系统及相应的计算机硬件系统组成，板形测量系统的组成如图 1-8 所示。

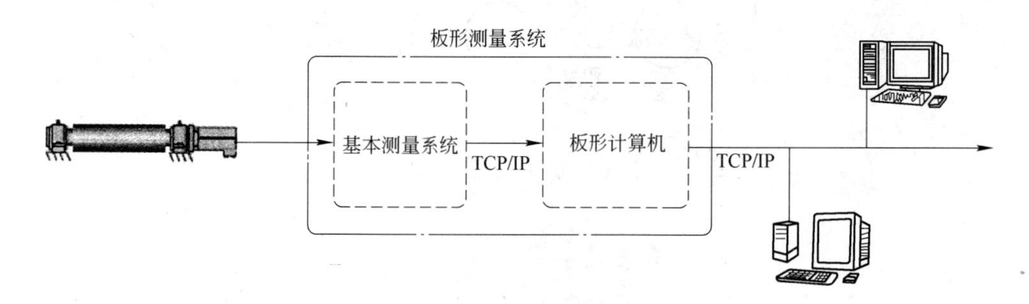


图 1-8 板形测量系统的组成

### 1.6.4 张力计

张力计共设 8 台，用来检测生产线上的带钢张力，用于张力控制，其编号、安装位置及用途如表 1-3 所示。

表 1-3　张力计编号、安装位置及用途

| 序号 | 编号 | 安装位置 | 用　途 |
|---|---|---|---|
| 1 | TM01 | 1 号转向辊 | 1 号活套张力 |
| 2 | TM02 | 3 号张力辊 | 拉伸破鳞机的前张力 |
| 3 | TM03 | 入口 S 辊后 | 入口 S 辊与第一机架间张力 |
| 4 | TM04 | 第一机架后 | 第一、二机架间张力 |
| 5 | TM05 | 第二机架后 | 第二、三机架间张力 |
| 6 | TM06 | 第三机架后 | 第三、四机架间张力 |
| 7 | TM07 | 第四机架后 | 第四、五机架间张力 |
| 8 | TM08 | 第五机架后 | 轧机出口张力 |

### 1.6.5　焊缝检测仪

焊缝检测仪共设6台，用来检测生产线上的带钢焊缝位置，完成带钢跟踪和功能触发，其编号、安装位置及用途如表 1-4 所示。

表 1-4　焊缝检测仪安装位置及用途

| 序号 | 编号 | 安 装 位 置 | 用　途 |
|---|---|---|---|
| 1 | WPD01 | 1 号张力辊组后，1 号纠偏辊前 | 带钢焊缝位置检测 |
| 2 | WPD02 | 1 号张力计辊及 2 号张力辊组之间 | 带钢焊缝位置检测 |
| 3 | WPD03 | 2 号活套及 5 号纠偏辊之间 | 带钢焊缝位置检测 |
| 4 | WPD04 | 2 号转向辊及月牙剪之间 | 带钢焊缝位置检测 |
| 5 | WPD05 | 3 号活套出口 | 带钢焊缝位置检测 |
| 6 | WPD06 | 入口 S 辊与第一机架之间 | 带钢焊缝位置检测 |

# 2 酸洗主令控制系统

## 2.1 酸洗设备概述

酸洗-轧机联合机组中活套是联系酸洗和轧机的重要组成部分，对于机组的连续运行有着至关重要的作用。1 号水平活套位于酸洗入口，功能是保证开卷停机焊接时酸洗正常运行。2 号水平活套位于酸洗出口，功能是保证冲月牙停机、剪切不同宽度、圆盘剪调整、圆盘剪换剪刃或轧机换辊时酸洗恒速运行。3 号水平活套位于轧机入口，功能是保证圆盘剪、碎边剪换剪刃或酸洗暂时停车时不影响轧机的正常运行以及轧机在换工作辊或中间辊时酸洗的正常运行。

由于活套的存在可起到缓冲的作用，所以将速度分割成三个分段，即入口段、工艺段、出口段，每个分段都需要一个主令速度。三个分段有各自的主令速度控制器和执行设备。入口段主令速度执行设备为 1 号张力辊组，工艺段为 3 号张力辊组，出口段为 5 号张力辊组。

### 2.1.1 酸洗入口段

焊接后的带钢经 1 号张力辊、1 号焊缝检测仪、1 号纠偏辊后，进入 1 号活套。入口段以高于工艺段速度充套。当入口水平活套满足生产周期要求时，入口段与工艺段保持同步速度运行。图 2-1 为酸洗入口段速度控制框图。

### 2.1.2 酸洗工艺段

带钢以工艺速度通过破鳞拉矫机，该段设备配有两组弯曲辊组和一组矫直辊组。在正常条件下，可仅使用一组弯曲辊组和一组矫直辊组，另一组弯曲辊组备用，在高屈服强度或特殊条件下可同时使用两组弯曲辊组和一组矫直辊组。带钢延伸是由破鳞拉矫机前后的 2 号和 3 号张力辊之间的速度差产生的。延伸率取决于 2 号和 3 号张力辊之间速度差的设定。破鳞拉矫机所需的带钢张力是 2 号和 3 号张力辊共同产生的。当圆盘剪换规格或者换刀盘时，为保证酸洗速度

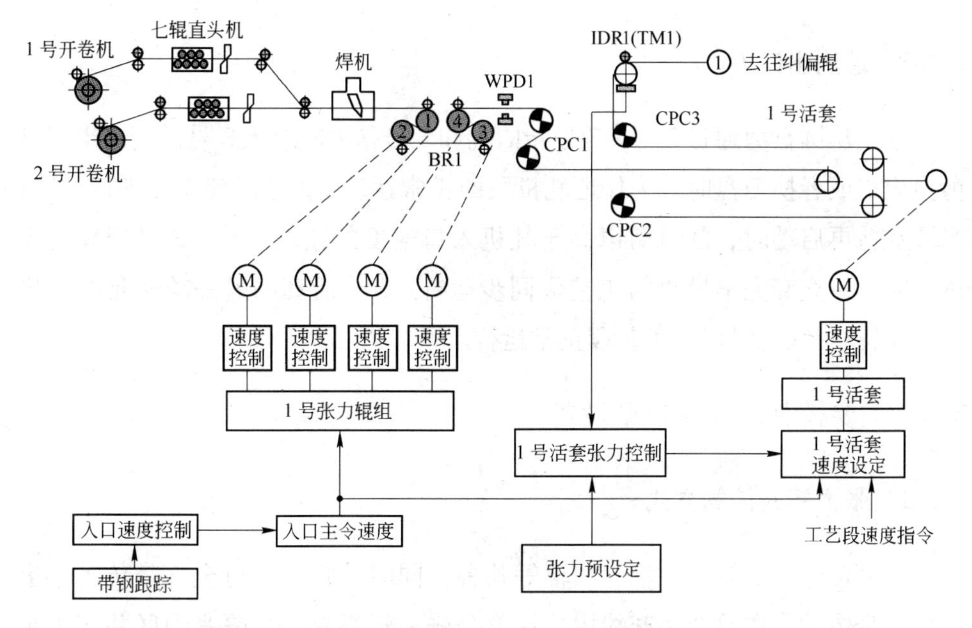


图 2-1 酸洗入口段速度控制框图

一定，2 号活套需要进行充套；当圆盘剪再次启动时，圆盘剪以高于酸洗速度运行，2 号活套需要进行放套。图 2-2 为酸洗工艺段速度控制框图。

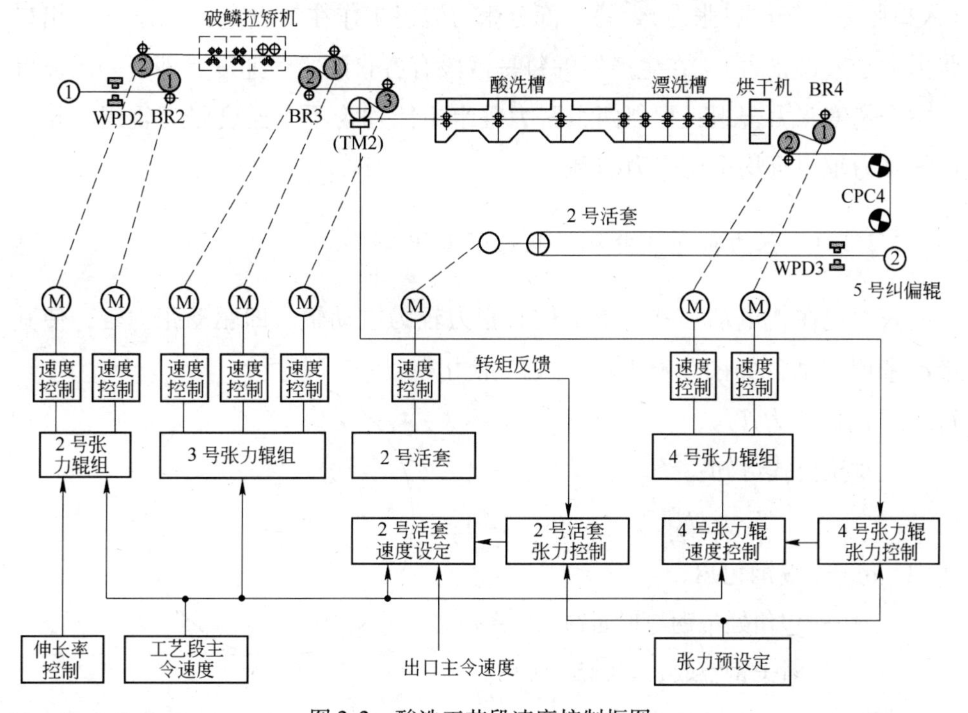


图 2-2 酸洗工艺段速度控制框图

### 2.1.3 酸洗出口段

带钢从圆盘剪通过3号~7号转向辊和5号张力辊进入3号活套。当圆盘剪换规格或者换刀盘时，为保证轧机段的正常运转，3号活套需要进行放套；当圆盘剪再启动时，圆盘剪以高于轧机入口速度的速度运行，3号活套需要进行充套，充套完毕后再与工艺段同步运行。3号活套的另一功能是在轧机换工作辊/中间辊时保证工艺段正常运行。

## 2.2 主要控制功能及典型设备

### 2.2.1 张力辊的控制方式

张力辊组有二辊、三辊、四辊等几种。同时，张力辊可全部带传动，也可部分带传动。在整个生产线中，一部分张力辊组只是分隔张力区并产生主令速度，并不调节张力，属于主令速度张力辊组；更多的张力辊组用于调节张力，采用张力控制。在生产线中，一部分张力辊组工作在“电动”状态下（入口张力大于出口张力），另一部分张力辊组工作在“发电”状态下（出口张力大于入口张力）。在生产线的每一区段有各自的主令速度，即每一区段有一主令速度张力辊组；相邻两组张力辊组不能均为主令速度张力辊组，相邻两组张力辊组可均采用张力控制。

2.2.1.1 张力辊在“电动”状态下工作

张力辊在“电动”状态下工作时张力辊为主动辊，即驱动张力辊，使其带动带钢运动，如图2-3所示，入口张力$T_1$大于出口张力$T_2$。

由欧拉公式可知：

$$T_1 = T_2 e^{\mu\alpha} \quad (2\text{-}1)$$

式中 $\alpha$——带钢包角；

$\mu$——包角处带钢与辊面的摩擦系数，对于钢辊取$\mu$=0.15~0.18；

$e^{\mu\alpha}$——张力扩大系数。

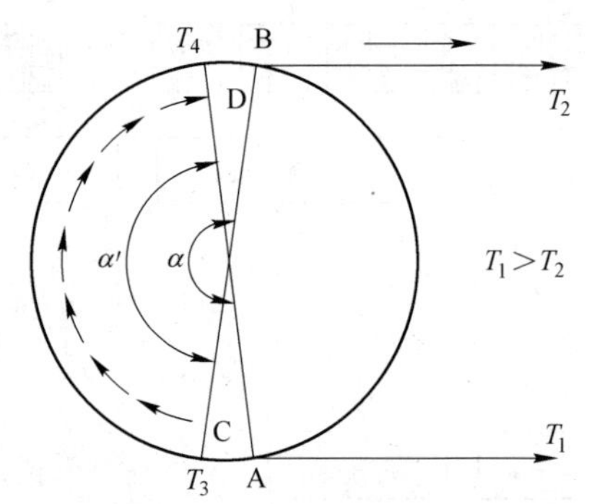

图2-3 张力辊“电动”状态受力图

为了简化计算，一般情况下 $e^{\mu\alpha}$ 值可查表求得。

进出口端张力差值 $T_1 - T_2 = \Delta T$，等于包角处的摩擦力总和，即

$$\Delta T = \Sigma F = T_2(e^{\mu\alpha} - 1) \tag{2-2}$$

驱动力矩为：

$$M = \Delta T \frac{D}{2} = T_2(e^{\mu\alpha} - 1)\frac{D}{2} \tag{2-3}$$

由于带钢具有一定的刚性，不能完全贴在辊子表面上，因此实际包角 $\alpha'$ 应小于理论包角 $\alpha$。设计计算时，可取 $\alpha' = (0.8 \sim 0.9)\alpha$。假设，在 BD 和 AC 两段弧上的带钢要产生弹塑性弯曲，并认为两者相等，则：

$$T_4 - T_2 = T_{弹塑} \tag{2-4}$$

$$T_4 = \frac{T_3}{e^{\mu\alpha'}} \tag{2-5}$$

$$T_3 = T_1 - T_{弹塑} \tag{2-6}$$

由上式可得：

$$T_2 = \frac{T_3}{e^{\mu\alpha'}} - T_{弹塑} = \frac{T_1 - T_{弹塑}}{e^{\mu\alpha'}} - T_{弹塑} \tag{2-7}$$

式中 $T_{弹塑}$——带钢在弹塑性弯曲时所引起的张力值。

$T_{弹塑}$可按下式计算：

$$T_{弹塑} = \frac{2M_{弹塑}}{D} = \frac{2b\sigma_s}{D}\frac{1}{12}(3h^2 - h_1^2) \tag{2-8}$$

式中 $h_1$——弹塑性分界区域的带钢厚度，mm，$h_1 = \frac{2\rho\sigma_s}{E}$；

$E$——带钢弹性模量，GPa；

$\sigma_s$——带钢屈服极限，GPa；

$\rho$——带钢在 DB 和 AC 两段弧上的曲率半径，可取 $\rho = (1.1 \sim 1.2)\frac{D}{2}$；

$D$——辊子直径，mm；

$h$——带钢厚度，mm；

$b$——带钢宽度，mm。

把式（2-8）代入式（2-7）得：

$$T_2 = \frac{T_1 - \frac{2b\sigma_s}{D}\frac{1}{12}(3h^2 - h_1^2)(1 + e^{\mu\alpha'})}{e^{\mu\alpha'}} \tag{2-9}$$

#### 2.2.1.2 张力辊在“发电”状态下工作

张力辊在“发电”状态下工作时张力辊为被动辊，带钢的张力带动张力辊旋转运动，如图 2-4 所示，$T_2 > T_1$。

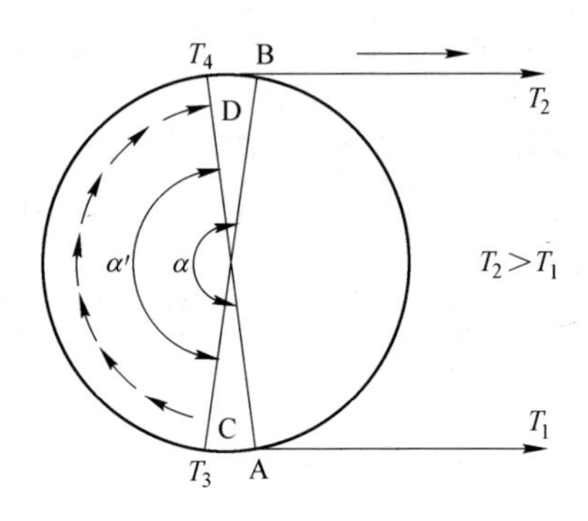


图 2-4 张力辊“发电”状态受力图

张力辊所产生的张力值为:

$$T_2 = T_4 + T_{弹塑} \tag{2-10}$$

$$T_4 = T_3 e^{\mu\alpha'} \tag{2-11}$$

$$T_3 = T_1 + T_{弹塑} \tag{2-12}$$

$$T_2 = T_3 e^{\mu\alpha'} + T_{弹塑} = (T_1 + T_{弹塑}) e^{\mu\alpha'} + T_{弹塑} \tag{2-13}$$

#### 2.2.1.3 张力辊工程张力值计算

通过对张力辊“发电”和“电动”两种状态的研究可知，张力辊上带钢的张力值是逐级放大的。

设图 2-5 中的张力辊处于“电动”状态，$T_1$ 是入口张力，$T_5$ 是出口张力，$T_2$ 为 1 号和 2 号张力辊之间的张力，$T_3$ 为 2 号和 3 号张力辊之间的张力，$T_4$ 为 3 号和 4 号张力辊之间的张力，$\alpha_1 \sim \alpha_4$ 分别是 1 ~4 号张力辊的包角。在工程计算中，可忽略掉带钢在张力辊上的弹塑性变形，所以由此可推导出:

$$T_1 > T_2 > T_3 > T_4 > T_5 \tag{2-14}$$

则:

$$T_1 = e^{\mu\alpha_1} e^{\mu\alpha_2} e^{\mu\alpha_3} e^{\mu\alpha_4} T_5 \tag{2-15}$$

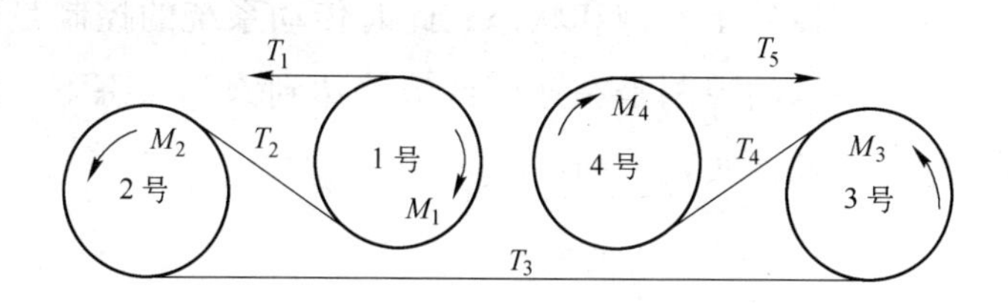


图 2-5 四辊式张力辊组受力图

电机功率公式为：

$$P = \frac{MN}{9550\eta} \tag{2-16}$$

### 2.2.1.4 张力辊电机控制模式

#### A 速度控制模式

速度控制模式是通过设定速度与实际速度比较，将其差值作用于电机的控制方式。在实际生产中，由于延伸率控制系统的要求，决定了在延伸率控制模式下，2 号和 3 号张力辊的传动系统均工作在此种模式下。

其控制原理如图 2-6 所示，图中张力辊的设定速度与实际速度的差值作为速度调节器的给定信号，通过速度偏差控制电流值。电流经过电流调节器后转变为电压信号，通过电压来控制电机。在此控制系统中，速度调节器的输出是带有转矩限幅的，在图中未标出。此处的转矩限幅只起到保护电机的作用，而不起调节转矩作用。

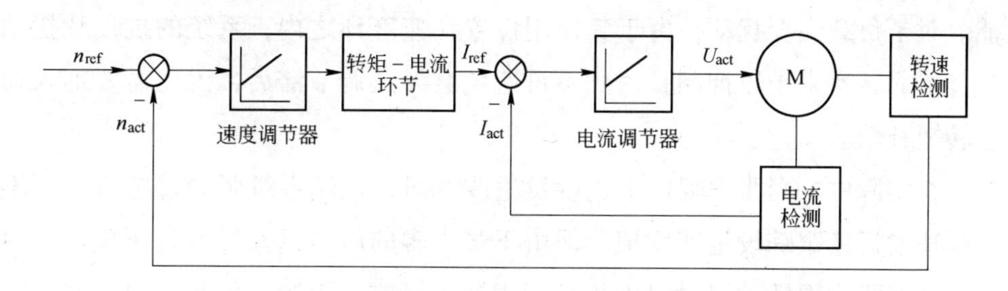


图 2-6 速度闭环控制的原理图

#### B 转矩限幅控制模式

图 2-7 为转矩限幅控制图，此控制方式与速度控制的区别在于，速度控

制模式下，速度调节器处于不饱和状态，此时传动系统的控制是依靠调节转速实现的；而转矩限幅的控制是在速度调节器达到饱和状态下，依靠给定转矩限幅值调节电流，从而实现传动控制。

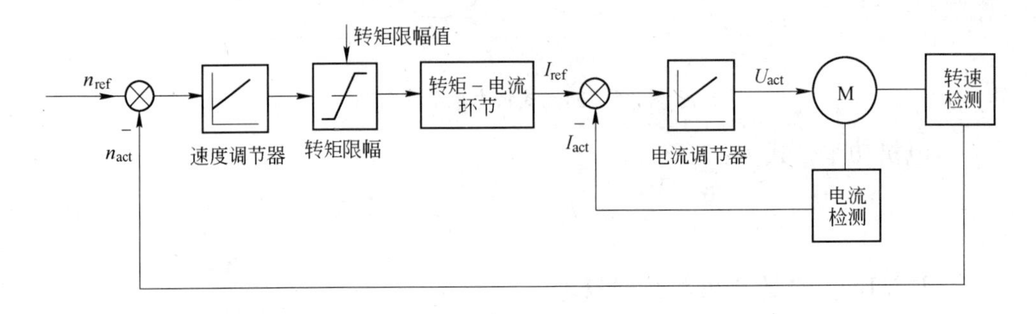


图 2-7　转矩限幅控制原理图

其控制原理为：给速度设定值加以一定量的速度附加值，将其结果作为速度调节器的给定速度，让速度调节器处于饱和状态，即转速外环呈开环状态，转速的波动对系统不再产生影响。此时的双闭环控制系统变成一个电流单闭环调节系统，通过调节限幅值，电流闭环系统得到调整[7~9]。

C　张力辊传动系统中的补偿

双闭环调速是为了获得良好的静、动态特性，但从双闭环调速系统的动态结构上考虑，不同扰动作用位置的差异将导致系统产生不同的动态抗扰性能。对于负载突变扰动，由于其作用位置在速度环之内，系统的抗负载扰动只能依靠转速来予以抑制，由此不可避免会导致调节滞后，因此需要加入动态转矩补偿。

在实际中，当张力辊设定速度发生改变时，控制系统可通过电机使各辊实际速度迅速跟踪设定速度值，但由于张力辊的质量以及结构过于庞大，故不能忽略张力辊转动惯量对电机控制辊速的影响，否则，各张力辊辊速跟踪一致性的问题将无法解决。

以破鳞拉矫机为例，由于拉矫机位于 1 号活套出口侧，而活套会经常升降速产生转动惯量，因此在升降速过程中相邻辊之间带钢张力将产生较大波动，这对拉矫机平稳变速极为不利。

为了保证拉矫过程的平稳性，必须消除惯性力矩对张力的影响，因此对转动惯量力矩进行计算，然后作为总力矩给定的一部分来控制力矩，以便实现拉矫机控制系统的稳定。

针对此问题，在控制系统中引入惯量补偿环节来解决。增加此环节相当于对系统施加一个外部的补偿转矩，设张力辊转动惯量为 $J$，补偿转矩为 $\Delta M$，则其计算公式为：

$$\Delta M = J\frac{\mathrm{d}\omega}{\mathrm{d}t} = \frac{J}{R_i} \times \frac{\mathrm{d}v_i}{\mathrm{d}t} \tag{2-17}$$

式中 $v_i$——$i$ 辊表面线速度；

$R_i$——$i$ 辊辊径。

设 $K_{\mathrm{out}i}$ 为出口 $i$ 号辊惯量补偿系数，则：

$$K_{\mathrm{out}i} = \frac{J}{R_i} \tag{2-18}$$

增加转动惯量补偿环节后张力辊控制原理框图如图 2-8 所示。其中 d/d$t$ 表示对设定速度求导。

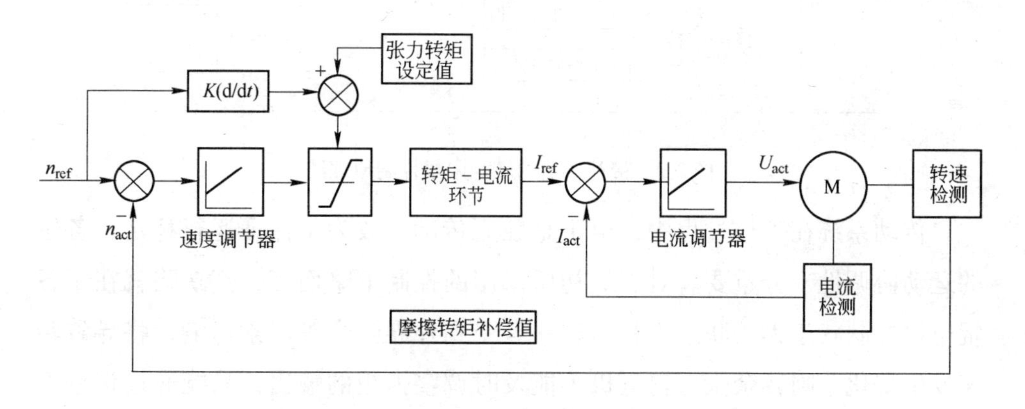


图 2-8 带转动惯量补偿的控制原理图

摩擦转矩分为静摩擦转矩和滑动摩擦转矩。静摩擦转矩只在系统启动的瞬间存在，张力辊在从静止状态启动的瞬时要克服最大静摩擦力，启动后摩擦力迅速减小，其测量方法是：将整流器设置为点动方式，通过现场检测获得电流补偿量，开始先将电流限幅值设定为零，然后逐步提高电流限幅值直到系统启动，此时对应的转矩值即是需要补偿的静摩擦转矩。滑动摩擦转矩在系统整个运行过程中都存在，其大小与系统的实际运行速度有关，补偿量是按运行速度高低进行分区段补偿的[10]。

在矫直过程中，摩擦转矩总是存在的，控制要求不高时可以将其看作常数。在实际的调试过程中，摩擦转矩还可以用实验的方法获取。空载状态下缓慢地启动电机，由于摩擦转矩的存在，开始时电机不会旋转，当电机从静止到开始转动的瞬间，记下此时读到的传动系统的输出转矩 $M$，考虑到电机静止时启动转矩略大于电机旋转时的摩擦转矩，可以认为摩擦转矩 $M_f$ 为转矩记录值 $M$ 的 90%。

在本控制系统中，在转矩限幅控制模式下，将把摩擦转矩加入速度环转矩输出的限幅值中，其与张力转矩的设定值之和作为速度环的转矩限幅值，如图 2-9 所示。

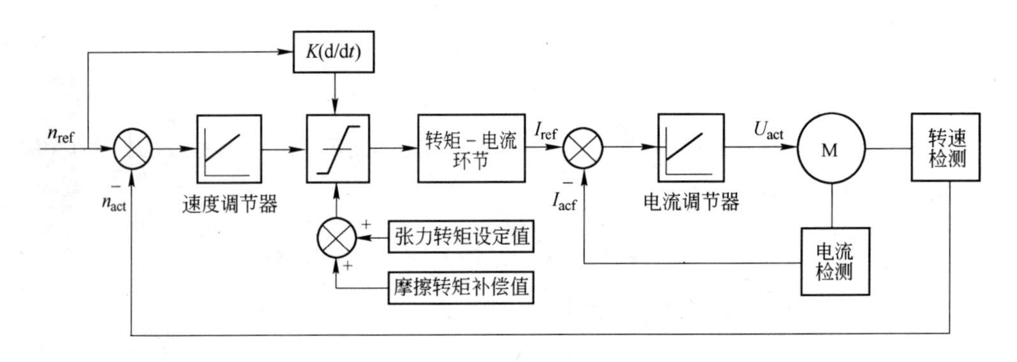


图 2-9　带补偿值的转矩限幅控制原理图

传动系统在工作过程中，由于是独立传动，故为了保证运行稳定，各辊的运动协调性十分重要。对于最初所采用的控制策略而言，其缺陷就在于各辊电机控制状态无关联。主张力辊一旦受到外界张力等因素影响，将导致转速发生变化，则其余张力辊电机不能及时调整力矩的输出，只能通过带钢逐级影响各辊后才开始起到调节作用，各辊运动状态才相应得到调整。这就大大降低了传动系统调节的快速性，不利于稳定生产。

为克服上述问题，提出基于主张力辊的主从控制策略，该策略控制原理以出口张力辊组为例进行说明，如图 2-10 所示。

在改进的控制策略中，主张力辊控制方式不变，但其积分环节输出要同时作为 2 号辊和 3 号辊速度环输出，这样，一旦主张力辊转速受到影响，其积分环节输出将同时作用于 2 号辊和 3 号辊电机，在带钢逐级影响各辊之前，

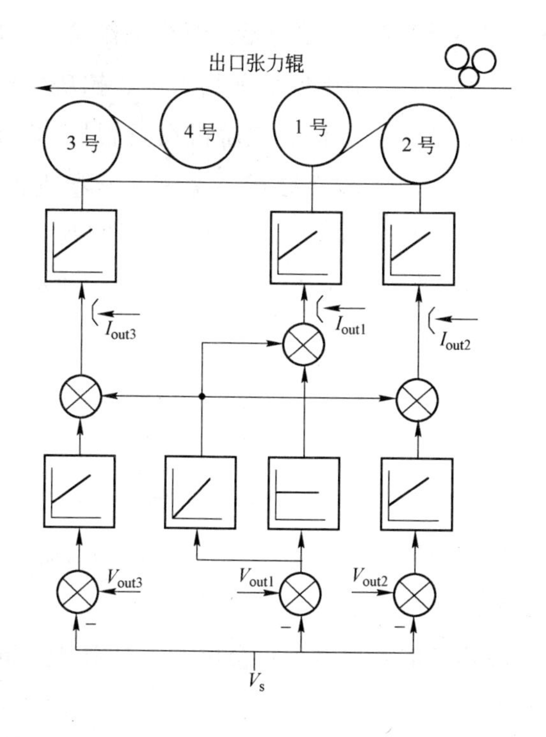


图 2-10 基于主动张力辊的基准辊控制策略原理图

各电机已开始进行同步调整，这就大大提高了系统调节的快速性。

### 2.2.2 焊缝跟踪

连续带钢生产线的焊缝跟踪是基础自动化级控制系统的一个主要的、相对高级的功能，由 PLC 控制系统实现。在一条现代化的连续带钢生产线的自动控制系统中，焊缝跟踪是其控制的核心。几乎所有的自动化带钢连续生产线，均配备有精确的焊缝跟踪。焊缝跟踪将使用安装在张力辊或转向辊上的脉冲发生器采集基础数据，用于焊缝跟踪在机组上的移动。在酸轧联合机组中，为保证跟踪精度，机组配有焊缝检测仪，当焊缝跟踪捕获到来自于焊缝检测仪有效的同步触发信号后，带钢焊缝跟踪系统将依据同步原理进行必要的跟踪同步。

### 2.2.3 设定值处理

在基础自动化控制系统中，根据带钢的焊缝跟踪确定带钢的位置来更新设备当前的设定值。这些设定值主要包括拉矫机工作模式、是否投入圆盘剪、入口带钢头部剪切长度、入口带钢尾部剪切长度、拉矫机伸长率、拉矫机1号辊压下量、拉矫机2号辊压下量、拉矫机反弯辊压力、圆盘剪剪边宽度（剪刃宽度、出口带钢宽度）、酸洗段最高速度、开卷机张力、入口活套张力、酸洗段张力、出口1号活套张力、出口2号活套张力、直头机1号辊压下量、直头机2号辊压下量、直头机3号辊压下量、圆盘剪剪隙、圆盘剪搭接量等。

### 2.2.4 自动减速

自动减速（ASD）的功能是自动降低生产线速度，从而使带钢能够停在需要的位置，例如带钢尾部停在双切剪或焊接点停在圆盘剪位置。

数学模型要求当 $L_{ss} \geqslant L_{ns}$ 时，作为减速开始点。

当不正常的 ASD 出现时，报警信息会出现在 HMI 上，同时生产线无条件快速停止以确保安全。

$$L_{ss} = L_s + (v^2 - v_{c1}^2)/(2\alpha) + v_{c1}T_{c1} + (v_{c1}^2 - v_{c2}^2)/(2\alpha) + v_{c2}T_{c2} + v_{c2}^2/(2\alpha) \tag{2-19}$$

$$L_{ns} = \pi\sigma N(D_t + N\overline{H}) \tag{2-20}$$

式中 $L_{ns}$——剩余长度；

$\alpha$——加、减速度；

$v$——实际辊速；

$v_{c1}$，$v_{c2}$——自动减速保持值（独立设定）；

$N$——实际圈数；

$D_t$——卷轴直径；

$L_s$——自动减速安全距离；

$T_{c1}$，$T_{c2}$——速度保持值持续时间；

$\overline{H}$——平均带钢厚度；

$\sigma$——钢卷空隙因数。

自动减速曲线如图2-11所示。

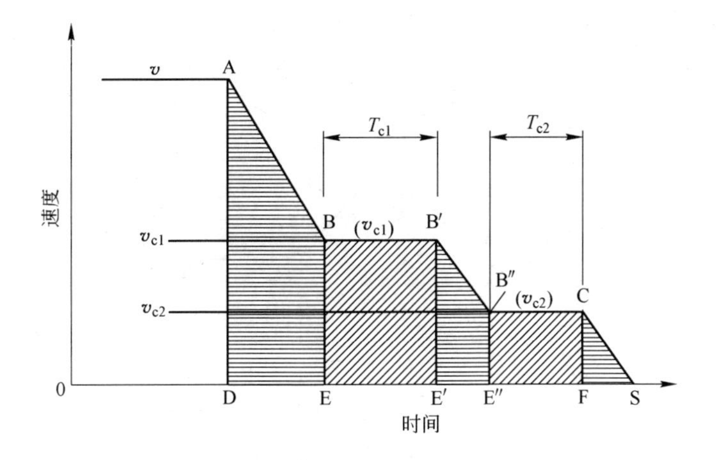


图 2-11　自动减速曲线

### 2.2.5　自动尾部停止控制

自动尾部停止控制（ATES）的功能是带钢尾部能够停在需要的位置。分别通过式（2-21）和式（2-22）计算 $L_{se}$、$L_{ne}$，当 $L_{se} \geqslant L_{ne}$，发出停止指令。

$$L_{se} = \frac{v^2}{2\alpha} + L_e \tag{2-21}$$

$$L_{ne} = \pi\sigma N(D_t + N\overline{H})\text{（对于入口）} \tag{2-22}$$

式中　$L_{ne}$——实际剩余长度；

$\alpha$——加、减速度；

$v$——实际速度；

$\sigma$——钢卷空隙因数；

$D_t$——卷轴直径；

$\overline{H}$——平均带钢厚度；

$L_e$——固定停车位安全距离；

$N$——实际圈数。

在自动减速和自动停止在固定位置的一系列处理中，低速维持部分作为安全轧制操作的一个设定。

自动停止曲线如图 2-12 所示。

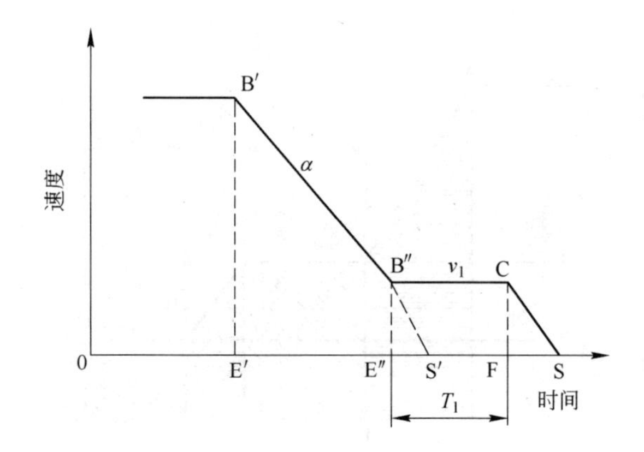


图 2-12 自动停止曲线

当 ASD 和 ATES 时手动干预如下：

（1）穿带和停止优先级高于 ASD 和 ATES。

（2）在 ASD 和 ATES 期间速度设定值改变和运行指令失效。

## 2.2.6 活套的控制

为实现酸洗到轧机生产工艺的连续性，酸洗线共采用三个活套，即用于酸洗工艺连续进行的入口活套和中间活套，用于连接酸洗与轧机连续生产的出口活套，其作用是贮存和释放带钢，即充套和放套。三个活套的控制方式基本相同，主要控制参数有：活套速度与张力值、活套的套量。

### 2.2.6.1 活套的速度与张力控制

活套的设定速度为活套入口速度和出口速度之差与活套层数的比值。活套充套和放套主要取决于活套出入口的速度，当活套入口速度大于出口速度时，处于充套状态；当活套入口速度小于出口速度时，处于放套状态；当活套入口速度等于出口速度时，处于稳定状态。活套属于张力控制系统，在设定速度值的基础上追加速度附加值，一般为设定值的10% ~20% 。速度环的放大系数很大，速度环饱和，以达到张力控制的目的。

活套控制系统如图 2-13 所示。

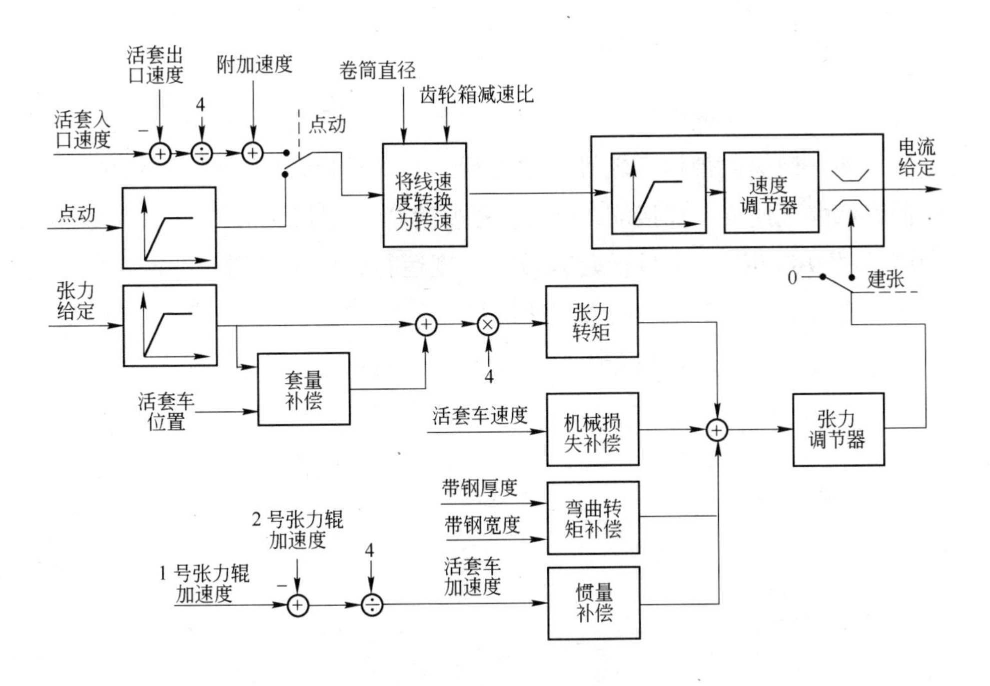


图 2-13　活套控制系统

### 2.2.6.2　活套位置与套量控制

正常生产，即酸洗和轧机均以正常的生产速度运行。此时，1 号活套为满套（90% ~100% 活套），以保证下一次焊接时有足够的带钢并保证酸洗的恒速运行。2 号活套为空套（0% ~20% 活套），一旦圆盘剪或碎边剪出现故障需换剪刃时，可保证恒速运行的酸洗洗出的带钢有足够的空间存储。3 号活套为满套（85% ~100% 活套），一旦圆盘剪或碎边剪出现故障需换剪刃时，可保证轧机有足够的带钢供轧机恒速运行。有的厂家 3 号活套为 50% 活套，这与 3 号活套的套量大小有关，如果 3 号活套套量足够大，正常生产时可以设置为总套量的 $a\%$ 左右，余下的套量（$100\% - a\%$）用于轧机过焊缝时存储带钢。

活套位置与套量控制（ALPC）用于通过控制每个活套的位置和每个区的速度来平稳地运行工艺段和轧机区。主要有以下四种情况：焊接、圆盘剪换刀刃、轧机换辊、出口停止。

A 焊接时活套自动位置与套量控制

入口钢卷焊接时酸洗仍以正常速度运行，1 号活套入口停止，出口以正常速度向酸洗槽提供带钢，轧机正常运行，不受任何影响，然后会根据套量的不同降低酸洗速度。焊接前，1 号活套为满套，2 号活套为空套，3 号活套为 50%。焊接结束时，1 号活套以最大速度运行，向 1 号活套存储带钢，直到 1 号活套储满，活套则与酸洗同速运行。

焊接时活套自动位置与套量控制如图 2-14 所示。

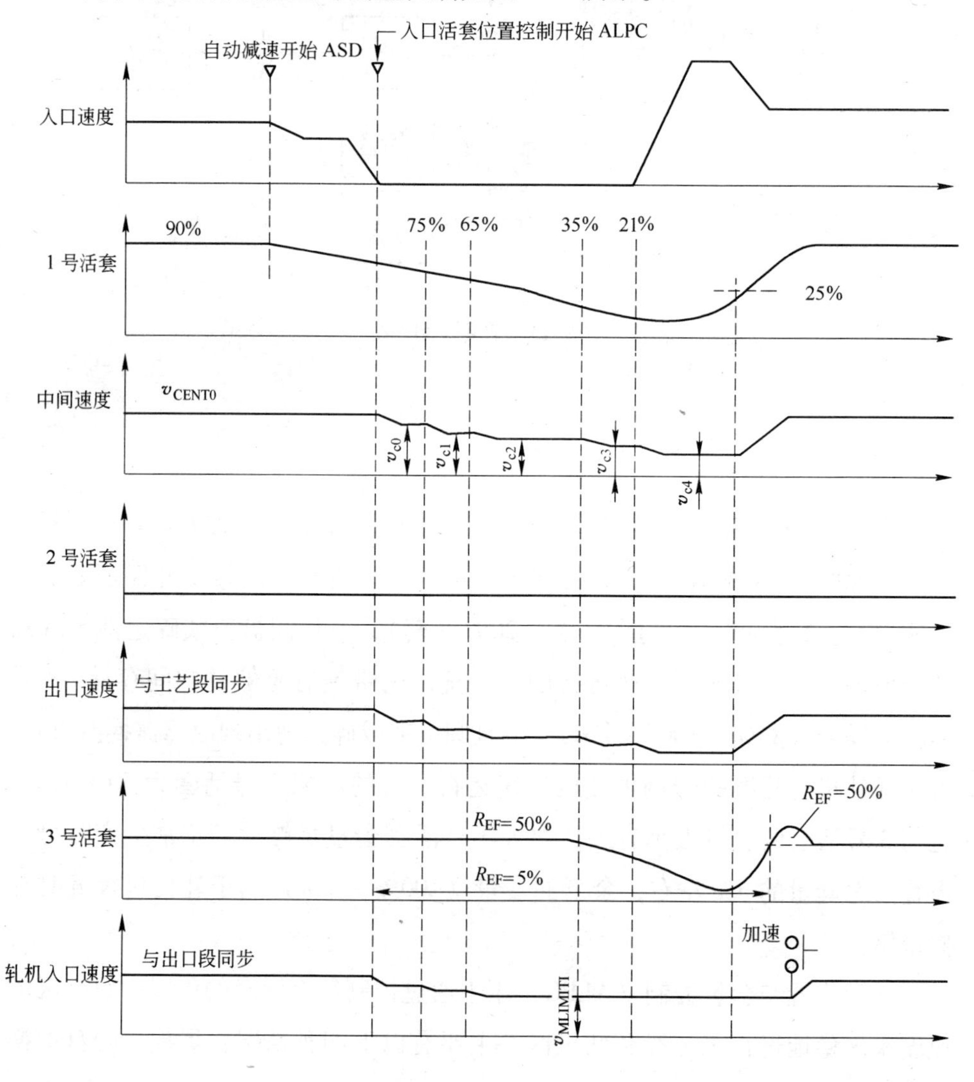


图 2-14 焊接时活套自动位置与套量控制

自动活套位置控制启用时，$v_{c0}$用以下方程计算：

$$v_{c0} = \frac{L_{1c} - L_{1p}}{t_M} \times 4(\text{层数}) \times 60(\text{s})$$

式中 $L_{1c}$——活套目前位置（放套方向）；

$L_{1p}$——活套保护位置；

$t_M$——处理时间。

当活套量少于满套的75%时，如果焊机没有发出完成信号，工艺段的速度降到$v_{c1}$，并由以下公式计算：

$$v_{c1} = 0.75v_{c0}$$

当活套量少于满套的65%时，如果焊机没有发出完成信号，工艺段的速度降到$v_{c2}$，并由以下公式计算：

$$v_{c2} = 0.55v_{cp2} \quad v_{cp2} = v_{c0} \text{ 或 } v_{c1}$$

当活套量少于满套的35%时，如果焊机没有发出完成信号，工艺段的速度降到$v_{c3}$，并由以下公式计算：

$$v_{c3} = 0.35v_{cp2} \quad v_{cp2} = v_{c0} \text{ 或 } v_{c1}$$

当活套量少于满套的21%时，如果焊缝检查没有完成，工艺段的速度降到$v_{c4}$，并由以下公式计算：

$$v_{c4} = 0.15\, v_{cp4} \quad v_{cp4} = v_{c0} \text{ 或 } v_{c3}$$

$$v_{MLIMITI} = 260(\text{m/min})\,\frac{v_{EBR}}{v_5}$$

式中 $v_{EBR}$——轧机入口速度反馈；

$v_5$——张力辊速度反馈。

B 圆盘剪换刀刃时自动活套位置控制

换刀刃时自动活套位置控制如图2-15所示。圆盘剪或碎边剪换刀刃时，酸洗运行，轧机运行，酸洗向2号活套存储带钢，轧机入口从3号活套中拉出带钢，而且根据套量，酸洗和轧机可能降速生产，直到换刀刃结束，以保

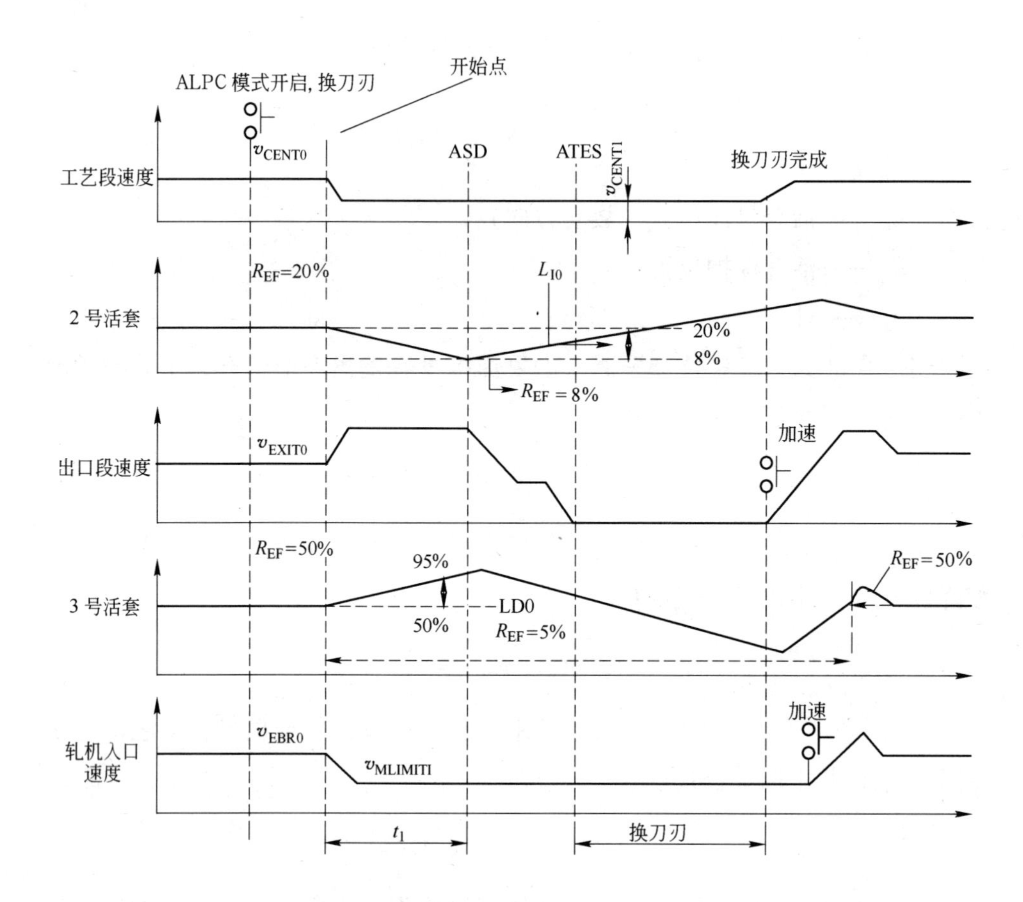


图 2-15　换刀刃时自动活套位置控制

证酸洗和轧机不停机。

开始点按下列公式计算：

$$t_1 = \frac{L_{2LCA} - L_{2LCS}}{v_{EXIT0} - v_{CETN1}} \times 2$$

式中　$t_1$——2 号活套到达空套位（8%）的时间；

$L_{2LCA}$——2 号活套当前位置；

$L_{2LCS}$——2 号活套空套位置。

$$t_{wt} = \frac{L_{WPT}}{v_{EXIT0}}$$

式中　$t_{wt}$——下一个焊缝来到圆盘剪的剩余时间。

比较 $t_{wt}$ 和 $t_1$ 这两个时间。

$$v_{CENT1} = v_d \frac{v_{EBRSET}}{v_{5SET}}$$

式中 $v_{CENT1}$——换刀刃的工艺段速度；

$v_d$——100m/min 或 200m/min（由带钢厚度决定）。

$$v_{3LPT} = \frac{L_{3LCL} - L_{3LCA}}{t_1} \times 2$$

式中 $v_{3LPT}$——3 号活套在 $t_1$ 时间内到达满套位的速度；

$L_{3LCA}$——3 号活套当前位置；

$L_{3LCL}$——3 号活套满套位置。

$$v_{MLIMIT1} = v_{EXIT0} - v_{3LPT} \text{ 或 } v_{CENT1}$$

选择大值。

C 轧机换辊时自动活套位置控制

换辊时自动活套位置控制如图 2-16 所示。此时酸洗机组继续运行，轧机停机，等待换辊。当换辊指令发出后，出口段预先减速，以排空 3 号活套，使其在轧机换辊时储存带钢，保证酸洗段运行。

### 2.2.7 破鳞拉矫机

在冷轧生产线中，拉弯矫直机是不可或缺的设备之一，它有两个主要功能：

（1）在酸洗线中，安放在酸洗介质段之前，起到破除带钢表面氧化铁皮、提高酸洗效率的作用；

（2）在带钢表面存在缺陷时，起到改善带钢板形的作用[11, 12]。

从热轧厂运送来的热轧钢卷，是在高温下进行轧制和卷取的，因此带钢表面生成的氧化铁皮能够很牢固地覆盖在带钢的表面，并掩盖着带钢表面的缺陷。一般情况下，热轧带钢表面的氧化铁皮层由三层组织组成：靠近铁基体的富氏体（FeO 和 $Fe_3O_4$ 的固溶体）、中间层的 $Fe_3O_4$ 和表层的 $Fe_2O_3$。于是，破鳞作用如下：

（1）带钢经过拉弯矫直机时，使其表面氧化铁皮较疏松的部分直接脱落，以免落入酸槽中，浪费酸液；

（2）使带钢上氧化铁皮较致密的组织产生裂纹，提高其后续与酸液反应

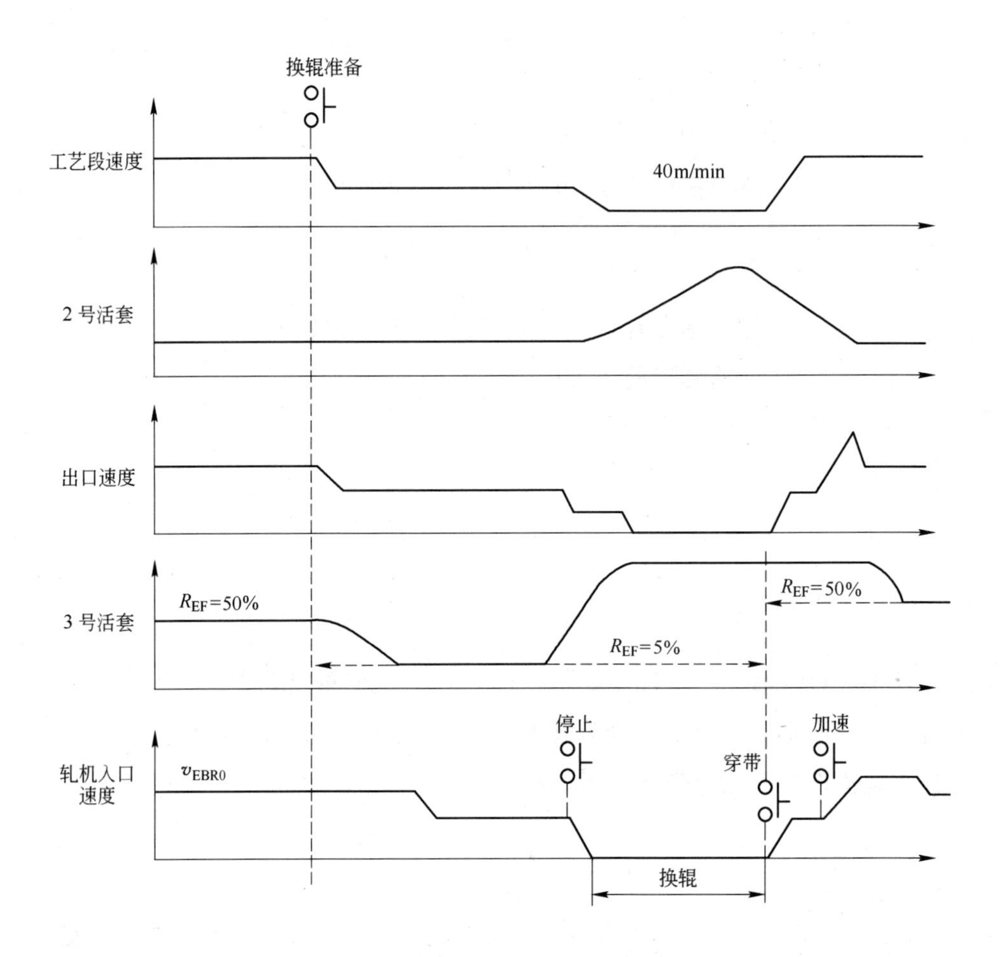


图 2-16 换辊时自动活套位置控制

的效率。

影响热轧带钢酸洗性能的因素很多，如氧化铁皮的附着强度、带钢的化学成分、机械变形的种类和程度、氧化铁皮的结构及厚度、表面污染、表面缺陷、酸洗剂的种类和成分以及酸洗时的工作条件等。以下仅对两种最主要的因素加以说明。

（1）在氧化铁皮中，富氏体是很容易在酸液中溶解的，然而其只在靠近铁板基体的表面上存在，而铁皮外层的 $Fe_2O_3$ 和 $Fe_3O_4$ 在酸溶液中是比较难溶解的。但通过机械破鳞，即拉弯矫直机的反复弯曲作用后，便可使氧化铁皮层产生裂纹，因此，酸溶液便能通过这些裂纹到达金属表面和富氏体层，随着金属铁和富氏体的溶解，便减少了氧化铁皮与金属之间的附着力，在酸溶液与金属铁反应过程中生成的氢气的作用下，氧化铁皮便从基体上脱落。

（2）富氏体具有天然的最大孔隙率，而 $Fe_2O_3$ 和 $Fe_3O_4$ 层是致密的，它们会把氧化铁皮中其他氧化层的气孔全部堵死，从而阻碍了酸液的渗入。带钢在冷却过程中虽然会形成一些裂纹，但也不能保证酸液渗入氧化铁皮的深处。特别是现代化轧机生产的热轧带钢，氧化铁皮的厚度是相当稳定的，其致密度相当高。因此，为了提高氧化铁皮的酸洗效率，采用破鳞设备增加裂纹是十分必要的。

带钢通过拉矫机时受两种应力的作用：拉伸应力和弯曲应力。拉伸应力由前后张力辊组提供，弯曲应力则由拉矫机中的两个弯曲辊组及矫直辊组提供。

拉矫装置利用铁基体及氧化铁皮覆盖层材料性能的巨大差异，经过对带钢的反复弯曲和拉伸，使其表面氧化铁皮层产生反复拉伸与压缩，而基体材料受力后产生一定程度的弹塑性变形，表面的氧化铁粉由于不具有塑性且破坏强度较低，同时与基体的附着力差，因此在拉弯矫直过程中，氧化铁皮不能适应金属形状变化而引起的内应力大于其破坏强度，所以最终导致了氧化铁皮的裂纹和脱落（见图 2-17），从而提高了酸洗效率[13]。

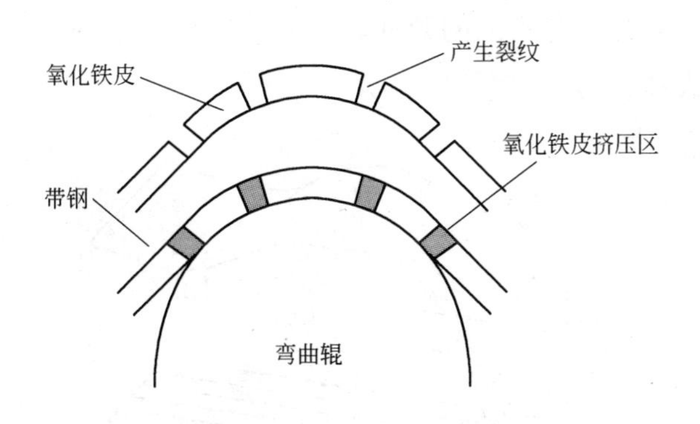


图 2-17　氧化铁皮破坏形式

此外，工艺参数也会对破鳞的效果产生影响。

（1）延伸率的影响。用拉弯矫直机进行机械破鳞时，延伸率的应用对带钢表面氧化铁皮的去除起到很大的作用。因为带钢酸洗速度的快慢直接取决于带钢表面氧化铁皮的破碎程度，而一般随延伸率的增大，带钢表面的氧化铁皮破碎程度会增加，因此破鳞效果也就越好，破鳞速度也越高。但是这个趋势也并不是绝对的，当延伸率到达饱和点时，延伸率的增加将不会对破鳞的效果有更大的改善。破鳞速度随延伸率的增加而上升，但是当延伸率达到约1%时，会出现大致饱和的倾向。虽然对于达到饱和点的位置有不同的说法，但有个共识，就是盲目地增大延伸率对改善破鳞效果帮助不大。这一点可以从理论上加以说明：延伸率的增加只对氧化铁皮的裂纹程度产生影响，但是却对氧化铁皮的致密程度和其对基体的附着力没有很大影响。

（2）拉伸和弯曲的影响带钢同一延伸率的获得既可在“大张力、小弯曲”下实现，又可在“小张力、大弯曲”下实现。但由于氧化铁皮经常受压应力，因此增加压缩作用要比增加拉伸作用更有利于氧化铁皮的破碎，而且，氧化铁皮在与铁基体结合的最里层基本是以粉粒状存在的，所以压缩作用更有利于其自身的脱落。综上所述，带钢弯曲程度增加更有利于破鳞，即“小张力，大弯曲”。

拉弯矫直机除了破鳞的功能外，还有一个很重要的功能就是改善带钢板形。由拉弯矫直原理可知，板带材在拉弯矫直机中，经过反复的弯曲、矫直后，带钢内部的残余应变得到消除，从而可以改善板形的三维形状缺陷。

如图2-18所示，将轧后出现板形缺陷的带钢切成若干纵条并平铺，可以清楚地看出横向各纵条有不同的延伸。因此一般使用带钢长度方向上各纤维条的延伸率来表征板形。

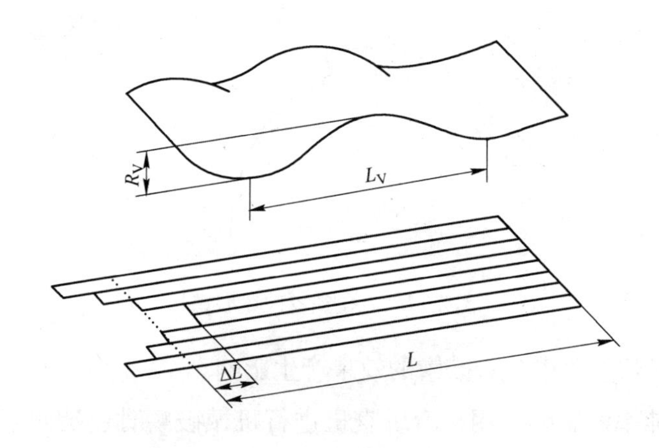


图2-18 带钢各纵条的相对延伸差

而带钢缺陷如浪形和瓢曲，则是由纵向延伸率沿横向（宽度方向）是否相等决定的。若带钢两边部的延伸率大于中部，则产生对称边浪。反之，若带钢中部延伸率大于边部，则产生中浪或瓢曲。此外，还可能产生四分之一浪和单边浪，如图 2-19 所示。

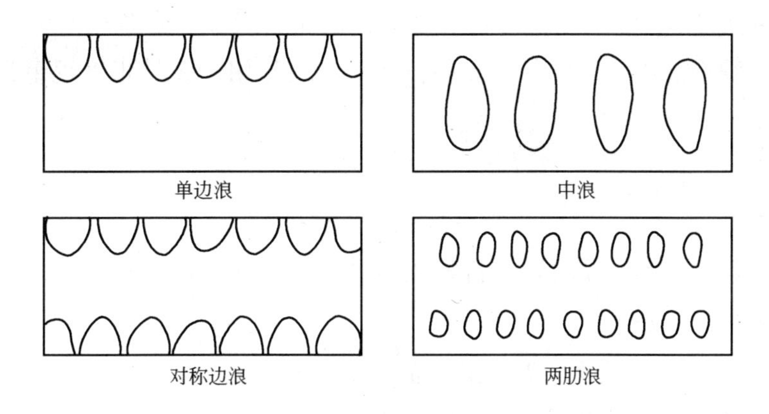


图 2-19 板形缺陷的种类

上边所说的板形缺陷均可以由拉弯矫直机消除掉。图 2-20 表示在张力作用下，带钢经过两个弯曲辊的弯曲作用时，均产生塑性变形，将其应变量相加得到弯曲后的应变量，这时调节 2 号矫直辊，即可消除带材内部的残余应变，使带材各层纤维均产生均匀的弹塑性拉伸应变 $C_{终}$ 的过程。带材瓢曲或有边缘浪形的部分所受的张应力小于平直部分的应力值，弯曲时产生的 $C_A$ 值也小于平直部分，因此，带材经过拉伸弯曲矫直后，其三维形状缺陷将得以消除[14, 15]。

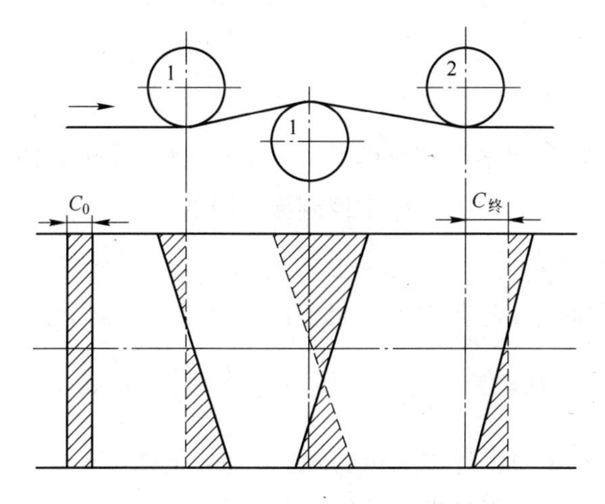


图 2-20 两弯、一矫应变变化过程

1—弯曲辊；2—矫直辊

#### 2.2.7.1 拉弯矫直机工作模式

酸轧生产线中，3 号张力辊是主令速度辊，其传动系统一直工作在速度环状态。我们前边叙述的各种控制方式，均是作用于 2 号张力辊组，即入口张力辊组上。

A 延伸率控制模式

在实际生产中，拉弯矫直机投入生产时，都将启用延伸率模式。以下为延伸率模式使用条件：

（1）在预设定值下，2 号张力辊电机自动控制延伸率（速度环 ASR，3 号张力辊是主令速度辊）。

通常情况下，延伸率预设值由 L2 发送给 L1。

特殊情况下，如试运行时，延伸率设定值将在 L1 手动给出（HMI 或开关）。

（2）如果实际张力超出所有张力极限，将延伸率模式改为张力模式（张力极限控制）。

（3）从 L2 自动传输 I/M（压下量）预设定值，并且可以在 HMI 上手动设置。

（4）假如拉弯矫直机投入生产，则应该开启焊缝跟踪控制。但是，假如破鳞机在“连续工作”模式，将不启用焊缝跟踪控制。

B 张力控制模式

极限张力就是延伸率控制下的最大矫直张力，若在延伸率控制时，矫直张力超过极限张力时，将把延伸率控制模式改为张力控制模式。图 2-21 为张力极限值的计算流程图。

带钢张力 $T$ 通过 3 号张力辊电机电流计算，公式如下：

$$T = T_3 + \frac{2}{D} \times \left( \frac{\beta}{i_1} Tr_1 + \frac{\beta}{i_2} Tr_2 + \frac{\beta}{i_3} Tr_3 \right) \tag{2-23}$$

式中 $Tr_i$——3 号张力辊各辊电机转矩，$i = 1 \sim 3$ ；

$i_i$——3 号张力辊各辊传动比；

$T_3$——3 号张力辊出口张力。

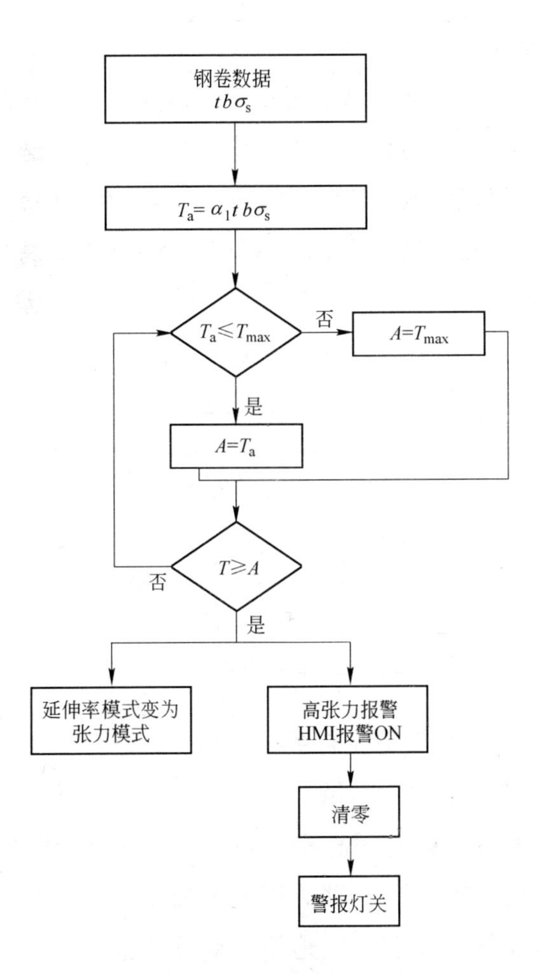


图 2-21 张力极限值的计算流程图

$A$—张力上限值，N；$t$—带钢厚度，mm；$\sigma_s$—屈服应力，MPa；$\alpha_1$—常数（值为0.1～1）；

$b$—带钢宽度，mm；$T$—带钢张力，N；$T_a$—容许张力，N；$T_{max}$—最大水平张力，N

$$D = \frac{Dd_1 + Dd_2 + Dd_3}{3} \tag{2-24}$$

在延伸率模式期间，当张力值 $T$ 达到张力上限值时，警报启动，并且自动调整操作模式为“张力模式”。此时，张力设定为 $T_a$。

a 直接张力控制模式

在拉弯矫直机不投入生产时，将启用张力控制模式。张力控制模式中，是将带钢张力控制在能维持运行的最小值上。在张力控制模式下，将不启用延伸率控制。张力控制多应用在焊缝通过拉弯矫直机、张力达到了极限值以及矫直机启动的情况。

在配有张力计的情况下，可采用直接张力控制方式。直接张力控制是利用张力计测量带钢实际张力值，并将其值作为张力反馈信号，与设定值进行比较，形成闭环，以控制电流调节器的输出，维持张力恒定所需的总电流值，使张力辊张力恒定，其控制原理如图 2-22 所示，图中 $T_{act}$和 $T_{ref}$分别为带钢张力的实际值与设定值，$\Delta T$ 为带钢实际张力与设定张力之差，$\Delta v_{ref}$和 $\Delta v_{act}$分别为传动系统速度偏差量的设定值与实际值。

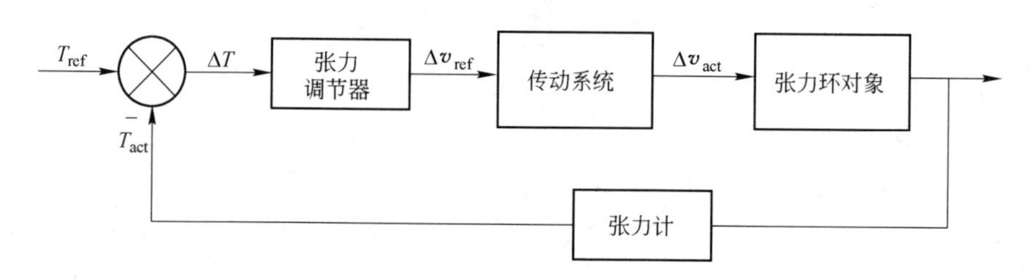


图 2-22 直接张力控制框图

直接法控制张力的优点是控制系统简单，避免了速度变化和空载转矩等对张力的影响，控制精度高。其缺点是在建立张力的过程中，有时容易出现“反弹”的现象。因为在拉弯矫直刚开始时，带钢处于松弛状态，没有张力作用，在张力给定值的作用下，张力辊电机加速，待带钢被拉紧时，则产生张力，其张力反馈信号突然投入，迫使电动机减速，于是带钢又处于松弛状态，张力反馈信号同时也消失了，电机又加速，如此反复振荡。

b 间接张力控制模式

间接张力控制是用设定的张力值乘以张力辊直径作为输入转矩值，而通过电机电枢电流计算出的转矩作为反馈值，形成闭环，以控制电流调节器的输出，维持张力恒定所需的总电流值，使得张力辊张力恒定。

间接张力控制法直接测量电机电流并参与控制，实时性能好，响应快，尤其在机组启动过程中，能够保证张力波动小。下面对电流控制张力的原理进行说明。

电动机的输出转矩为：

$$M_e = C_m \Phi I_a \tag{2-25}$$

式中 $M_e$——电动机的电磁转矩；

$C_m$——电动机的转矩常数；

$\Phi$——电动机的磁通；

$I_a$——电动机的电枢电流。

在恒速过程中，如果忽略机械装置的摩擦与损耗，传动机构需要电动机提供的转矩是：

$$M_D = M_T = \frac{TD}{2i} \tag{2-26}$$

式中 $M_D$——传动系统需要电动机提供的电动转矩，N · m；

$M_T$——折算到电动机轴上的张力转矩，N · m；

$T$——张力，N；

$D$——张力辊直径，m；

$i$——机械传动装置的减速比。

张力辊工作过程中，$M_D$ 完全由电动机来提供，如果忽略空载转矩，则有

$$M_e = M_D \tag{2-27}$$

$$C_m \Phi I_a = \frac{TD}{2i}$$

于是，恒速时的张力为：

$$T = 2C_m i \frac{\Phi I_a}{D} = K_m \frac{\Phi I_a}{D} \tag{2-28}$$

式中 $K_m$——常数，$K_m = 2C_m i$。

由式（2-28）可知，张力辊的张力可以通过电流来调节，因此，间接张力控制模式可由图 2-23 表示。

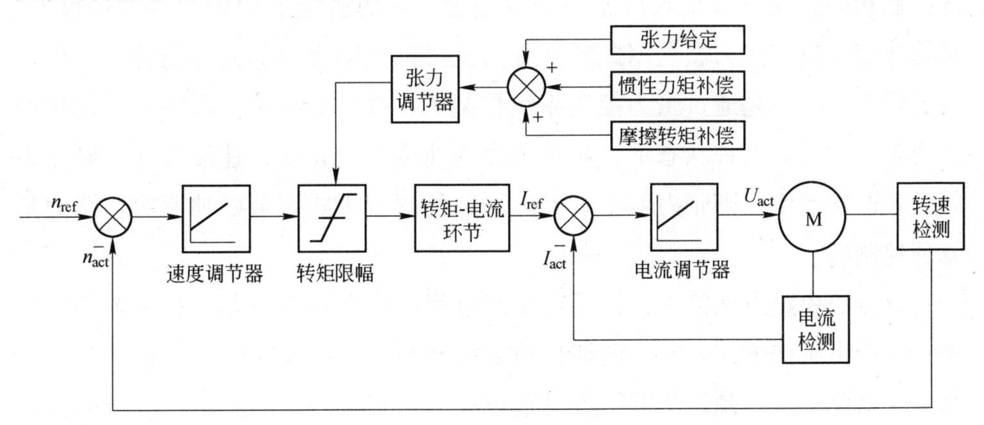


图 2-23 间接张力控制框图

速度调节器处于饱和状态，整个系统是由调节转矩限幅值来实现控制的。让张力给定值、惯性力矩补偿值和摩擦转矩补偿值共同作用在张力调节器上，使张力转换为转矩，并作为电流的给定值。

#### 2.2.7.2 延伸率控制方式

拉弯矫直的实质就是在张力下弯曲，使带材产生弹塑性延伸，从量上来说，矫直张力、弯曲曲率、延伸率是金属带材拉弯矫直的三要素，三者缺一不可，必须统一考虑。

矫直张力均由出入口张力辊之间的传动设备提供，本套设备的张力是由入口活套提供；弯曲曲率由工作辊辊径及压下量决定，本设备的工作辊压下量的调节是依靠下辊的升降电机通过蜗轮副传动丝杠完成的，对某些需要精细调节的辊子还可用手轮微量调整。带材延伸率则是由矫直张力和弯曲曲率联合实现的，并且通过出、入口张力辊的速度调节。

拉矫机延伸率的控制方法主要有两种：延伸率直接控制和延伸率间接控制。

##### A 延伸率直接控制

延伸率直接控制是在带钢弯曲曲率一定的情况下，利用延伸率给定值与实际值之间的差值，产生一个附加的速度偏差，把此偏差作用于入口张力辊，调整其速度，从而实现对带钢延伸率的控制。此时入口和出口张力辊处于速度控制状态，通过改变入口张力辊的速度，从而改变前后张力辊的速度差，最终改变了矫直张力，利用此矫直张力就可以调整带钢的实际延伸率。但此时的矫直张力不是通过张力控制系统控制的，仅是取决于拉弯矫直机前后的张力辊速度差。这种状态下，矫直张力与速度差成正比，速度差大，则张力就大；速度差小，则张力就小。因此用这种调节方式调节延伸率时，张力是开环控制的。

此方法思路虽然简单，但是在实现过程中存在很多问题。最主要的问题是：在产生延伸率偏差时，调整转速来控制系统，但此时的张力控制是开环状态，因此不好控制，所以很容易造成拉弯矫直段的张力波动，导致张力辊打滑，从而延伸率失控。

B 延伸率间接控制

延伸率间接控制主要是用张力控制延伸率，实际上就是利用延伸率给定值与实际值之间的偏差信号，产生相应的附加张力给定值，让此值与实际张力值比较，得出张力偏差信号作用在张力辊上，从而调整张力力矩，使延伸率自动控制得以实现。

在拉弯矫直延伸率控制过程中，矫直张力最为重要也最为活跃，却最不直观。本套拉弯矫直机组延伸率控制系统采用延伸率间接控制的方式，它的基本原理如图 2-24 所示。

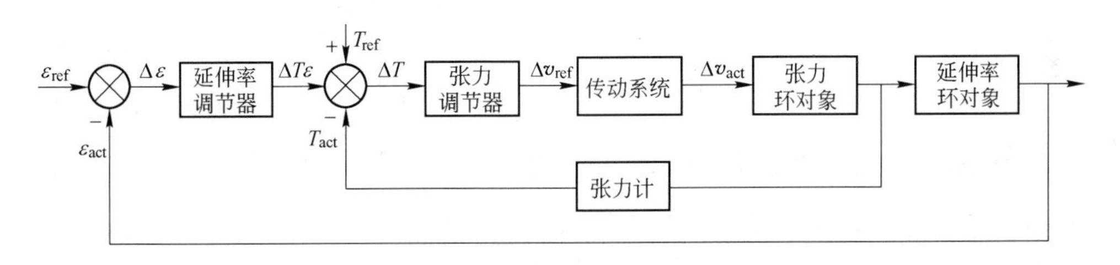


图 2-24 延伸率控制框图

首先给定延伸率，通过延伸率控制器后，得到设定张力，此张力与实际值比较得张力偏差值，偏差信号经过张力调节器的作用，输出一个速度给定值，通过传动环节后得到速度实际值，将此值作用在张力对象上，最后通过张力得到延伸率的实际值。计算出的延伸率值与延伸率给定值进行比较，当反馈延伸率小于给定延伸率时，增大矫直张力；反之，当实际值大于给定值时，减小矫直张力，从而实现恒延伸率控制。

# 3 轧机主令控制系统

## 3.1 主令控制系统概述

轧机主令控制系统用来确保轧机入口张力辊到出口卷取机之间带钢生产的正常运行，根据当前带钢的位置和运行模式协调传动控制、工艺控制和辅助设备动作，并监控生产线运行状态，对故障进行及时处理。轧机主令控制系统主要包括：设定值管理、主令速度计算、轧制模式切换、变规格斜坡计算、轧机区域焊缝跟踪、断带检测、主轴定位等功能。轧机主令控制系统与其他功能的关系如图 3-1 所示。

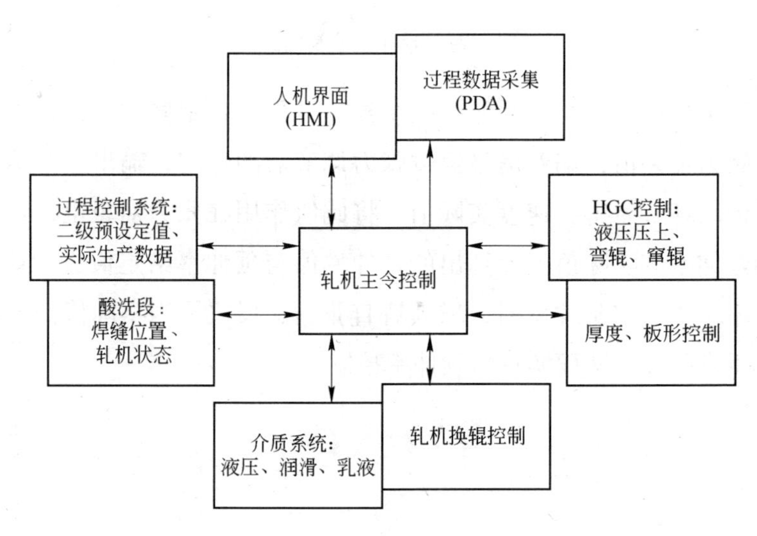


图 3-1　轧机主令控制系统关系图

## 3.2 主要功能及典型设备

### 3.2.1 设定值处理

设定值处理功能包括设定数据读入存储、数据有效性检查和系统内部数据分配三个部分，具体实施过程如图 3-2 所示。设定值处理功能打开一个负责接收新设定值的时窗，当下一卷带钢设定值变成当前卷带钢设定值时时窗打开，在焊缝要进入轧机前时窗关闭，具体时间点与设定数据的有效性和轧机完成减速或停车的时间有关。下卷带钢设定值和中间设定值存储在设定值存储器中，如果在时窗中没有接收二级新的设定值报文，系统请求停车[16,17]。

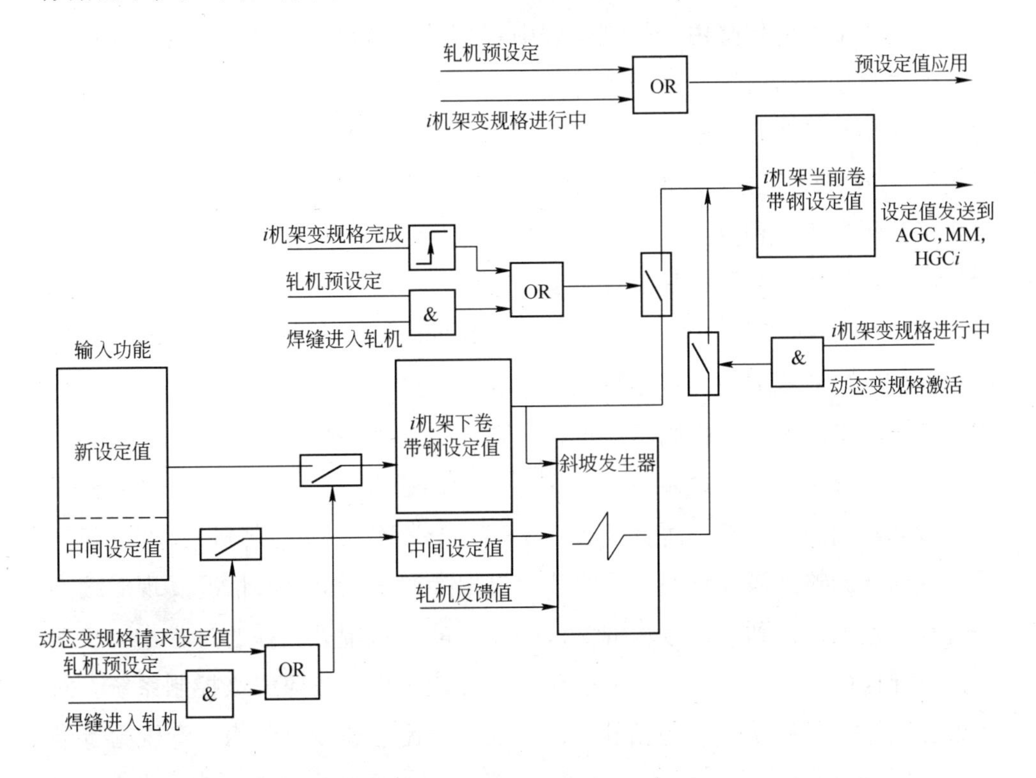


图 3-2　设定值管理过程

基础自动化系统接收到新的设定值后，开始对当前卷带钢设定值、中间设定值和下卷设定值进行数据有效性检验，主要完成两种检验：超限检验（下限 < 预设定值 < 上限）；数值连续性检验（例如，$h_0 > h_1 > h_2 > h_3 > h_4 > h_5$）。如果数据检验没有问题，则设定一个数据有效的标志，根据焊缝的位置将设定值发送到相关系统和设备。

### 3.2.2　带钢穿带

穿带工艺是指将带钢从入口分段剪送到张力卷取机上，轧机压下系统将辊缝摆到相应辊缝设定位置，随后系统建立张力并使所需传动以穿带速度运转。五机架冷连轧机的穿带方法有两种，一种是将辊缝预摆到二级设定位置后让带头通过五个机架；另一种是让带头在无压下量的情况下通过五个机架。

第一种情况可以将带钢头部厚度尽可能地控制到成品厚度精度范围内，以减少切头损失，但是由于轧制过程中带钢易出现翘曲、跑偏、镰刀弯等情况，使得自动穿带过程很难顺利进行。第二种情况是首先保证带钢顺利地穿过五个机架，带头在卷取机上缠绕三圈后开始建立张力，同时将五个机架的辊缝摆到道次设定位置以保证轧机出口厚度。思文科德 1450mm 冷连轧机的穿带工艺采用第二种方法，首次穿带过程带钢经开卷、酸洗后穿带至轧机区，即机组的 7 号纠偏装置，并留有充足的带钢。由 8 号纠偏装置穿带卷扬机的钢丝绳拉住带钢，穿过 6 号张力辊及 8 号纠偏辊，穿至轧机前液压剪，带钢经由轧机入口液压剪夹送辊送料至 1 号轧机，带头穿过 1 号轧机。在此过程中，酸洗段供应充足原料利于穿带，三辊稳定中间辊处于抬起状态，轧机前侧导对中调整正常及合适带钢对中位置。带钢通过 1 号轧机后，1 号轧机压下位置调整到微开状态，而后启动 1 号机架将带钢穿过 2 号轧机，2 号轧机压下位置同样调整到微开状态。后面几个机架参照前两个机架情况实现后续穿带过程，直到带钢到达 5 号轧机出口的飞剪前夹送辊处，在此过程中，机架间穿带导板都处于升起状态。带钢穿过 5 号轧机后，按照二级控制系统，对各架轧机进行参数设定（包括轧制力、压下分配、速度、张力、弯辊力等参数），轧机前建立张力，酸洗出口即 6 号张力辊与酸洗出口活套建立张力，具备开车条件后启动轧线点动功能，机组以点动速度 40m/min 运行，轧机前、机架间按照设定的张力运行。带钢头部依次穿过飞剪、飞剪后转向辊，到达卡罗塞尔卷取机的助卷卷筒，带钢通过助卷器在卷取机上卷取 2 ~ 3 圈后，建立设定的卷取张力，完成 5 号轧机出口至卷取穿带。

### 3.2.3 传动控制功能

传动控制是完成对某一操作模式对应传动设备动作的控制功能，该系统包括一个主令斜坡，轧机主令控制系统根据速比与末机架设定速度计算各机架速度，速比计算在厚度控制系统中完成。初始速比由过程自动化系统提供，正常轧制过程中以 3 号机架为中间机架，由秒流量相等原理根据相邻两个机架的前滑值与后一机架的入口实际厚度、出口设定厚度实时修正速比。

### 3.2.3.1 符号约定

除入口张力辊外，轧机段其他所有传动设备工作过程中速度与转矩的符号相同。本计算机控制系统中，认为轧制速度的方向为正方向，转矩和转速的方向如表 3-1 和表 3-2 所示。

**表 3-1 入口张力辊组符号约定**

| 项　目 | 入口张力辊组 1 辊和 4 辊 | 入口张力辊组 2 辊和 3 辊 |
| --- | --- | --- |
| 轧制方向 | ⟶ | ⟶ |
| 转矩方向 | 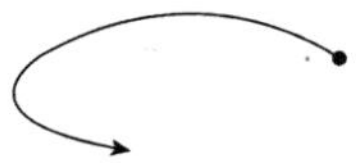 | 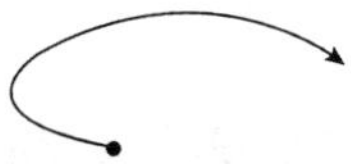 |
| 转速方向 |  | 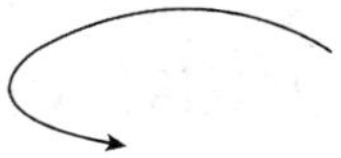 |

**表 3-2 轧区其他传动设备符号约定**

| 项　目 | 上夹送辊、板形辊、导向辊、轧机上工作辊 | 下夹送辊、轧机下工作辊、卷筒 |
| --- | --- | --- |
| 轧制方向 | ⟶ | ⟶ |
| 转矩方向 |  | 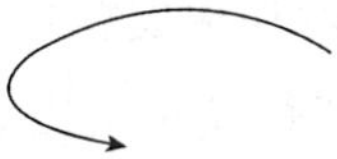 |
| 转速方向 |  | 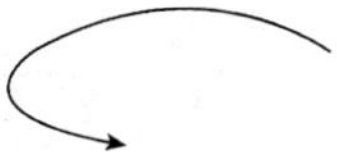 |

### 3.2.3.2 速度计算

实现轧机段各设备的线速度保持同步的办法是使用主令控制器，用它的输出作为所有被控设备的速度指令，这样只要控制主令控制器的输出，就控制了速度和加速度值。五机架冷连轧机各传动装置设定速度计算过程如图 3-3 所示。

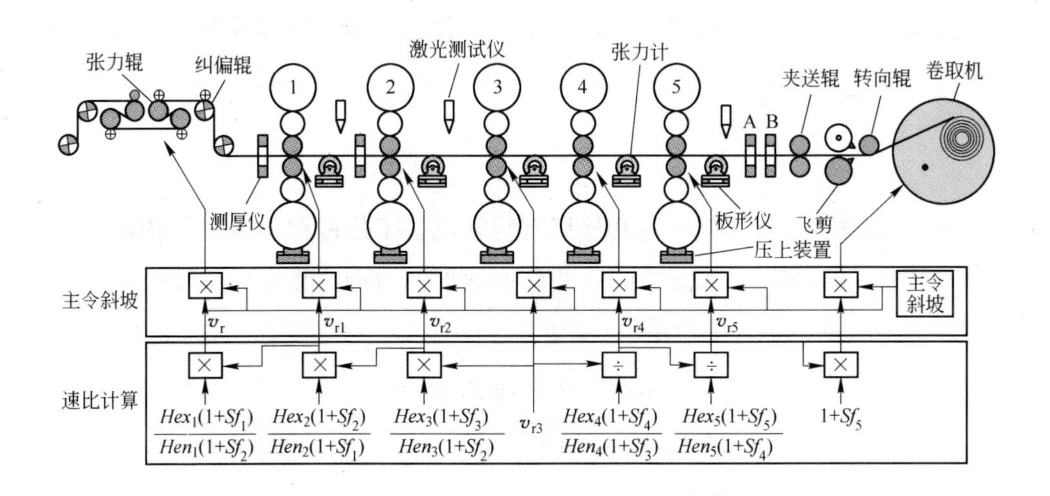


图 3-3　轧区设备速度计算

主令控制器的速度曲线实际上是 S 形曲线，在目标速度的基础上进行斜坡处理得到折线速度，在折线速度的基础上进行 S 形平滑处理得到命令速度，命令速度直接送给传动控制系统用作速度环的速度命令。目标加速度曲线和折线速度相对应，实际加速度曲线和命令速度曲线相对应。由于实际加速度曲线是一种线性变化的曲线，所以 S 形处理的实质是一种二次方抛物线的平滑处理。图 3-4 中的 B 点表示 S 形曲线生成启动点，J 点表示加速度线性增大结束点，K 点表示加速度线性减小开始点，E 点表示加速度线性减小结束点，BJ 段表示加速度线性增大阶段，JK 段表示恒定加速度加速阶段，KE 段表示加速度线性减小阶段。在生成 S 形曲线时，需要解决好以下三个问题：一是

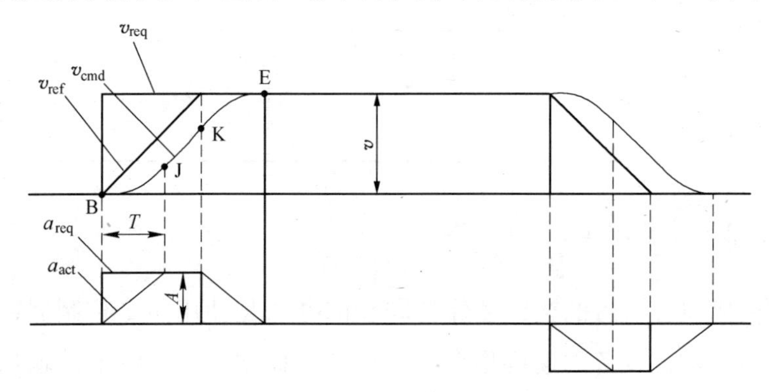


图 3-4　主令控制器的 S 形曲线及加速度图

$v_{req}$—目标速度；$v_{ref}$—折线速度；$v_{cmd}$—命令速度；$a_{req}$—目标加速度；$a_{act}$—实际加速度

决定 K 点的合适位置，当加速度从 A 减小到零时，要求速度值恰好等于目标速度；二是当目标速度变化较小时，实际加速度在增大到目标值之前便要开始减小，这时 J 点与 K 点重叠，需要确定 J 点的合适位置，在到达 E 点时其速度值恰好为目标速度值；三是要考虑在加速过程 BJKE 段中，如果操作工按下了速度“保持”按钮，要求保持机组速度不再变化，这时要解决在速度保持真正不变之前如何及时形成 S 形平滑过渡，操作工根据机组在加减速时的运行状况，随时都有可能按下“保持”按钮，要求机组速度马上不变。

对于轧机入口张力辊组和轧机出口卷取机来说，由于设备工作在转矩模式下，所以设备的设定速度需要超前或者滞后于实际设定速度，实际上是通过图 3-5 和图 3-6 所示方法计算超前速度或滞后速度。

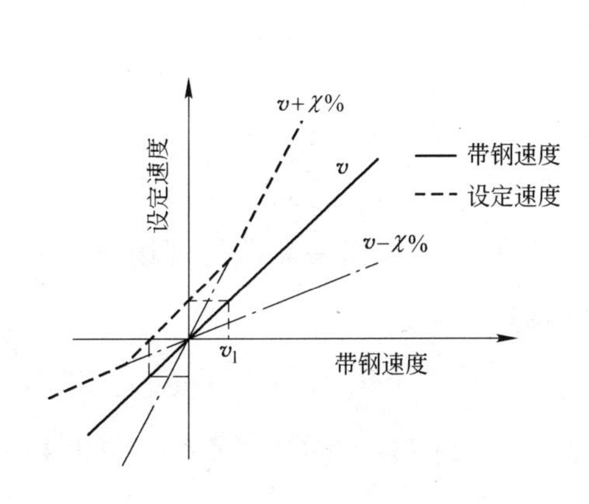

图 3-5 超前速度计算方法

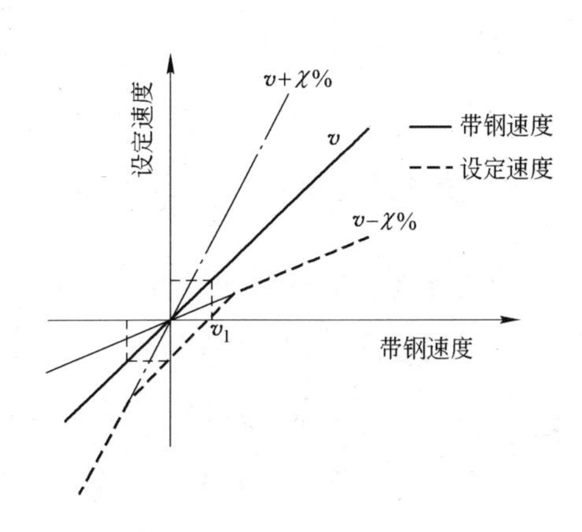

图 3-6 滞后速度计算方法

3.2.3.3 补偿功能

A 动态转矩补偿

对于轧机入口张力辊和轧机出口卷取机来说，加减速过程必须考虑它们的惯性补偿，该功能根据轧机的加速度和转动惯性计算补偿转矩。电机的加速转矩补偿如下所示：

$$T_{act} = J_{act} \times \frac{d\omega}{dt} \tag{3-1}$$

式中 $\omega$——电机角速度，rad/s；

$\frac{d\omega}{dt}$——电机角加速度，根据电机设定速度直接求得，$rad/s^2$；

$J_{act}$——当前时刻电机的实际惯性，$kg \cdot m^2$。

$$J_{act} = J_0 + J_{coil} \tag{3-2}$$

式中 $J_0$——电机固有惯性。

$$J_{coil} = \pi W\rho \frac{D^4 - D_0^4}{32r^2} \tag{3-3}$$

式中 $W$——带钢宽度；

$\rho$——材料密度；

$D$——实际卷径；

$D_0$——芯轴直径；

$r$——齿轮箱速比。

B 磨损转矩补偿

功能描述：磨损转矩补偿与带钢速度有关，计算相关参数与现场条件有关。可以通过测试得出摩擦转矩与速度的函数关系：

$$M = f(v)$$

$$T_{loss} = k(k_1 v^4 + k_2 v^3 + k_3 v^2 + k_4 v + k_5 \sqrt{v} + C) \tag{3-4}$$

C 转盘旋转补偿

转盘旋转时需要附加额外的转动惯量，该补偿用于卷筒的控制过程。需要计算卷取长度和额外的惯性补偿量，将补偿转矩转换为穿带位置卷筒相对于轮盘中心角度的变化量，通过下面的公式推导可以准确求出转矩补偿量[18]：

$$Q_{rot} = J_{act}\frac{d\omega}{dt} = J_{act}\frac{2R}{D} \times \frac{dv}{dt} \tag{3-5}$$

式中 $R$——齿轮箱速比；

$D$——钢卷直径；

$v$——卷取速度。

转盘旋转过程转矩补偿计算如图 3-7 所示。

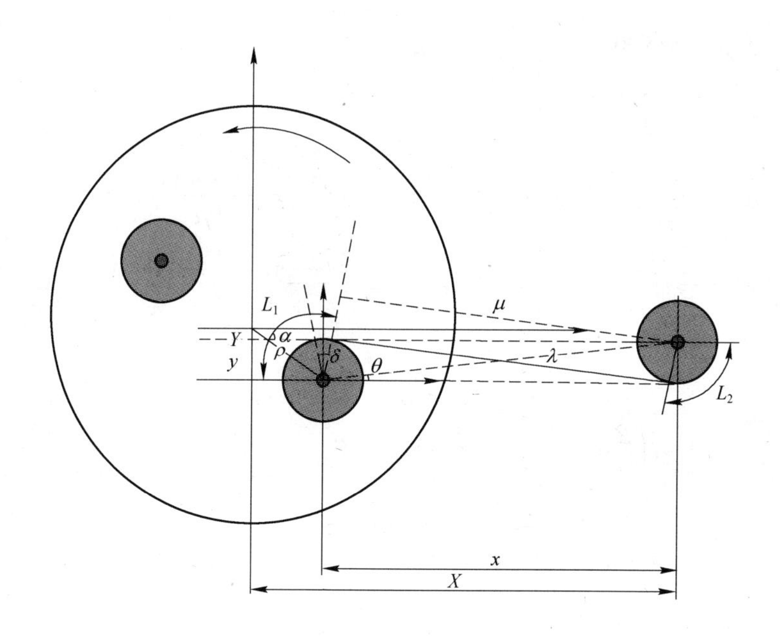


图 3-7 转盘旋转过程转矩补偿计算

$$\frac{\mathrm{d}v}{\mathrm{d}t} = \frac{\mathrm{d}^2 L}{\mathrm{d}t^2} = L''\left(\frac{\mathrm{d}\alpha}{\mathrm{d}t}\right) + L'\frac{\mathrm{d}^2\alpha}{\mathrm{d}t^2} \tag{3-6}$$

$$x = X - \rho\cos\alpha$$

$$y = Y - \rho\sin\alpha$$

$$\lambda^2 = x^2 + y^2$$

$$\mu^2 = \lambda^2 - (D + d)^2; \mu = \sqrt{\lambda^2 - (D + d)^2}$$

$$\theta = A\tan\left(\frac{y}{x}\right)$$

$$\delta = A\tan\left(\frac{D + d}{\mu}\right)$$

$$L = \mu + L_1 + L_2 = \mu + (D + d)(\delta - \theta) + c_{\mathrm{st}}$$

$$L_1 = \left(\frac{\pi}{2} + \delta - \theta\right)D; L_2 = \left(\frac{\pi}{2} + \delta - \theta\right)d$$

$$c_{\mathrm{st}} = \frac{\pi}{2}(D + d) \tag{3-7}$$

$$x' = +\rho\sin\alpha$$

$$y' = -\rho\cos\alpha$$

$$\lambda' = \frac{xx' + yy'}{\lambda}$$

$$\mu' = \frac{2\lambda\lambda'}{2\mu} = \frac{\lambda}{\mu} \times \lambda' = \frac{\lambda}{\mu} \times \frac{xx' + yy'}{\lambda} = \frac{xx' + yy'}{\mu}$$

$$\theta' = \frac{1}{1 + \left(\frac{y}{x}\right)^2} \times \left(-\frac{yx'}{x^2} + \frac{y'}{x}\right) = \frac{xy' - yx'}{x^2 + y^2} = \frac{xy' - yx'}{\lambda^2}$$

$$\delta' = \frac{-1}{1 + \left(\frac{R + r}{\mu}\right)^2} \times \frac{(R + r)\mu'}{\mu^2} = \frac{-\mu^2}{\mu^2 + (R + r)^2} \times \frac{(R + r)\mu'}{\mu^2}$$

$$= \frac{-(R + r)\mu'}{\mu^2 + (R + r)^2} = -\frac{(R + r)\mu'}{\lambda^2}$$

$$L' = \mu' + (R + r)(\delta' - \theta')$$

$$\mu'' = \frac{\mu(x'^2 + xx'' + y'^2 + yy'') - (xx' + yy')\mu'}{\mu^2}$$

$$\theta'' = \frac{\lambda^2(x'y' + xy'' - y'x' - yx'') - 2\lambda\lambda'(xy' - yx')}{\lambda^4}$$

$$= \frac{\lambda(xy'' - yx'') - 2\lambda'(xy' - yx')}{\lambda^3}$$

$$\delta'' = -(R + r) \times \frac{\lambda^2\mu'' - 2\lambda\lambda'\mu'}{\lambda^4}$$

$$\delta'' = -(R + r) \times \frac{\lambda\mu'' - 2\lambda'\mu'}{\lambda^3}$$

$$L'' = \mu'' + (R + r)(\delta'' - \theta'') \tag{3-8}$$

图 3-7 中及式中的参数如下：

$D$——钢卷直径（实时变化）；

$d$——导向辊直径；

$X$，$Y$——导向辊相对于轮盘中心的位置坐标；

$x$，$y$——导向辊相对于穿带位置芯轴中心的位置坐标；

$L_1$——穿带芯轴上带钢长度；

$L_2$——导向辊上带钢长度；

$\mu$——导向辊与穿带芯轴之间带钢的长度；

$\lambda$——导向辊中心到穿带芯轴中心的距离；

$\rho$——穿带芯轴中心到轮盘中心的距离；

$\alpha$——穿带芯轴上带钢覆盖部分的角度；

$\theta$——导向辊相对于穿带位置芯轴的角度；

$\delta$——导向辊和穿带芯轴中心线与带钢在芯轴上切线的夹角。

#### 3.2.3.4 电流与速度限幅

正常轧制过程中，如果有一个传动设备到达最大电流或速度限幅值，轧机将自动降速，如图 3-8 所示。

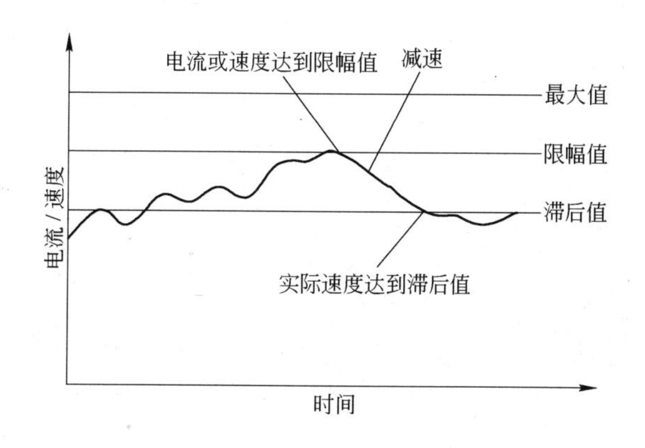


图 3-8 速度限幅

#### 3.2.3.5 自动降速

下列情况发生时，轧机自动减速至预设定速度：带钢有缺陷、动态变规格、剪切和带尾定位。自动减速功能考虑实际的带钢速度和期望的带钢速度，根据最大加速度和 S 形斜坡时间常数计算减速过程带钢行走最短距离。当带钢到达正确位置时，轧机开始减速（缺陷到达机架前 $x$ 米、焊缝到达轧机前 $x$ 米），自动减速实现以下功能：

（1）动态变规格，减速至动态变规格速度；

（2）未接收到有效设定值，触发轧机延时停车；

（3）带钢剩余长度小于快停距离，如果轧机未自动减速且操作工未手动减速，轧机将快停；

（4）缺陷进入轧区，轧机减速至缺陷速度。

带钢缺陷离开五机架 $x$ 米，或者带钢建张且新卷取有效，自动减速信号复位，轧机加速至运行速度。自动降速长度计算是通过 S 形函数将实际速度减速至设定速度，根据 S 形函数预设定参数，精确计算减速过程带钢所走长度。为了简化计算，开始的加速度认为是零。同时也计算了减速时间。

S 形函数包含 3 个部分：

（1）开始阶段：

$$t_1 = t_s$$

$$v_1 = v_{start} - \frac{d_{ec} t_s}{2}$$

$$s_1 = v_{start} t_s - \frac{d_{ec} t_s^2}{6} \tag{3-9}$$

（2）结束阶段：

$$t_3 = t_s$$

$$v_3 = v_{end} + \frac{d_{ec} t_s}{2}$$

$$s_3 = v_{end} t_s + \frac{d_{ec} t_s^2}{6} \tag{3-10}$$

（3）直线部分：

$$t_2 = \frac{v_{start} - v_{end}}{d_{ec}}$$

$$s_2 = v_{end} t_2 + \frac{d_{ec} t_2^2}{2} = \frac{v_{start}^2 - v_{end}^2}{2 d_{ec}}$$

$$t = t_1 + t_2 + t_3$$

$$s = s_1 + s_2 + s_3 = \frac{v_{start}^2 - v_{end}^2}{2 d_{ec}} + (v_{start} - v_{end}) t_s$$

$$= s_{without\ sigmoid} + (v_{start} - v_{end}) t_s \tag{3-11}$$

式中 $v_{end}$——目标速度；

$v_{start}$——初始速度；

$d_{ec}$——S 形斜坡加速度限幅；

$t_s$——S 形斜坡时间常数。

### 3.2.4 焊缝跟踪

焊缝跟踪是冷连轧生产过程中物料跟踪的基础，主要目的是精确跟踪焊缝在机组中运行的位置，并触发相关的逻辑控制功能。轧机区域焊缝跟踪是指焊缝通过入口 6 号张力辊组，由 6 号焊缝检测仪进入冷连轧机组轧制，焊缝出第 5 机架后由飞剪剪切，卸卷小车将钢卷从卷取机卸下，轧机区域带钢跟踪功能结束。

焊缝异常处理见表 3-3。

表 3-3 焊缝异常处理

| 焊缝检测仪 | 酸洗段焊缝信号 | 相关措施 |
|---|---|---|
| 检测到焊缝 | 此处无焊缝 | 快速停车 |
| 给定位置未检测到焊缝 | 焊缝准备进入轧机 | 切换到手动变规格模式 |

### 3.2.5 动态变规格

动态变规格轧制是冷连轧带钢跟踪的一个功能，在连轧机组不停机的条件下，通过对辊缝、速度、张力等参数的动态调整，实现相邻两卷带钢的钢种、厚度、宽度等规格的变换。动态变规格可以将不同规格的原料带钢轧成同种规格的成品带钢，也可将不同规格的原料带钢轧成不同规格的成品带钢，还可将同规格带钢分卷轧成不同规格的成品带钢[19, 20]。

动态变规格时序图如图 3-9 所示。

#### 3.2.5.1 设定值应用顺序

功能描述：该功能用于动态变规格时生成 AGC、HGC 和 MM 的设定值应用顺序。根据焊缝位置，给出 1 号机架变规格时焊缝前后的斜坡带钢长度，此功能生成“1 号机架变规格”信号。焊缝到 1 号机架距离小于焊缝前斜坡带钢长度或者焊缝到 1 号机架距离大于焊缝后斜坡带钢长度，且手动变规格未激活

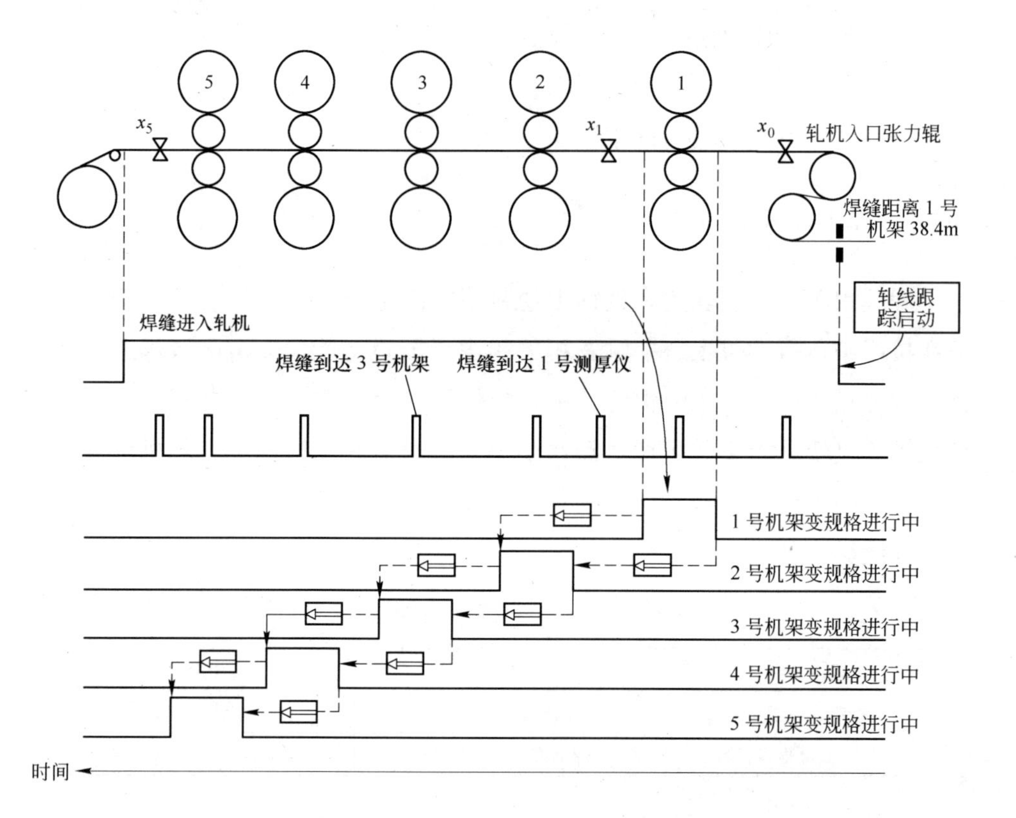


图 3-9 动态变规格时序图

时，“1号机架变规格”标志位为1；否则“1号机架变规格”标志位为0。

考虑到焊缝位置计算误差，当焊缝到达1号机架前几厘米时将“1号机架无斜坡”信号置位，焊缝经过1机架后该信号复位。“1号机架变规格”和“1号机架无斜坡”信号沿轧制方向进行跟踪，再根据给定带钢速度计算2、3、4、5号机架的相关信号。当1号机架信号跟踪到其他机架时，我们需要确认是同一卷带钢在不同机架处变规格。当手动变规格激活时，跟踪功能禁用，所有信号清零。

各个机架变规格投入判断如图3-10所示。

在机架间有钢的情况下，不同控制器接收到上面所述的跟踪信号，根据斜坡发生器计算所需设定值。“轧机进行动态变规格”信号描述如下：1号机架变规格开始时将该信号置位；5号机架变规格结束或手动变规格开始时将该信号复位。

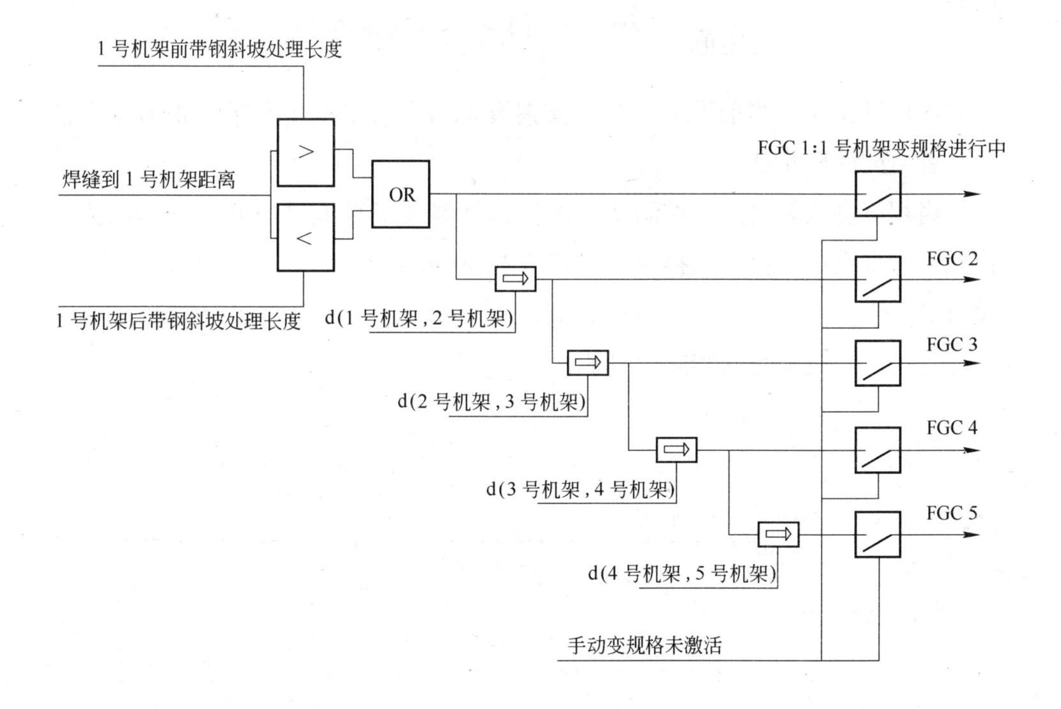


图 3-10　各个机架变规格投入判断

### 3.2.5.2　设定斜坡计算

功能描述：该功能用于焊缝进入轧机时，将当前卷带钢设定值切换到下卷带钢设定值。接收到中间设定值和下卷带钢设定值后，该功能用于平滑地将当前带钢实际值切换到下卷带钢设定值的斜坡。

斜坡计算时需考虑机架中的焊缝位置，同时给出两个用于判断斜坡是否应用的带钢长度值（焊缝前带钢长度、焊缝后带钢长度）。该功能计算两个斜坡：一个用于焊缝到达机架时将当前设定值（实际反馈值）切换至中间设定值，此斜坡用于焊缝前带钢设定值切换，当焊缝到达机架时（“机架间无斜坡”信号的上升沿信号），第一个斜坡结束，同时斜坡计算功能被禁用，直到“机架间无斜坡”信号复位，此时第二个斜坡信号开始应用；第二个斜坡用于将反馈设定值切换至下卷带钢设定值，该斜坡用于焊缝后带钢设定值切换。

在模式 2 下，中间设定值来自二级自动化系统；在模式 1 下，中间设定值根据下面公式计算求得，除了张力设定值外，其余设定值均由下面的公式计算求得：

$$设定值 = \frac{当前设定值 + 下卷带钢设定值}{2}$$

斜坡开始时，当前设定值等于反馈设定值。为了避免断带，张力设定值取二者之间的较小值。

当焊缝进入轧机后，控制系统根据计算斜坡平滑地将当前带钢实际值切换到下卷带钢设定值。切换过程如图 3-11 所示。其中，$P_i(n)$ 为当前卷带钢设定值，$P_i(n+1)$ 为下卷带钢设定值；$P_i(\text{inter})$ 为变规格中间设定值，$F_{db}$ 为焊缝到达 1 号机架时的实际测量值。

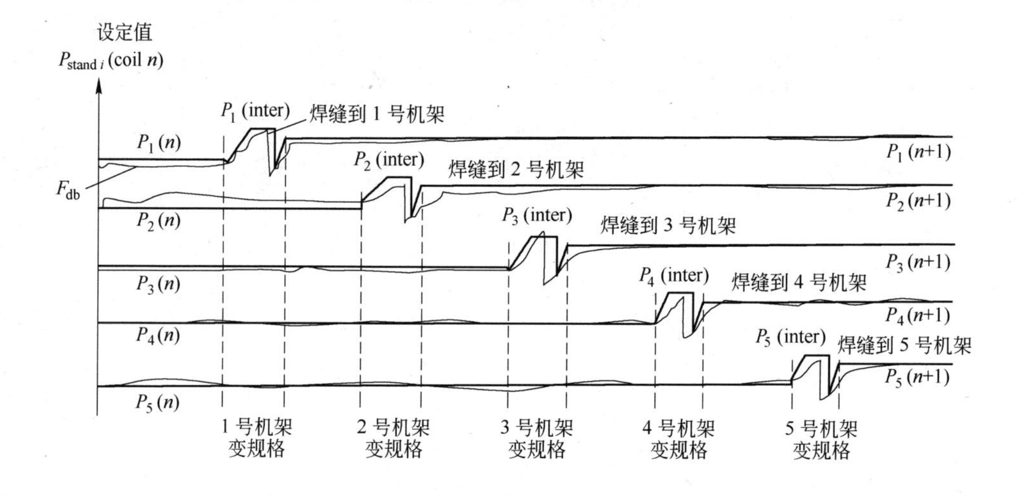


图 3-11 动态变规格时设定值变化

斜坡参数规定如下：

焊缝在 1 号机架前时：

$$P = P(n) + (1 - \alpha)[P(i) - P(n)]$$

斜坡在 1 号机架后时：

$$P = F_{db} + \alpha[P(n+1) - F_{db}]$$

$$\alpha = \alpha_1 + \alpha_2$$

$$其中 \begin{cases} \alpha_1 = 1 & 机架间变规格开始之前 \\ \alpha_1 = 0 & 焊缝通过机架之后 \\ \alpha_1 = \dfrac{机架前的带钢斜坡长度 - 焊缝到机架的距离}{机架前的带钢斜坡长度} & 其他情况 \end{cases}$$

同时 $\begin{cases} \alpha_2 = 0 & \text{焊缝未到达机架时} \\ \alpha_2 = 1 & \text{机架间变规格完成之后} \\ \alpha_2 = \dfrac{\text{焊缝到机架的距离}}{\text{机架后的带钢斜坡长度}} & \text{其他情况} \end{cases}$

1 号机架变规格之后，其余机架根据跟踪信号投入斜坡信号。如果手动变规格激活，经斜坡处理的设定值被禁用，此时只有“轧机设定”按钮可以向二级系统请求设定值。

#### 3.2.5.3 变规格模式

功能描述：该功能用于确定最合适的变规格方法。有三种策略可供选择：两种自动变规格及一种手动变规格。实际采用的变规格方式可以由操作人员手动选择，也可以由二级自动化系统决定。

二级自动化系统提供了三种不同的控制策略：

（1）自动化变规格有效：当前卷带钢与下卷带钢无太大差别；

（2）无需自动变规格：当前卷带钢与下卷带钢相同，二级设定值无需改变；

（3）手动变规格：当前卷带钢与下卷带钢在厚度和宽度上有较大差别，只能通过手动变规格的方式将带钢轧制成所需规格。

##### A 动态变规格

功能描述：动态变规格有两种模式，主要区别如下：

模式 1 使用平均设定值$\dfrac{P(n)+P(n+1)}{2}$（张力取当前带钢和下卷带钢之间的较小值）；

模式 2 使用二级系统计算的中间设定值。

变规格开始时，主令系统根据焊缝距 1 号机架的位置将轧机减速至所需速度，自动变规格后焊缝经过轧机，进行焊缝跟踪与设定值斜坡处理。一旦变规格开始（“轧机进行变规格”信号置位）且轧机速度大于0，操作人员对辊缝、厚度和张力的操作无效。

下列情况发生时，动态变规格依然有效：

(1) 无其他操作时，操作工停车后启车。

(2) 操作工停车后，手动按下“SET MILL”或者“辊缝打开”等按钮，动态变规格模式取消，手动变规格模式激活。此时，相关设定值与变规格系数无关，只能由操作工手动改变，下卷带钢轧制开始时需要停车后手动按下“SET MILL”请求钢卷数据。

(3) 焊缝进入轧机后，如果焊缝检测或跟踪出现故障时动态变规格模式取消，手动变规格自动激活。

B 手动变规格

功能描述：根据上面的叙述，如果手动变规格模式激活，带钢出口厚度由操作工手动调整：焊缝到达1号机架前一定距离时主令系统发出停车信号，厚度控制系统将被禁用，焊缝段带钢由操作人员手动轧制。下卷带钢轧制时需要操作人员手动按下“轧机设定”按钮。如果未按下“轧机设定”按钮，厚度控制系统将不允许轧机升速至运行速度。

### 3.2.6 带尾定位

带尾定位用于将剪切后的带钢尾部置于固定位置，便于后续的卸卷工作，卷取位芯轴根据计算的减速斜坡旋转至要求的卸卷位置，芯轴停止后卸卷小车上升开始卸卷。带尾定位示意图如图3-12所示。

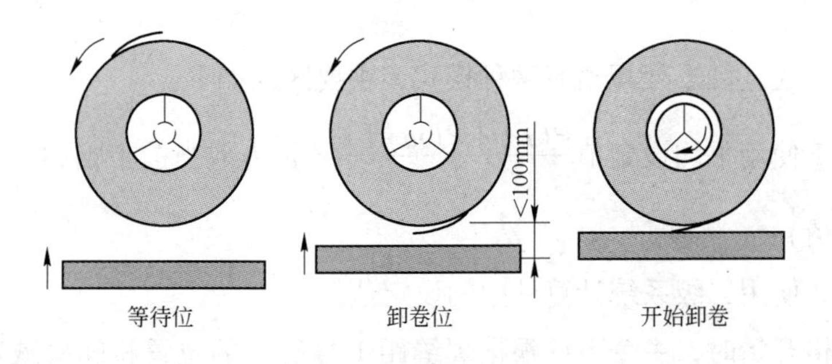


图3-12 带尾定位示意图

带尾定位的精度取决于剪切后计算的带尾剩余长度，该长度必须根据实时变化的卷径计算。这段距离包括芯轴上带尾定位角度前带钢的长度，如图3-13所示，其中，$a$、$h$、$d$、$L_1$、$r$为常数；$R$根据卷径计算；$L_2$很小，可以忽略；$b$ 与 $L_3$ 平行。

$$x = R + r \tag{3-12}$$

$$L_3 = b = \sqrt{a^2 + x^2} \tag{3-13}$$

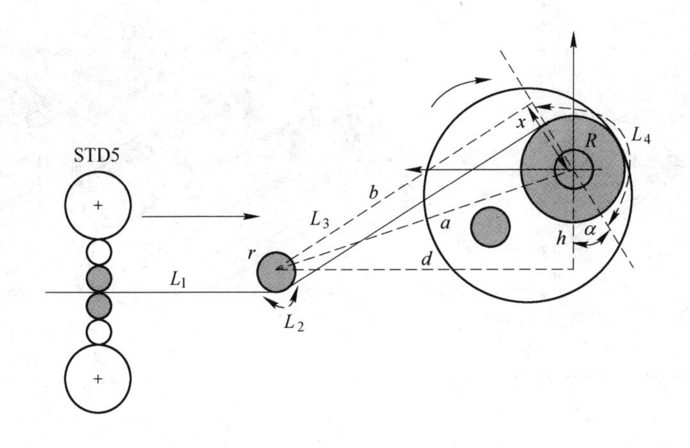


图 3-13 带尾定位过程剩余长度计算

$L_4$ 为甩尾过程芯轴上带钢长度，$\alpha$ 为定位角度，如图 3-12 所示，$L_4$ 可以由 $\alpha$ 和其他长度计算得到，即：

$$L_4 = R\left[2\pi - \alpha - \tan^{-1}\left(\frac{d}{h}\right) - \cos^{-1}\left(\frac{x}{a}\right)\right] \tag{3-14}$$

$$\text{总长度} = L_1 + L_2 + L_3 + L_4 + \text{偏移}$$

### 3.2.7 飞剪

飞剪是冶金领域重要的生产设备之一，与一般剪切机只能剪切静止的轧件不同，飞剪用来横向剪切运动着的轧件。其种类繁多，包括摆式飞剪、曲柄式飞剪、滚筒式飞剪等，现代冷连轧生产线多采用滚筒式飞剪。滚筒式飞剪由剪刃、刀夹、剪鼓和固定架组成，剪鼓分为上剪鼓和下剪鼓两部分并装配有剪刃，在圆柱滚子轴承上旋转。滚筒式飞剪的优点是结构简单、动态平衡性比较高、允许较高的剪切速度、可整体更换滚筒，一般用于剪切比较薄的带材产品。图 3-14 为飞剪设备简图。

飞剪剪切过程基于轧机入口焊缝检测仪修正的焊缝跟踪对剪切位置和飞剪角度进行实时监控，计算出剪切剩余长度、剪切角度、剪切速度和到达此

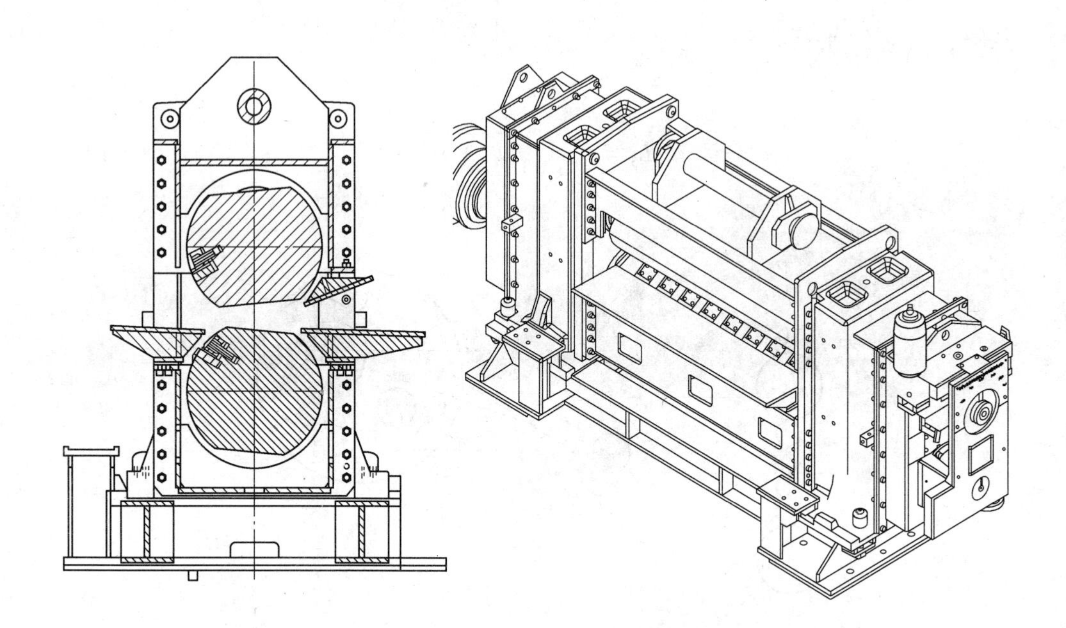

图 3-14 飞剪设备简图

速度所需的加速度值，其目的是为了获得良好的带尾剪切精度。飞剪控制系统结构图如图 3-15 所示。

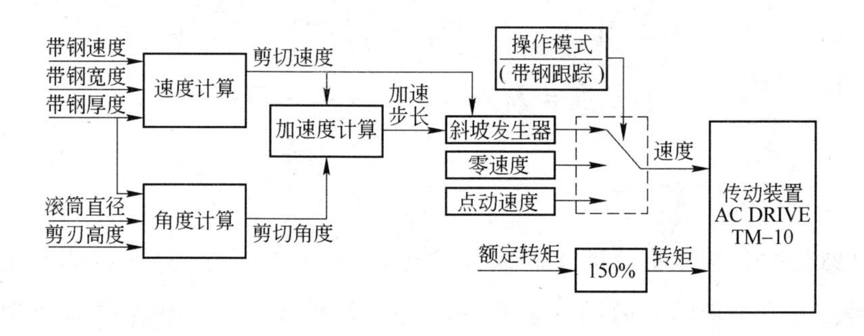


图 3-15 飞剪控制系统结构图

飞剪上安装有脉冲编码器和定位接近开关，用于检测和修正飞剪的旋转角度。飞剪调试之前，需要根据上辊刻度盘确认接近开关信号从有到无过程飞剪的旋转角度，同时定义飞剪启动位置为零度角位置，从而确认接近开关的位置和挡铁的位置。如图 3-16 所示，飞剪剪切过程包含以下几个步骤：启动、加速、剪切、减速、返回初始位置、停止。

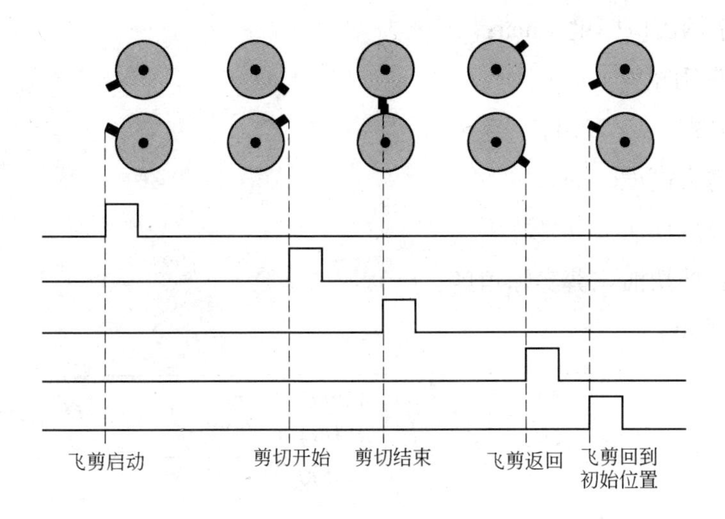


图 3-16 飞剪自动剪切过程

剪切参数计算：焊缝到飞剪的距离小于3.5m时开始计算剪切速度，飞剪的速度以出口卡罗塞尔卷取机卷筒的速度为基准，同时与带钢的宽度、厚度、飞剪转矩、滚筒半径及剪刃高度有关。所使用的相关变量如下：

$v_{cal}$：未经限幅的剪切线速度计算值，m/min；

$v_{ref}$：经限幅的剪切线速度值，m/min；

$r_{cal}$：滚筒转速计算值，r/s；

$r_{ref}$：滚筒转速设定值（1.5 倍的滚筒转速计算值），r/s；

$A_{cut}$：剪切角度，(°)；

$A_{act}$：飞剪实际角度，(°)；

$T_A$：加速时间，s；

$a_{cc}$：加速度，m/s$^2$；

$v_{back}$：飞剪反向旋转速度设定值，r/s；

$d_{cut}$：飞剪启动位置，m；

$v_{ex}$：卷取速度，m/min；

$r_{FB}$：考虑剪刃的滚筒半径，mm；

$P_{max}$：常数；

$\beta$：常数，$\beta=0.0015$；

$I$：飞剪的转动惯量，kg·m$^2$；

$h$：带钢出口厚度，mm；

$W$：带钢宽度，mm；

$\varepsilon$：常数，$\varepsilon=0.14$；

$l_B$：剪刃高度，mm；

$A_{in}$：初始角度，常数；

$P_{OSB}$：剪切前飞剪实际角度，(°)。

剪切速度：

$$v_{cal}=\frac{\sqrt{\left(\frac{1000v_{ex}}{60r_{FB}}\right)^2+\frac{P_{max}}{I}\left(\frac{W\tan\beta}{1000}+\frac{h}{1000}\varepsilon(1-\varepsilon)\right)60r_{FB}}}{1000} \tag{3-15}$$

速度限幅：

上限值：

$$v_{max}=320\text{m/min}$$

下限值与出口带钢设定厚度有关：

$$v_{min}=200\text{m/min}\quad(h<0.4\text{mm})$$

$$v_{min}=70\text{m/min}\quad(0.4\text{mm}\leqslant h\leqslant 1.46\text{mm})$$

$$v_{min}=210\text{m/min}\quad(h>1.46\text{mm})$$

速度设定值：

$$v_{ref}=140\text{m/min}\quad(v_{ex}<60\text{m/min})$$

$$v_{ref}=v_{cal}\quad(v_{ex}\geqslant 60\text{m/min})$$

计算飞剪转速：

$$r_{cal}=\frac{v_{ref}\times 1000}{2\pi r_{FB}\times 60} \tag{3-16}$$

$$r_{ref}=1.5r_{cal} \tag{3-17}$$

剪切角度：

$$A_{cut}=270+A_{in}-\arccos\left(1-\frac{h+l_B}{2r_{FB}}\right)\frac{360}{2\pi} \tag{3-18}$$

加速时间：

$$T_A=\frac{A_{cut}-P_{OSB}}{360r_{cal}}\times 2 \tag{3-19}$$

加速过程：焊缝到飞剪的距离小于 $d_{cut}$ 时飞剪开始加速，加速度为：

$$a_{cc} = \frac{r_{cal}}{T_A}$$

剪切距离：

$$d_{cut} = \frac{1000(T_A + 0.065)v_{ex}}{60} + r_{FB}\sin(A_{cut}) \tag{3-20}$$

### 3.2.8　卷取机

卷取机用在可逆式冷轧机、连续式冷轧机和带钢精整机组作业线上，将冷轧带钢卷取成钢卷。常见的冷轧带钢卷取机有实心卷筒式、四棱锥式、八棱锥式、四斜楔式、弓形块式等结构。目前，冷连轧生产线多采用卡罗塞尔卷取机，又称双卷筒旋转式卷取机，它由双卷筒及其传动系统、涨缩机构、转盘及其传动系统组成。卡罗塞尔卷取机以高效、连续的方式卷取带钢，该结构设计紧凑，节省设备安装空间。

卡罗塞尔卷取机工作过程：轧机穿带时，将带头穿至穿带位卷筒，穿带完成后转盘顺时针旋转 180°（与轧制方向有关），穿带位卷筒定位到卷取位开始轧制，原卷取位卷筒同时定位到穿带位进行穿带准备。当机组完成分卷后卷取位卷筒完成卸卷，同时穿带位卷筒完成穿带，转盘再次顺时针旋转 180°，完成卷筒定位，达到连续轧制生产目的。生产过程中，卷取机相关设定值汇总如表 3-4 所示，其中，$Q_T$ 为根据张力计算的卷筒设定转矩，$Q_M$ 为设备的最大转矩，$v$ 为设备的设定速度，$x\%$ 为设备的速度超前量。

**表 3-4　各种轧制状态下卷取机设定值**

| 轧制状态 | 穿带位卷筒 | | 卷取位卷筒 | | 转　盘 | |
|---|---|---|---|---|---|---|
| | 设定转矩 | 设定速度 | 设定转矩 | 设定速度 | 设定转矩 | 设定速度 |
| 穿带模式 | $Q_T$ | $v+x\%$ | 0 | 0 | 0 | 0 |
| 轧制过程 | 0 | 0 | $Q_T$ | $v+x\%$ | 0 | 0 |
| 剪切之前 | $Q_T$ | $v+x\%$ | $Q_T$ | $v+x\%$ | 0 | 0 |
| 剪切之后 | $Q_T$ | $v+x\%$ | $Q_M$ | $v+x\%$ | 0 | 0 |
| 转盘旋转 | $Q_T$ | $v+x\%$ | 0 | 0 | $Q_M$ | $v$ |

卷取机有以下几种工作方式：

（1）轧制模式。轧制模式下，大盘保持不动，穿带位置芯轴保持不动，卷取位置芯轴工作在张力控制模式。

（2）剪切之后。剪切完成之后，大盘保持不动，穿带位置芯轴工作在速度模式下，卷取位置芯轴工作在速度模式下。

（3）穿带过程。穿带过程中，大盘保持不动，穿带位置芯轴工作在张力控制模式下，卷取位置芯轴保持不动。

（4）大盘旋转。大盘旋转过程中，大盘旋转180°，穿带位置芯轴工作在张力控制模式下，卷取位置芯轴保持不动（卸卷之后）。翻转过程中，两个芯轴的张力设定值相等。

对于芯轴来说，转矩即张力。因此设定转矩必须考虑设定张力。张力有以下三种模式：运行张力模式、减张力模式和静张力。运行张力和减张力由ATC计算，静张力由主令系统计算。静张力是为了防止电机过热，电机停车一段时间后自动将设定张力切换至较小的设定值。轧机启动之后，设定张力为ATC给出的运行张力。如果传动设备长时间不工作，设定张力值减小至零。

静张力 =（额定转矩 × 静张系数 × 减速比）/ 钢卷卷径

设定转矩为：

$$Q_{\mathrm{ref}} = \frac{T_{\mathrm{ref}} D}{2R} \tag{3-21}$$

式中 $Q_{\mathrm{ref}}$——设定转矩；

$T_{\mathrm{ref}}$——设定张力；

$D$——钢卷卷径；

$R$——齿轮减速机速比。

# 4 液压伺服控制系统

## 4.1 液压辊缝控制系统

### 4.1.1 设备情况

液压辊缝控制系统（Hydraulic Gap Control，HGC）由压上执行机构和控制系统组成，压上执行机构包括液压缸及其控制元件伺服阀，伺服阀用于控制进入液压缸的液压油流量，然后通过液压缸及机架内的有关机构来控制上辊系的上下移动。液压缸固定在牌坊窗口底部。一个完整的液压缸包括缸体、活塞、缸盖、密封及安装在缸内部的位置传感器和压力传感器。表 4-1 为液压辊缝控制系统技术参数。

**表 4-1　液压辊缝控制系统技术参数**

| 名　称 | | 参　数 |
|---|---|---|
| 液压缸 | 活塞直径 | $\phi$800/640mm |
| | 最大工作压力 | 25MPa |
| | 有杆腔压力 | 正常操作：3MPa<br>快泄操作：7MPa |
| | 速　度 | 3mm/s（蓄能器作用下） |
| | 单缸最大轧制力 | 10MN |
| | 行　程 | 245mm |
| 位置传感器 | 型　号 | Sony 磁尺 |
| | 行　程 | 245mm |
| | 分辨率 | 1μm |
| | 线性度 | ±3μm |
| | 重复性 | ±1μm |
| 压力传感器 | 型　号 | HYDAC |
| | 测量范围 | 0~35MPa |
| | 分辨率 | 全行程 0.1 % |
| | 线性度 | ±0.2 % |
| | 重复性 | ± 0.2% |

续表 4-1

| 名　称 | | 参　数 |
|---|---|---|
| 伺服阀 | 形　式 | 2 级伺服阀 |
| | 先导压力 | 18MPa |
| | 额定流量 | 95L/min |

## 4.1.2 控制原理

液压压下控制系统的任务是按二级系统计算出来的轧制力或压下位置设定值去控制液压压下系统，使控制后的位置与目标位置之差保持在允许的偏差范围内。HGC 工作时，将位置基准值（由预设定基准、AGC 调节量、附加补偿和手动干预给出）与液压缸位置传感器反馈值相比较，所得的位置偏差信号与一个和液压缸负载油压相关的可变增益系数相乘后送入位置 PID 调节器，PID 调节器的输出值作为伺服放大器的输入值，通过伺服放大器驱动伺服阀，控制液压缸位置上下移动以消除辊缝误差。HGC 系统的控制原理如图 4-1 所示。

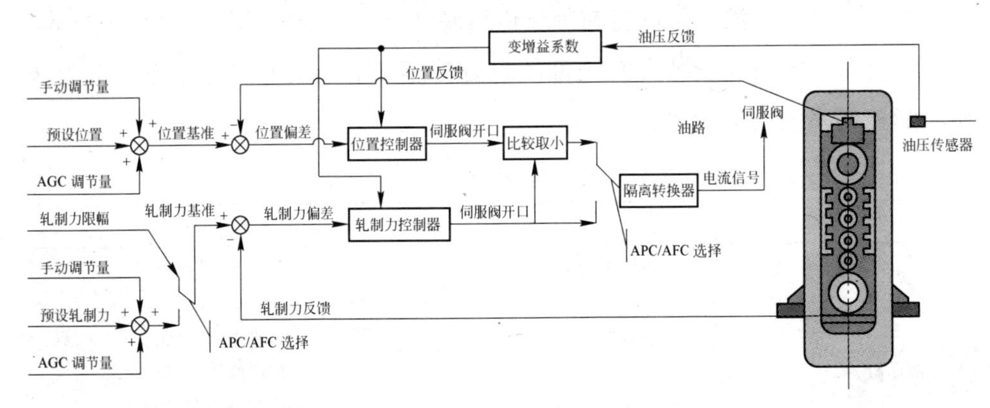


图 4-1　HGC 系统控制原理图

考虑到伺服阀的非线性特点，需要对控制系统进行非线性补偿。同时，为了改善伺服阀静、动态性能，控制系统中设置了相应颤振补偿，根据实际情况，选择补偿控制的应用与否。

### 4.1.2.1 HGC 测量数据处理

#### A 位置测量

轧机两侧 HGC 液压缸内均安装有一个位置传感器，用于测量液压缸的位置。该数字传感器根据液压缸位置的变化产生脉冲信号送入 TCS 系统。为了精确地测量液压缸位置，对于该数字传感器的精度有严格要求，测量的分辨率为 1μm。位置传感器检测的信号 $S_{DS}$、$S_{OS}$ 分别是传动侧液压缸位置实际值和操作侧液压缸位置实际值，HGC 控制器通过设定值与实际值的差值输出控制信号。

$$S_{cyl} = (S_{DS} + S_{OS})/2 \tag{4-1}$$

$$S_{tilt,act} = S_{DS} - S_{OS} \tag{4-2}$$

式中 $S_{cyl}$——液压缸平均位置值，mm；

$S_{tilt,act}$——轧机倾斜实际值，mm。

B 轧制力测量

轧机的轧制力是通过安装在液压缸上的油压传感器间接测量得到的，轧机液压缸提供的压下力在数值上等于液压压力乘以液压缸工作面积，如式(4-3)所示：

$$P_{act} = \frac{\pi}{4}[D_{cyl}^2 p_{cyl} - (D_{rod0}^2 - D_{rod1}^2) p_{rod}] \tag{4-3}$$

式中 $P_{act}$——实际轧制力值，kN；

$p_{cyl}$——无杆腔的实际油压值，Pa；

$p_{rod}$——杆腔的实际油压值，Pa；

$D_{cyl}$——无杆腔的直径，mm；

$D_{rod0}$——有杆腔的直径，mm；

$D_{rod1}$——杆的直径，mm。

为了计算有效轧制力，还需要把弯辊力的影响和辊系重量考虑进去。弯辊力对轧制力的影响根据弯辊块在轧机上安装位置的不同而不同；辊系重量对轧制力的影响将在标定阶段予以考虑。经补偿后的轧制力计算公式如式(4-4)所示：

$$P = P_{cyl} - P_{beffect} - P_{caloffset} \tag{4-4}$$

式中 $P$——单侧有效轧制力，kN；

$P_{beffect}$——单侧弯辊力的影响，kN；

$P_{caloffset}$——标定时单侧液压缸内的压力，kN。

#### 4.1.2.2 HGC 控制器

A 位置闭环控制

位置闭环控制是基于液压缸设定位置与实际反馈位置的差值信号控制伺服

阀输出。位置闭环控制原理如图 4-2 所示。输出信号经伺服放大器转化为伺服阀的控制电流，驱动液压缸消除位置偏差，伺服阀控制电流如式（4-5）所示：

$$I_{servo} = k_{gain}k_{pos}(S_{ref} - S_{act}) + I_{zero} + I_{flutter} \tag{4-5}$$

式中 $I_{servo}$——伺服阀控制电流，A；

$k_{gain}$——伺服阀变增益系数；

$k_{pos}$——位置控制器调节因子；

$S_{ref}$——叠加倾斜后的位置设定值，mm；

$S_{act}$——液压缸位置实际值，mm；

$I_{zero}$——伺服阀零偏补偿，A；

$I_{flutter}$——伺服阀颤振补偿，A。

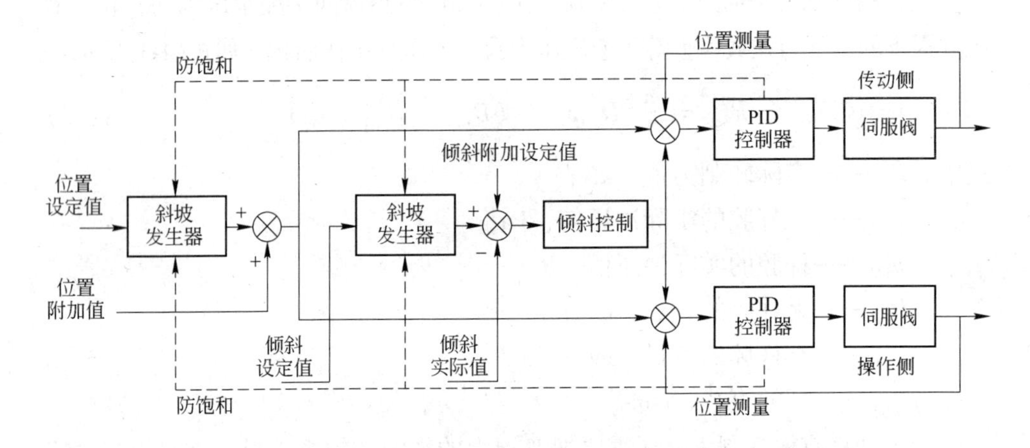


图 4-2 液压缸位置闭环控制原理图

B 轧制力闭环控制

与位置闭环控制相似，轧制力闭环控制就是将实际的轧制力控制在轧制力设定值附近，保证控制后的轧制力与给定的轧制力之间的偏差在允许范围内。轧制力闭环控制原理如图 4-3 所示。

在轧制力闭环控制方式中，轧制力设定值经过一个设定值斜坡发生器与倾斜控制器输出值叠加，二者之和作为轧制力设定值，再与实际的轧制力值进行比较，得出的偏差信号送入轧制力控制器。控制器输出值经过伺服阀零偏补偿以及信号转换后分别驱动轧机两侧伺服阀，完成对轧制力的闭环控制。

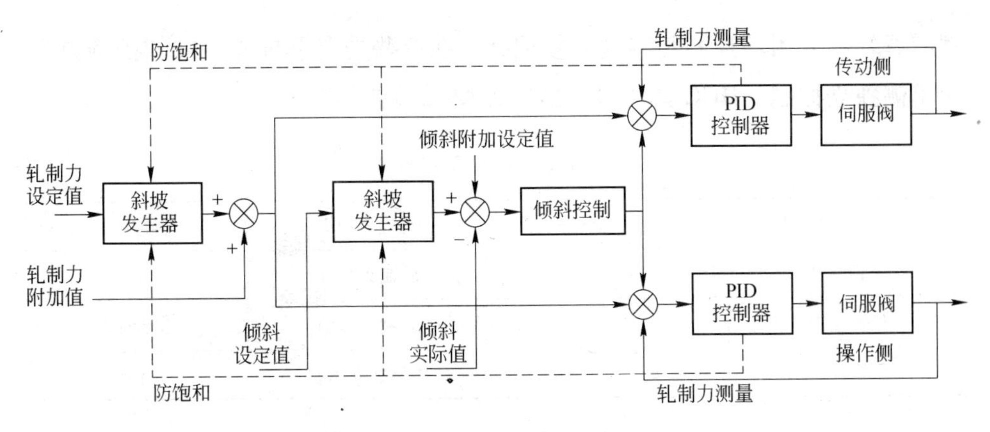


图 4-3 液压缸轧制力闭环控制原理图

C 辊缝倾斜控制

辊缝倾斜控制是指轧机传动侧与操作侧之间位置偏差的控制。在辊缝倾斜控制中，传动侧与操作侧实际位置的差值作为反馈信号，与给定倾斜量比较后送入倾斜控制器，倾斜动作以轧辊中心为轴，倾斜控制器的输出平均分配到两侧的液压缸，即一侧增加且另一侧减少。倾斜控制器输出附加在位置控制器或轧制力控制器设定值上。压下过程中倾斜控制器将一直被触发，只当轧机工作在单侧位置控制和单侧轧制力控制方式时被屏蔽。倾斜控制原理如图 4-4 所示。

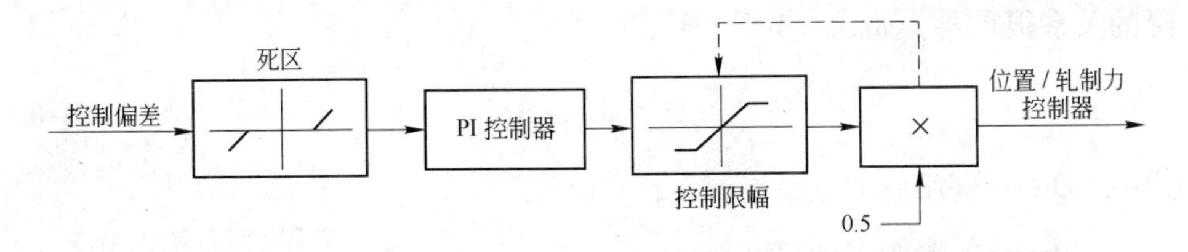


图 4-4 倾斜控制原理图

D 单侧独立控制

伺服阀的输出基于相应液压缸的位置或轧制力控制器来给出，两侧互不影响。这种模式主要在调试初期使用。在单侧独立控制方式工作的时候，不叠加辊缝倾斜控制。

4.1.2.3 HGC 可选控制模式

HGC 系统一般工作在常规的控制方式下，即位置闭环控制与辊缝倾斜控制或者轧制力闭环控制与辊缝倾斜控制。在有些情况下选择特殊的控制方式，如单侧独立控制。HGC 具体可选的工作模式如表 4-2 所示。

**表 4-2　HGC 工作模式**

| 液压缸控制模式 | 倾斜控制模式 | 液压缸控制模式 | 倾斜控制模式 |
|---|---|---|---|
| 位置控制 | Off | 轧制力控制 | Off |
| 位置控制 | 位置倾斜 | 轧制力控制 | 位置倾斜 |
| 位置控制 | 轧制力倾斜 | 单侧独立控制 | Off |

#### 4.1.2.4　HGC 伺服控制

##### A　伺服阀非线性补偿

对于给定伺服阀控制电流信号，通过伺服阀阀口油流量与阀口压力差成比例关系。当液压油流入液压缸时，假定此时液压缸内没有压力或者压力很小，这种情况给定伺服阀的输出响应很高，因此，所需的补偿系数小；当液压油流出液压缸时，此时阀口两端的压降较小，给定伺服阀的输出响应变慢，伺服阀所需的补偿系数大。为了量化非线性补偿系数，研究伺服阀流量与压降的关系很重要，如式（4-6）所示：

$$Q = KI\sqrt{\Delta p} \tag{4-6}$$

式中　$Q$——伺服阀的流量，$m^3/s$；

$I$——伺服阀的开口度，%；

$\Delta p$——阀口的压力差，Pa；

$K$——伺服阀流量系数。

从上述公式中可以看出，为了获得相同的油流量，必须对最后的伺服阀电流输出根据液压缸上行和下行的情况进行补偿。补偿系数如下：

进油时：

$$K_p = \frac{\sqrt{p_{sys} - p_{sym}}}{\sqrt{p_{sys} - p_{cyl}}} \tag{4-7}$$

出油时：

$$K_{p} = \frac{\sqrt{p_{sym} - p_{tnk}}}{\sqrt{p_{cyl} - p_{tnk}}} \tag{4-8}$$

式中 $p_{sys}$——系统压力，Pa；

$p_{sym}$——均衡压力（由阀的均衡点来确定），Pa；

$p_{tnk}$——回油压力（可认为是0），Pa。

另外，还设置了一个可调整的增益来由工程师选择采用多大的压降补偿。这个可调整增益在0~1之间。如果可调整增益设为0，则代表不进行补偿。如果设为1，则代表全部应用补偿，如式（4-9）所示：

$$K_{gain} = (1 - \lambda) + \lambda K_{p} \tag{4-9}$$

式中 $\lambda$——工程增益（在0~1之间）。

B 颤振补偿

为了改善伺服阀静、动态性能，有时在伺服阀的输入端加以高频小幅值的颤振信号，使伺服阀在其零位上产生微弱的高频振荡。由于颤振的频率很高而幅值很小，一般不会传递到负载上影响系统的稳定性。但对改善伺服阀的动态性能和可靠性却有显著效果。由于加颤振信号后，阀芯处于不停的振荡中，从而显著地降低了摩擦力的影响。因此，加颤振信号可以减小伺服阀的迟滞，提高其分辨率。伺服阀所加颤振信号的频率应超过伺服阀的频宽，同时应避开伺服阀、执行机构以及负载的共振频率，一般为控制信号频率的2~4倍，以避免扰乱控制信号的作用。颤振信号的波形可以是正弦波、三角波或方波，通常采用正弦波。颤振信号的幅值应大于伺服阀的死区值，使主阀芯的振幅约为其最大行程的0.5%~1%。

## 4.2 液压弯辊控制系统

### 4.2.1 设备情况

液压弯辊系统（Roll Bending System，RBS）是板形控制系统的最基本环节，该六辊轧机有工作辊弯辊和中间辊弯辊两种控制方式。液压弯辊系统的主要设备是固定在弯辊块上的液压缸，正常轧制过程中，弯辊液压缸伸出，换辊时弯辊液压缸缩回。六辊轧机弯辊系统如图4-5所示[21,22]。液压弯辊系统技术参数如表4-3所示。

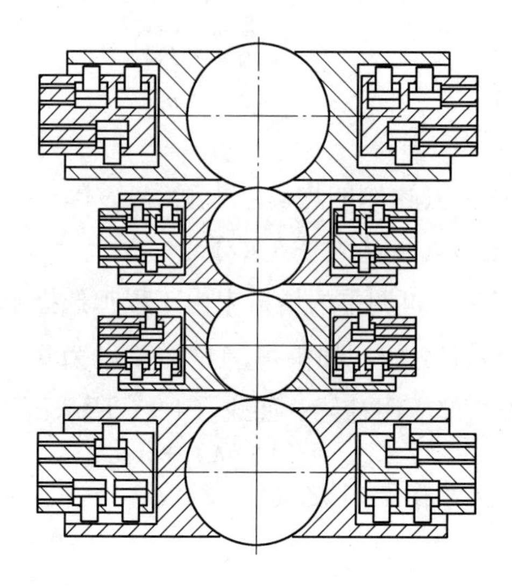

图 4-5 六辊轧机弯辊系统

**表 4-3 液压弯辊系统技术参数**

| 名称 | | 参数 |
|---|---|---|
| 工作辊正弯液压缸 | 活塞直径 | $\phi$90/70mm |
| | 行 程 | 67. 5mm |
| 工作辊负弯液压缸 | 活塞直径 | $\phi$90/70mm |
| | 行 程 | 72. 5mm |
| 中间辊正弯液压缸 | 活塞直径 | $\phi$100/75mm |
| | 行 程 | 115mm |

### 4. 2. 2 控制原理

液压弯辊系统通过安装在轴承座之间的液压缸向工作辊或中间辊施加液压弯辊力，使轧辊产生附加弯曲，来瞬时地改变轧辊的有效凸度。工作辊弯辊是在工作辊两端加上相等的弯辊力，工作辊将产生对称的附加弯曲，中间辊也产生相应的影响，从而改变承载辊缝形状和轧后带钢延伸沿横向的分布，以补偿由于轧制压力和轧辊温度等工艺因素变化而产生的辊缝形状的变化，若此种对称辊缝刚好抵消板形缺陷中的对称浪形，则可以起到控制板形的作用。同理，中间辊两端加上不同大小的弯辊力也将产生相似的结果。液压弯辊系统的控制原理如图 4-6 所示。

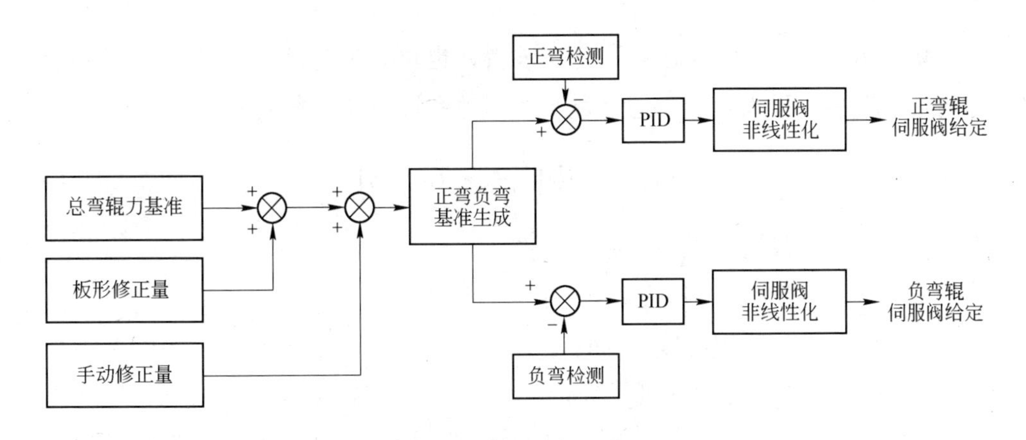


图 4-6 液压弯辊系统控制原理图

### 4.2.3 最大弯辊力的确定

弯辊系统的主要参数是最大弯辊力，这里涉及两个参数：辊系对轧制力的横刚度系数和辊系对弯辊力的横刚度系数。所谓辊系对轧制力的横刚度系数是指在一定板宽时板中心和板边部发生单位变形差所需要的轧制力，单位 N/mm；所谓辊系对弯辊力的横刚度系数是指在一定板宽时板中心和板边部发生单位变形差所需要的液压弯辊力，单位 N/mm。这两个横刚度系数可以通过较为严密的解析方法或数值方法求得，也有一些近似求法。C. E. 罗克强给出下述两个近似公式：

$$M_P = \frac{6EI_b}{5b^3} \times \frac{1}{1 + 2.4(L_w - b)/b + D_b^2/(2b^2)}\alpha_1 \tag{4-10}$$

$$M_F = \frac{4EI_w}{b^2L_w - b^3/3 + L^3/96 - bL^2/12 - (b - L/2)^4/(6L)}\alpha_2 \tag{4-11}$$

式中 $M_P$，$M_F$——分别为辊系对轧制力和弯辊力的横刚度系数，N/mm；

$b$——板宽的一半，mm；

$L$——轧辊辊身长度，mm；

$L_w$——弯辊液压缸中心距的一半，mm；

$I_b$，$I_w$——分别为工作辊和支撑辊的抗弯截面模数；

$E$——轧辊材料的杨氏模量；

$D_b$——支撑辊直径，mm；

$\alpha_1$，$\alpha_2$——考虑辊间压力分布不均的影响系数。

$M_P$、$M_F$ 既可以通过上面的公式求得，也可以通过实验测定。在得到上述两个参数后，最大弯辊力通过最大轧制力和辊凸度等参数来简单确定：

$$P_{wmax} = M_F\left(\frac{P_{max}}{M_P} - C_w - \delta\right) \tag{4-12}$$

式中 $P_{wmax}$——最大弯辊力，kN；

$P_{max}$——最大轧制力，kN；

$C_w$——工作辊凸度，μm；

$\delta$——轧后轧件凸度，μm。

实际生产过程中，$P_{wmax}$ 一般为最大轧制力的 15% ~20%。在最大弯辊力确定之后，还需要对轴承、轴承座、辊径强度进行校核，以免弯辊力过大损坏设备。同时，还要考虑轴承座的结构，以确保设计的液压缸尺寸等结构合理、安装方便安全。

### 4.2.4 弯辊力设定模型

弯辊力的预设定与许多因素有关，如轧辊辊形、带钢宽度和轧制力等。由于轧辊辊形对弯辊力预设定的影响，随着轧辊凸度的增加，弯辊力设定值减小；带钢宽度对辊缝的影响比较复杂，主要对轧制力分布、辊间压力分布和目标凸度产生影响；在轧件宽度一定的情况下，轧制力与弯辊力之间呈现良好的线性关系[23~25]。根据综合分析，可以建立用于冷连轧机组的弯辊力设定模型如式（4-13）所示：

$$P_w = k_0 + k_1B + k_2P + k_3PB + k_4P/B + k_5D_w + k_6D_i + k_7D_b + \cdots + k_8C_w + k_9C_g + k_{10}\Delta h \tag{4-13}$$

式中 $F_w$——弯辊力预设定值，kN；

$B$——带钢宽度，mm；

$D_w$——工作辊直径，mm；

$D_i$——中间辊直径，mm；

$D_b$——支撑辊直径，mm；

$C_g$——目标凸度；μm；

$\Delta h$——压下量，mm；

$k_0 \sim k_9$——系数，由现场实测数据确定。

液压弯辊系统弯辊力设定值来自二级自动化系统，基础自动化级在接收到弯辊力设定值后转换成正弯辊力设定值和负弯辊力设定值，如图4-7所示。其中，正、负弯辊力的最小设定值均为100kN。

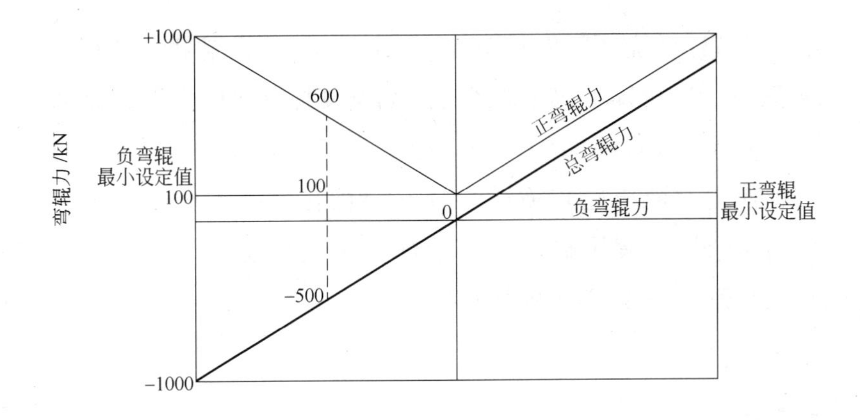


图4-7 正、负弯辊力设定

### 4.2.5 弯辊控制器的输出

液压弯辊控制属于压力闭环控制系统，给出设定的弯辊力值，根据安装在液压缸上的压力传感器检测实际弯辊压力，通过调整弯辊力改变辊缝凸度。控制器输出如式（4-14）所示：

$$I_{\mathrm{b}} = K_{\mathrm{P}}(P_{\mathrm{bref}} - P_{\mathrm{bact}}) + \frac{1}{TI}\int KI(P_{\mathrm{bref}} - P_{\mathrm{bact}})\mathrm{d}t \tag{4-14}$$

式中 $I_{\mathrm{b}}$——弯辊控制器输出伺服阀控制电流，A；

$K_{\mathrm{P}}$——变增益系数；

$P_{\mathrm{bref}}$——正弯或负弯弯辊力设定值，kN；

$P_{\mathrm{bact}}$——正弯或负弯弯辊力实际值，kN；

$TI$——积分时间常数。

弯辊系统调控能力反映了轧机的弯辊装置对承载辊缝形状中的二次凸度和四次凸度的调控能力，这不仅和轧制工艺条件（轧制力、板宽）有关，还与轧辊尺寸及其他板形调控手段的配置与使用状态有关。在相同的轧辊尺寸和轧制条件下，采用不同的机型会有不同的弯辊调控能力[26~28]。

## 4.3 液压轧辊横移系统

### 4.3.1 设备情况

液压轧辊横移系统（Roll Shifting System，RSS）是轧机具有可以横向移动的中间辊，通过中间辊的横移减少工作辊与支撑辊在板宽范围以外的接触，从而消除了这部分接触面间的压力，减小了工作辊压扁变形和挠曲变形。轧机中间辊使用的液压轧辊横移装置安装在轧机的传动侧。轧机轧辊横移装置包括4个横移液压缸（内部装配有位置传感器），如图4-8所示。液压轧辊横移系统技术参数见表4-4。

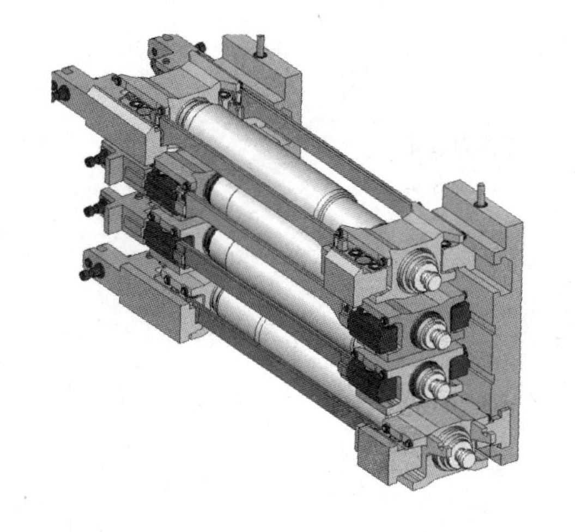

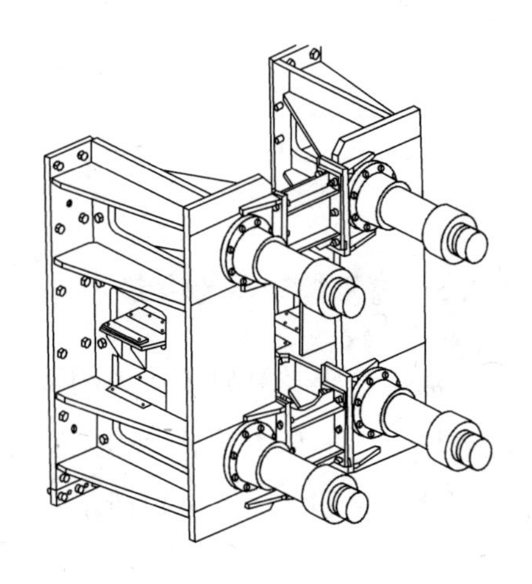

图4-8 中间辊横移装置

表4-4 液压轧辊横移系统技术参数

| 名称 | | 参数 |
|---|---|---|
| 横移液压缸 | 数量 | 4个 |
| | 直径 | $\phi$215/100mm |
| | 横移缸最大行程 | 385mm |
| | 横移精度 | ±1mm |
| | 横移速度 | 2mm/s |

### 4.3.2 横移位置

从带钢头部进入辊缝直至建立稳定轧制的一段时间内，板形闭环反馈控制功能未能投入使用，为了保证这一段带钢的板形，需要对液压轧辊系统进行设定。中间辊的初始位置设定主要考虑来料带钢的宽度和钢种，设定模型如式（4-15）所示：

$$L_{shift} = (L_i - B)/2 - \Delta - \eta \tag{4-15}$$

式中 $L_{shift}$——中间辊横移量，以横移液压缸零点标定位置为零点，mm；

$L_i$——中间辊辊面长度，mm；

$\Delta$——带钢边部距中间辊端部的距离，mm；

$\eta$——中间辊倒角的宽度，mm。

轧辊横移连接装置是一种由液压缸带动连接块轴向移动实现轧辊横移的连接装置，液压轧辊横移系统动作过程中对应的三个位置分别是：零位、换辊位和设定位。

### 4.3.3 控制方式

每个横移液压缸均安装有两个电磁阀换向阀，分为快速电磁阀和慢速电磁阀。当实际横移位置离设定位置较远时，快速电磁阀得电，轧辊快速向设定位置移动。当实际横移位置接近设定位置时，自动切换为慢速电磁阀控制，通过慢速电磁阀的微调，完成对横移位置的控制[29]。

## 4.4 机架管理系统

机架管理系统主要完成辊缝零位标定及轧机刚度测试等顺控功能。

### 4.4.1 辊缝零位标定

液压辊缝控制系统根据人机界面或是操作台发出的启动命令自动完成辊缝零位标定功能，在此过程中需要传动系统进行协助。辊缝零位标定功能是严格的顺序执行的过程，如图 4-9 所示。

### 4.4.2 机架刚度测试

液压辊缝控制系统根据人机界面或是操作台发出的启动命令自动完成机架刚度测试功能，在此过程中需要传动系统进行协助。机架刚度测试功能是严格的顺序执行的过程，如图 4-10 所示。

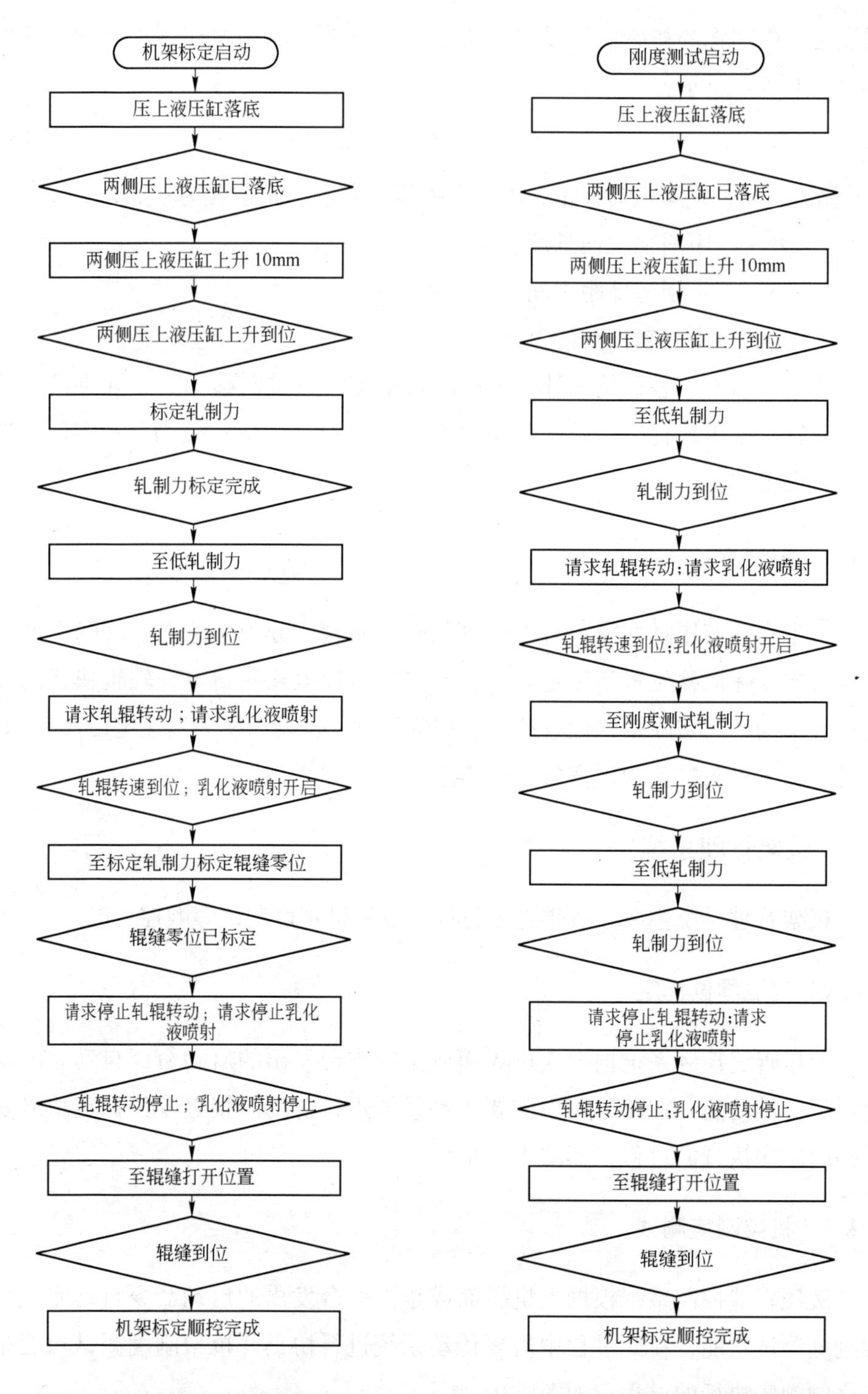


图 4-9 辊缝零位标定顺控流程图

图 4-10 轧机刚度测试顺控流程图

# 5 厚度张力控制系统

## 5.1 厚度张力控制系统概述

该五机架冷连轧机组仪表配置情况如图 5-1 所示。在轧机入口配置有焊缝检测仪，用以校正焊缝位置。1 号机架前后各配置有一台 X 射线测厚仪，5 号机架前配置有一台 X 射线测厚仪，5 号机架后配置有两台 X 射线测厚仪，用以精确检测带钢厚度。2 号机架前后和 5 号机架前后各配置有一台激光测速仪，用以精确检测带钢速度。轧机的入出口以及机架间均配置有张力计，用以检测带钢张力。5 号机架后配置有一台板形仪，用以检测产品板形。

根据仪表配置和产品精度要求，所设计的冷连轧 AGC 系统主要包含有如下功能：

（1）第 1 机架前馈 FF1-AGC；

（2）第 1 机架监控 MON1-AGC；

（3）第 2 机架秒流量 MF2-AGC；

（4）第 5 机架前馈 FF5-AGC；

（5）第 5 机架监控 MON5-AGC；

（6）解耦控制 DC（Decoupling Control）。

## 5.2 第 1 机架前馈 FF1-AGC

第 1 机架前馈 AGC 根据第 1 机架前测厚仪 X0 测得的厚度偏差，求出消除此厚度偏差应施加给第 1 机架的辊缝调节量。其目的是消除来料厚差对第 1 机架出口厚度的影响[30, 31]。

第 1 机架前馈 AGC 的控制框图如图 5-2 所示。

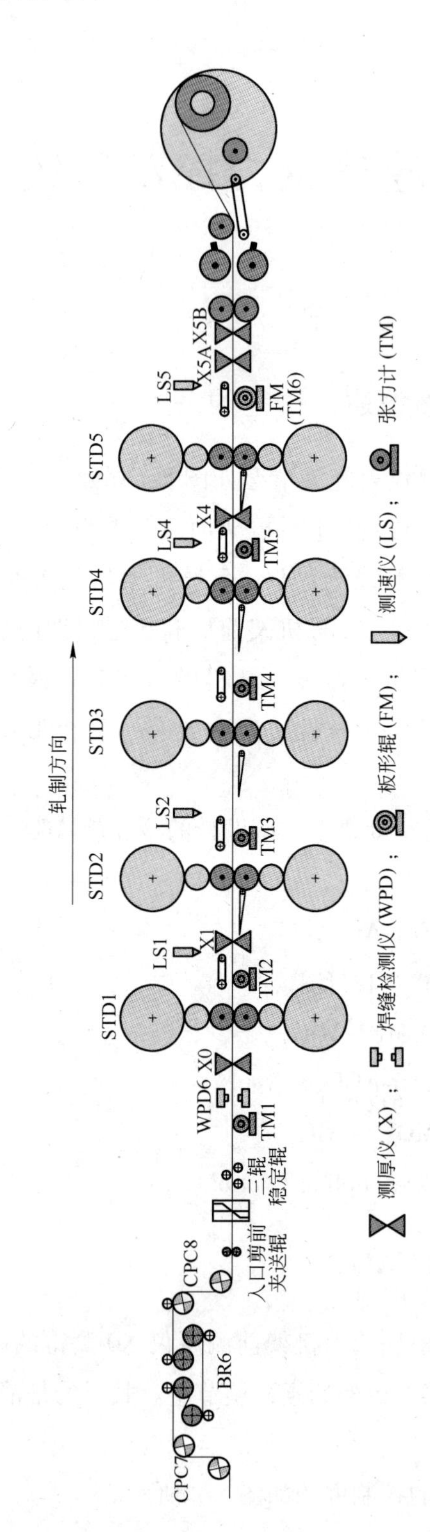


图 5-1 五机架冷连轧机组仪表配置示意图

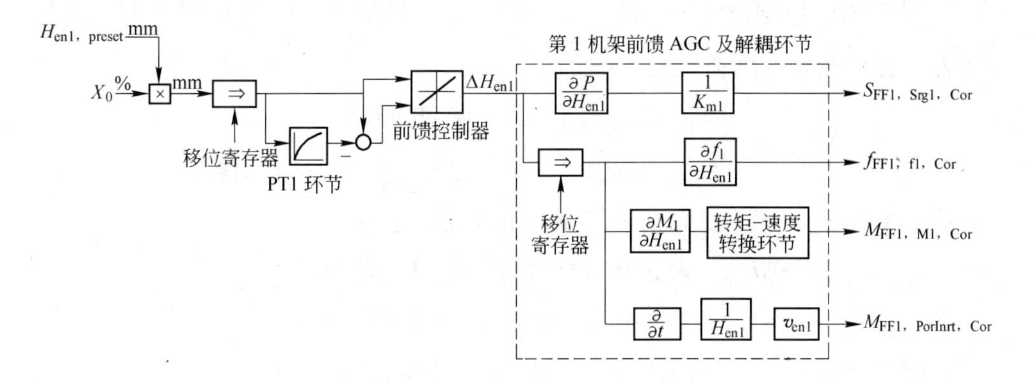


图5-2 第1机架前馈 AGC 控制框图

（1）计算第1机架前带钢来料的实测厚度偏差：

$$\Delta h_{en1,act} = H_{en1,preset} X_0 \tag{5-1}$$

式中 $\Delta h_{en1,act}$——第1机架入口测厚仪 X0 实测的厚度偏差；

$H_{en1,preset}$——第1机架入口带钢厚度预设值，也就是测厚仪 X0 接收到的厚度预设值；

$X_0$——第1机架入口测厚仪测得的厚度偏差百分比。

（2）移位寄存器1：为了使测量的带钢段与控制的带钢段相匹配，设置了一组移位寄存器，跟踪所检测带钢段的厚度偏差到轧机入口处然后实施控制。考虑到液压系统的响应时间和测厚仪 X0 的响应时间，检测带钢段向下游轧机方向移动距离 $L_{FF1,1}$后，从移位寄存器中取出作为控制带钢段。移位寄存的速度与入口带钢实际线速度 $v_{en1}$有关：

$$L_{FF1,1} = L_{X0\to STD1} - (t_{1,HGCResp} + t_{X0,Resp}) v_{en1} \tag{5-2}$$

式中 $L_{X0\to STD1}$——第1机架前测厚仪 X0 与第1机架的中心距离；

$t_{1,HGCResp}$——第1机架 HGC 系统响应时间；

$t_{X0,Resp}$——测厚仪 X0 的响应时间；

$v_{en1}$——第1机架入口实际线速度。

（3）第1机架前馈控制模式选择逻辑：当第1机架监控 AGC 选择投入且第1机架前馈 AGC 也选择投入时，第1机架前馈控制模式为“相对”模式。当第1机架监控 AGC 未选择投入而第1机架前馈 AGC 选择投入时，第1机架前馈控制模式为“绝对”模式。

（4）不同控制模式下的前馈厚度调节量：第 1 机架前馈控制器为比例控制器，比例控制器增益记为 $K_{\mathrm{FF1,P}}$，有：

$$\Delta H_{\mathrm{en1}} = \begin{cases} K_{\mathrm{FF1,P}} \Delta h_{\mathrm{en1,act,register}} \rightarrow \text{绝对模式} \\ K_{\mathrm{FF1,P}} (\Delta h_{\mathrm{en1,act,register}} - \Delta h_{\mathrm{en1,lock,on}}) \rightarrow \text{相对模式} \end{cases} \tag{5-3}$$

式中 $\Delta H_{\mathrm{en1}}$——第 1 机架前馈控制器的厚度调节量；

$\Delta h_{\mathrm{en1,act,register}}$——$\Delta h_{\mathrm{en1,act}}$经过移位寄存器后的厚度偏差；

$\Delta h_{\mathrm{en1,lock,on}}$——$\Delta h_{\mathrm{en1,act}}$经过移位寄存器后的厚度偏差锁定值。

（5）计算第 1 机架前馈对第 1 机架的附加辊缝量：

$$S_{\mathrm{FF1,Srg1,Cor}} = -\Delta H_{\mathrm{en1}} \frac{\partial P}{\partial H_{\mathrm{en1}}} \times \frac{1}{K_{\mathrm{m1}}} \tag{5-4}$$

式中 $S_{\mathrm{FF1,Srg1,Cor}}$——第 1 机架前馈对第 1 机架的辊缝附加量；

$\frac{\partial P}{\partial H_{\mathrm{en1}}}$——第 1 机架轧制力对第 1 机架入口厚度的偏微分；

$K_{\mathrm{m1}}$——第 1 架轧机刚度系数。

（6）移位寄存器 2：为了防止第 1 机架前馈 AGC 调节辊缝时对入口张力及其他控制变量的影响，设置了解耦补偿环节，考虑到 $\Delta H_{\mathrm{en1}}$及对其他变量补偿时的动态同步，需要对 $\Delta H_{\mathrm{en1}}$进行移位寄存。移位寄存器 2 的移位距离 $L_{\mathrm{FF1,2}}$为：

$$L_{\mathrm{FF1,2}} = t_{\mathrm{1,HGCResp}} v_{\mathrm{en1}} \tag{5-5}$$

（7）计算第 1 机架前馈对前滑的补偿量：

$$f_{\mathrm{FF1,f1,Cor}} = \Delta H_{\mathrm{en1,register2}} \frac{\partial f_1}{\partial H_{\mathrm{en1}}} \tag{5-6}$$

式中 $f_{\mathrm{FF1,f1,Cor}}$——第 1 机架前馈对第 1 机架前滑的补偿量；

$\frac{\partial f_1}{\partial H_{\mathrm{en1}}}$——第 1 机架前滑对第 1 机架入口厚度的偏微分；

$\Delta H_{\mathrm{en1,register2}}$——$\Delta H_{\mathrm{en1}}$经过移位寄存器 2 的厚度调节量。

（8）计算第 1 机架前馈对第 1 机架转矩的补偿量：

$$M_{\mathrm{FF1,M1,Cor}}(\mathrm{s}) = -\Delta H_{\mathrm{en1,register2}}(\mathrm{s}) \frac{\partial M_1}{\partial H_{\mathrm{en1}}} \times \frac{1}{G_1} \times \frac{\tau_1 s}{1 + \tau_1 s} \tag{5-7}$$

式中 $M_{\mathrm{FF1,M1,Cor}}$——第 1 机架前馈对第 1 机架转矩的补偿量；

$\frac{\partial M_1}{\partial H_{\mathrm{en1}}}$——第 1 机架转矩对第 1 机架入口厚度的偏微分；

$G_1$——第1机架主传动系统传递函数比例增益；

$\tau_1$——第1机架主传动系统传递函数比例增益与积分增益的比值；

$s$——拉普拉斯算子。

（9）计算第1机架前馈对入口张力辊惯性转矩的补偿量：

$$M_{\mathrm{FF1,PorInrt,Cor}} = \frac{\partial}{\partial t}(\Delta H_{\mathrm{en1,register2}})\frac{1}{H_{\mathrm{en1}}}v_{\mathrm{en1}} \tag{5-8}$$

式中 $M_{\mathrm{FF1,PorInrt,Cor}}$——第1机架前馈对入口张力辊惯性转矩的补偿量；

$H_{\mathrm{en1}}$——第1机架轧机辊缝入口处的实际厚度。

## 5.3 第1机架监控 MON1-AGC

第1机架监控 AGC 基于测厚仪 X1 检测的厚度偏差对第1机架出口厚度进行实时监控，其闭环修正量作用到第1机架液压缸上。由于测厚仪 X1 的检测滞后，采用 Smith 预估器对第1机架监控 AGC 进行补偿[32~34]。

第1机架监控 AGC 的控制系统原理图如图5-3所示。

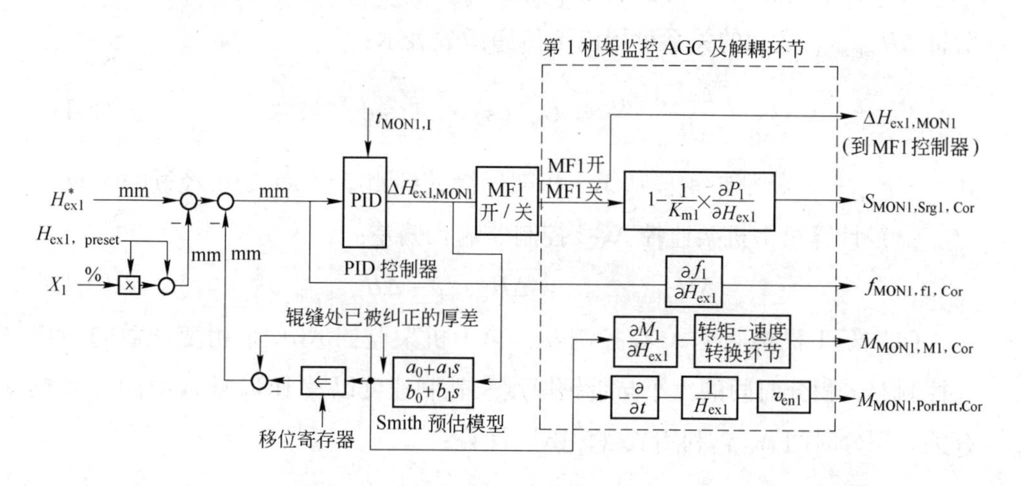


图5-3 第1机架监控 AGC 的控制系统原理图

（1）计算第1机架出口厚度偏差：

$$\Delta H_{\mathrm{ex1,act}} = H^*_{\mathrm{ex1}} - H_{\mathrm{ex1,preset}}(1 + X_1) \tag{5-9}$$

式中 $\Delta H_{\mathrm{ex1,act}}$——第1机架出口厚度偏差；

$H_{ex1}^{*}$——第 1 机架出口厚度基准值，来自二级设定和手动修正（操作员和动态负荷平衡）；

$H_{ex1,preset}$——第 1 机架出口厚度预设值，也就是测厚仪 X1 接收到的厚度预设值；

$X_1$——第 1 机架出口测厚仪 X1 测得的厚度偏差百分比。

（2）第 1 机架监控 AGC 的 Smith 预估器：第 1 机架监控 AGC 的 Smith 预估模型传递函数为 $G_{mod}(s)$，以 $G_{mod}(s)$ 传递函数模拟液压压下和测厚仪等环节的动态模型：

$$G_{mod}(s) = \frac{a_0 + a_1 s}{b_0 + b_1 s} \tag{5-10}$$

式中 $a_0$，$a_1$，$b_0$，$b_1$——第 1 机架监控 AGC 的 Smith 预估器调试参数。

Smith 预估器各可调参数的初值来自离线的最优降阶模型，并根据现场调试情况最终确定，可调参数与压下-厚度有效系数、液压压下环节及测厚仪环节的响应时间等相关。

第 1 机架监控 AGC 的控制量 $\Delta H_{ex1,MON1}$ 与 Smith 预估控制器输出的厚度补偿量 $\Delta H_{ex1,SMITH}$ 之间的关系可用以下传递函数表示：

$$\frac{\Delta H_{ex1,Smith}}{\Delta H_{ex1,MON1}} = G_{mod}(s) \cdot (1 - e^{-\tau_{mon1}s}) \tag{5-11}$$

式中 $\tau_{mon1}$——特征带钢段从第 1 机架辊缝处到测厚仪 X1 处所经过的时间。

（3）计算第 1 机架监控 AGC 控制器输入偏差：

$$\Delta H_{ex1,after,Smith} = \Delta H_{ex1,act} - \Delta H_{ex1,Smith} \tag{5-12}$$

（4）第 1 机架监控 AGC 控制器：第 1 机架监控 AGC 采用变增益的纯积分控制器，积分时间的大小与带钢厚度、轧制速度以及 HGC 响应时间等参数有关。积分时间 $t_{MON1,I}$ 利用式（5-13）计算：

$$t_{MON1,I} = \frac{t_{1,HGCResp} + t_{X1,Resp} + \dfrac{L_{STD1 \to X1}}{v_{ex1}}}{K_{MON1,I} C1_{MON1,Gain}} \tag{5-13}$$

式中 $t_{1,HGCResp}$——第 1 机架 HGC 系统响应时间；

$t_{X1,Resp}$——测厚仪 X1 的响应时间；

$L_{STD1 \to X1}$——第 1 机架到测厚仪 X1 的中心距离；

$V_{ex1}$——第1机架出口带钢实际线速度；

$K_{MON1,I}$——第1机架监控 AGC 控制器可调增益；

$C1_{MON1,Gain}$——第1机架监控 AGC 控制器增益放大系数。

厚度偏差的绝对值大于第1机架出口基准的0.7%时，$C1_{MON1,Gain}=5$；厚度偏差的绝对值小于第1机架出口基准的0.7%时，$C1_{MON1,Gain}=1$。

第1机架监控 AGC 的控制量为：

$$\Delta H_{ex1,MON1}(s) = \frac{1}{t_{MON1,I}s}\Delta H_{ex1,after,Smith}(s) \tag{5-14}$$

（5）第1机架监控 AGC 主控制量输出选择：第1机架监控 AGC 控制量 $\Delta H_{ex1,MON1}$ 经过压下-厚度有效系数转换后，调节第1机架的辊缝。辊缝调节量的计算公式如下：

$$S_{MON1,Srg1,Cor} = \Delta H_{ex1,MON1}\left(1 - \frac{1}{K_{m1}} \times \frac{\partial P_1}{\partial H_{ex1}}\right) \tag{5-15}$$

式中 $S_{MON1,Srg1,Cor}$——第1机架监控 AGC 对第1机架的辊缝附加量；

$\frac{\partial P_1}{\partial H_{ex1}}$——第1机架轧制力对第1机架出口厚度的偏微分；

$K_{m1}$——第1机架轧机刚度。

（6）计算第1机架监控 AGC 对前滑的补偿量：

$$f_{MON1,f1,Cor} = \Delta H_{ex1,after,Smith}\frac{\partial f_1}{\partial H_{ex1}} \tag{5-16}$$

式中 $f_{MON1,f1,Cor}$——第1机架监控 AGC 对第1机架前滑的补偿量；

$\frac{\partial f_1}{\partial H_{ex1}}$——第1机架前滑对第1机架出口厚度的偏微分。

（7）计算第1机架监控 AGC 对第1机架转矩的补偿量：

$$M_{MON1,M1,Cor}(s) = \Delta H_{ex1,corrected}(s)\frac{\partial M_1}{\partial H_{ex1}} \times \frac{1}{G_1} \times \frac{\tau_1 s}{1 + \tau_1 s} \tag{5-17}$$

式中 $M_{MON1,M1,Cor}$——第1机架监控 AGC 对第1机架转矩的补偿量；

$\frac{\partial M_1}{\partial H_{ex1}}$——第1机架转矩对第1机架出口厚度的偏微分；

$\Delta H_{ex1,corrected}$——辊缝处已被纠正的厚度偏差；

$s$——拉普拉斯算子。

（8）计算第1机架监控 AGC 对入口张力辊惯性转矩的补偿量：

$$M_{\mathrm{MON1,PorInrt,Cor}} = -\frac{\partial}{\partial t}(\Delta H_{\mathrm{ex1,corrected}})\frac{1}{H_{\mathrm{ex1,Preset}}(1+X_1)}v_{\mathrm{en1}} \tag{5-18}$$

式中 $M_{\mathrm{MON1,PorInrt,Cor}}$——第1机架监控 AGC 对入口张力辊惯性转矩的补偿量。

## 5.4 第2机架秒流量 MF2-AGC

第2机架秒流量 AGC 基于测厚仪 X1、第1机架后激光测速仪及第2机架后激光测速仪，实时估算出的第2机架出口秒流量偏差或带钢速度偏差经过控制闭环将修正量作用到第2机架出口厚度基准上。第2机架秒流量 AGC 的控制原理如图5-4所示。

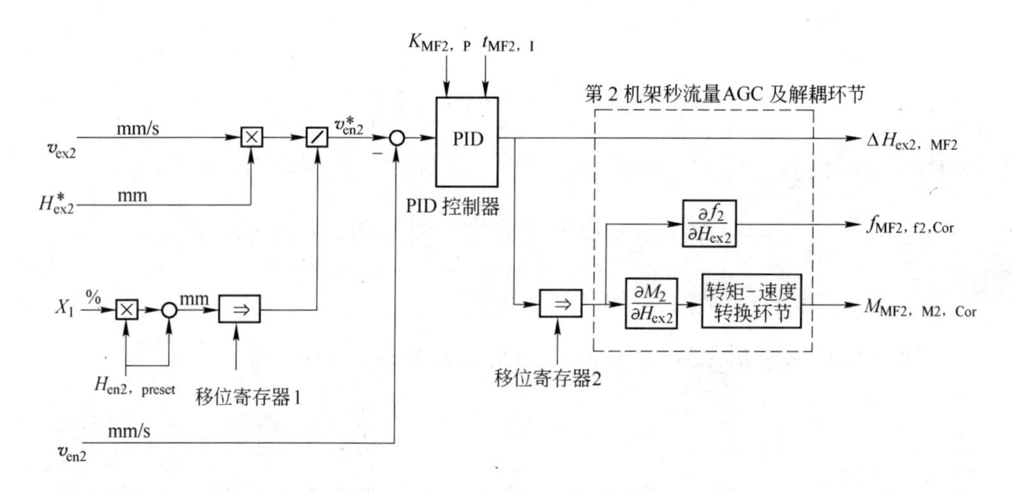


图5-4 第2机架秒流量 AGC 的控制原理图

（1）计算第2机架出口秒流量目标值：

$$MF2^* = H^*_{\mathrm{ex2}}v_{\mathrm{ex2}} \tag{5-19}$$

式中 $MF2^*$——第2机架出口秒流量目标值；

$H^*_{\mathrm{ex2}}$——第2机架出口厚度基准值；

$v_{\mathrm{ex2}}$——第2机架出口带钢实际线速度。

（2）移位寄存器1及第2机架辊缝入口处带钢厚度 $H_{\mathrm{en2}}$ 计算：第2机架辊缝入口处带钢厚度通过测厚仪 X1 检测后进行跟踪得到。跟踪时必须考虑第1机架传动系统的响应时间以及测厚仪 X1 的响应时间。$H_{\mathrm{en2,act}}$ 经过移位寄存

$L_{\mathrm{MF2,1}}$距离后得到$H_{\mathrm{en2}}$。

$$H_{\mathrm{en2,act}} = H_{\mathrm{en2,preset}}(1 + X_1) \tag{5-20}$$

$$L_{\mathrm{MF2,1}} = L_{\mathrm{X1 \to STD2}} - (t_{\mathrm{1,DrvResp}} + t_{\mathrm{X1,Resp}})v_{\mathrm{en2}} \tag{5-21}$$

式中　$H_{\mathrm{en2,preset}}$——第2机架入口厚度预设值即测厚仪X1预设值；

$L_{\mathrm{X1 \to STD2}}$——测厚仪X1与第2架轧机的中心距离；

$t_{\mathrm{1,DrvResp}}$——第1机架传动系统响应时间；

$t_{\mathrm{X1,Resp}}$——测厚仪X1的响应时间；

$v_{\mathrm{en2}}$——第2机架入口带钢实际线速度。

（3）计算第2机架入口带钢目标线速度：

$$v_{\mathrm{en2}}^{*} = \frac{MF2^{*}}{H_{\mathrm{en2}}} \tag{5-22}$$

式中　$v_{\mathrm{en2}}^{*}$——第2机架入口带钢目标线速度。

（4）计算第2机架秒流量AGC控制器输入偏差：

$$v_{\mathrm{en2,error}} = v_{\mathrm{en2}}^{*} - v_{\mathrm{en2}} \tag{5-23}$$

式中　$v_{\mathrm{en2,error}}$——第2机架秒流量AGC控制器输入偏差。

（5）计算第2机架秒流量AGC控制器输出调节量：第2机架秒流量AGC采用变增益的PI控制器，比例增益$K_{\mathrm{MF2,P}}$及积分增益$K_{\mathrm{MF2,I}}$与带钢厚度规格和带钢线速度有关，其计算公式如下：

$$K_{\mathrm{MF2,P}} = C1_{\mathrm{MF2,P}} \frac{H_{\mathrm{en2}}}{v_{\mathrm{ex2}} + C2_{\mathrm{MF2,P}}} \tag{5-24}$$

$$K_{\mathrm{MF2,I}} = \frac{H_{\mathrm{en2}}}{v_{\mathrm{ex2}} C1_{\mathrm{MF2,I}} + C2_{\mathrm{MF2,I}}} \tag{5-25}$$

$$\Delta H_{\mathrm{ex2,MF2}}(s) = v_{\mathrm{en2,error}}(s)\left(K_{\mathrm{MF2,P}} + K_{\mathrm{MF2,I}} \frac{1}{s}\right) \tag{5-26}$$

式中　$C1_{\mathrm{MF2,P}}$——第2机架秒流量AGC控制器比例增益，调试参数；

$C2_{\mathrm{MF2,P}}$——固定常数，防止速度很低时比例增益特别大；

$C1_{\mathrm{MF2,I}}$——第2机架秒流量AGC控制器积分响应时间，调试参数；

$C2_{\mathrm{MF2,I}}$——第2机架秒流量AGC控制器积分响应长度，调试参数；

$\Delta H_{\mathrm{ex2,MF2}}$——第2机架秒流量AGC对第2机架出口厚度基准的调节量。

（6）移位寄存器2：为了防止第2机架秒流量AGC调节时对其他控制变

量（如机架间张力、前滑等）的影响，设置了解耦补偿环节。考虑到 $\Delta H_{ex2,MF2}$ 及对其他变量补偿时的动态同步，需要对 $\Delta H_{ex2,MF2}$ 进行移位寄存。移位寄存器 2 的移位距离 $L_{MF2,2}$ 为：

$$L_{MF2,2} = t_{1,DrvResp} v_{en2} \tag{5-27}$$

（7）计算第 2 机架秒流量 AGC 对前滑的补偿量：

$$f_{MF2,f2,Cor} = \Delta H_{ex2,MF2,register2} \frac{\partial f_2}{\partial H_{ex2}} \tag{5-28}$$

式中 $f_{MF2,f2,Cor}$——第 2 机架秒流量 AGC 对第 2 机架前滑的补偿量；

$\frac{\partial f_2}{\partial H_{ex2}}$——第 2 机架前滑对第 2 机架出口厚度的偏微分；

$\Delta H_{ex2,MF2,register2}$——$\Delta H_{ex2,MF2}$ 经过移位寄存器 2 的出口厚度基准调节量。

（8）计算第 2 机架秒流量 AGC 对第 2 机架转矩的补偿量：

$$M_{MF2,M2,Cor}(s) = \Delta H_{ex2,MF2,register2}(s) \frac{\partial M_2}{\partial H_{ex2}} \times \frac{1}{G_2} \times \frac{\tau_2 s}{1 + \tau_2 s} \tag{5-29}$$

式中 $M_{MF2,M2,Cor}$——第 2 机架秒流量 AGC 对第 2 机架转矩的补偿量；

$\frac{\partial M_2}{\partial H_{ex2}}$——第 2 机架转矩对第 2 机架出口厚度的偏微分。

## 5.5 第 5 机架前馈 FF5-AGC

第 5 机架前馈 AGC 根据第 5 机架前测厚仪 X4 测得的厚度偏差，求出消除此厚度偏差应施加给第 5 机架的出口厚度基准上。其目的是为了消除因第 5 机架入口厚差对第 5 机架出口厚度的影响。

第 5 机架前馈 AGC 的控制框图如图 5-5 所示。

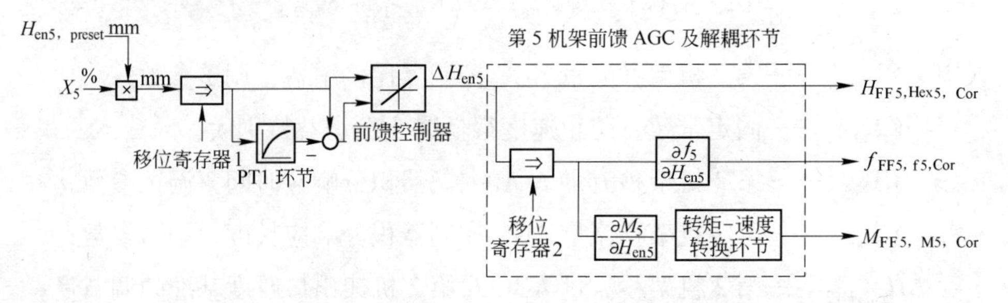


图 5-5 第 5 机架前馈 AGC 控制框图

（1）计算第 5 机架前带钢来料的实测厚度偏差：

$$\Delta h_{en5,act} = H_{en5,preset} X_4 \tag{5-30}$$

式中 $\Delta h_{en5,act}$——第 5 机架入口测厚仪 X0 实测的厚度偏差；

$H_{en5,preset}$——第 5 机架入口带钢厚度预设值，也就是测厚仪 X4 接收到的厚度预设值；

$X_4$——第 5 机架入口测厚仪测得的厚度偏差百分比。

（2）移位寄存器 1：为了使测量的带钢段与控制的带钢段相匹配，设置了一组移位寄存器，跟踪所检测带钢段的厚度偏差到轧机入口处然后实施控制。考虑到液压系统的响应时间和测厚仪 X4 的响应时间，检测带钢段向下游轧机方向移动距离 $L_{FF5,1}$后，从移位寄存器中取出作为控制带钢段。移位寄存的速度与入口带钢实际线速度 $v_{en5}$有关。

$$L_{FF5,1} = L_{X5 \to STD5} - (t_{5,DrvResp} + t_{X4,Resp}) v_{en5} \tag{5-31}$$

式中 $L_{X5 \to STD5}$——第 5 机架前测厚仪 X4 与第 5 机架的中心距离；

$t_{5,DrvResp}$——第 5 机架传动系统响应时间；

$t_{X4,Resp}$——测厚仪 X4 的响应时间；

$v_{en5}$——第 5 机架入口实际线速度。

（3）第 5 机架前馈控制模式选择逻辑：当第 5 机架监控 AGC 选择投入且第 5 机架前馈 AGC 也选择投入时，第 5 机架前馈控制模式为“相对”模式。当第 5 机架监控 AGC 未选择投入而第 5 机架前馈 AGC 选择投入时，第 5 机架前馈控制模式为“绝对”模式。

（4）不同控制模式下的前馈厚度调节量：第 5 机架前馈控制器为比例控制器，比例控制器增益记为 $K_{FF5,P}$，有：

$$\Delta H_{en5} = \begin{cases} K_{FF5,P} \Delta h_{en5,act,register} \to \text{绝对模式} \\ K_{FF5,P} (\Delta h_{en5,act,register} - \Delta h_{en5,lock,on}) \to \text{相对模式} \end{cases} \tag{5-32}$$

式中 $\Delta H_{en5}$——第 1 机架前馈控制器的厚度调节量；

$\Delta h_{en5,act,register}$——$\Delta h_{en5,act}$经过移位寄存器后的厚度偏差；

$\Delta h_{en5,lock,on}$——$\Delta h_{en5,act}$经过移位寄存器后的厚度偏差锁定值。

（5）计算第 5 机架前馈对第 5 机架的出口厚度修正量：

$$H_{FF5,Hex5,Cor} = -\Delta H_{en5} \tag{5-33}$$

式中 $H_{FF5,Hex5,Cor}$——第 5 机架前馈对第 5 机架的出口厚度修正量。

（6）移位寄存器 2：为了防止第 5 机架前馈 AGC 调节辊缝时对其他控制变量的影响，设置了解耦补偿环节，考虑到 $\Delta H_{en5}$及对其他变量补偿时的动态同步，需要对 $\Delta H_{en5}$进行移位寄存。移位寄存器 2 的移位距离 $L_{FF5,2}$为：

$$L_{FF5,2} = t_{5,DrvResp} v_{en5} \tag{5-34}$$

（7）计算第 5 机架前馈对前滑的补偿量

$$f_{FF5,f5,Cor} = \Delta H_{en5,register2} \frac{\partial f_5}{\partial H_{en5}} \tag{5-35}$$

式中 $f_{FF5,f5,Cor}$——第 5 机架前馈对第 5 机架前滑的补偿量；

$\frac{\partial f_5}{\partial H_{en5}}$——第 5 机架前滑对第 5 机架入口厚度的偏微分；

$\Delta H_{en5,register2}$——$\Delta H_{en5}$经过移位寄存器 2 的厚度调节量。

（8）计算第 5 机架前馈对第 5 机架转矩的补偿量：

$$M_{FF5,M5,Cor}(s) = -\Delta H_{en5,register2}(s) \frac{\partial M_5}{\partial H_{en5}} \times \frac{1}{G_5} \times \frac{\tau_5 s}{1 + \tau_5 s} \tag{5-36}$$

式中 $M_{FF5,M5,Cor}$——第 5 机架前馈对第 5 机架转矩的补偿量；

$\frac{\partial M_5}{\partial H_{en5}}$——第 5 机架转矩对第 5 机架入口厚度的偏微分；

$G_5$——第 5 机架主传动系统传递函数比例增益；

$\tau_5$——第 5 机架主传动系统传递函数比例增益与积分增益的比值。

## 5.6 第 5 机架监控 MON5-AGC

经过第 1 机架及第 2 机架的粗调 AGC 策略后，大部分的厚度偏差已基本得到消除。为了确保最终产品的精度，基于机组出口的测厚仪 X5 配置了第 5 机架监控 AGC。第 5 机架的监控 AGC 属于精调 AGC 的范畴，用来保证连轧出口成品带钢厚度尽可能接近目标厚度。

与第 1 机架的监控 AGC 一样，第 5 机架监控 AGC 系统也属于一个纯滞后系统，因此，第 5 机架的监控 AGC 同样采用了 Smith 预估器补偿纯滞后系统。

第5机架监控 AGC 有两种方式：TIN 模式和 SHEET 模式。TIN 模式主要用于生产镀锡板，SHEET 模式主要用于生产薄板。当轧机工作在 SHEET 模式下时，前4机架已完成全部压下量的压下。第5机架轧机处于轧制力闭环工作状态，在轧制过程中保持一个恒定较小的轧制力，起到平整和改善板形的作用。此时，为了防止轧制力较小时的打滑，第5机架工作辊一般采用表面粗糙度较高的毛化辊。同时，也满足了后道生产工艺对产品表面粗糙度要求较高的需求。当轧机工作在 TIN 模式下时，第5机架轧机处于位置（辊缝）闭环工作状态，第5机架承担一定的压下量。因此，为了防止该机架过负荷，第5机架工作辊一般采用表面粗糙度低的光辊。轧机工作在两种不同的控制模式下时，第5机架的监控 AGC 以及第4、5机架间的张力控制方式均有所改变[35~37]。

### 5.6.1 TIN 模式

TIN 模式下，第5机架监控 AGC 的控制原理框图如图5-6所示。

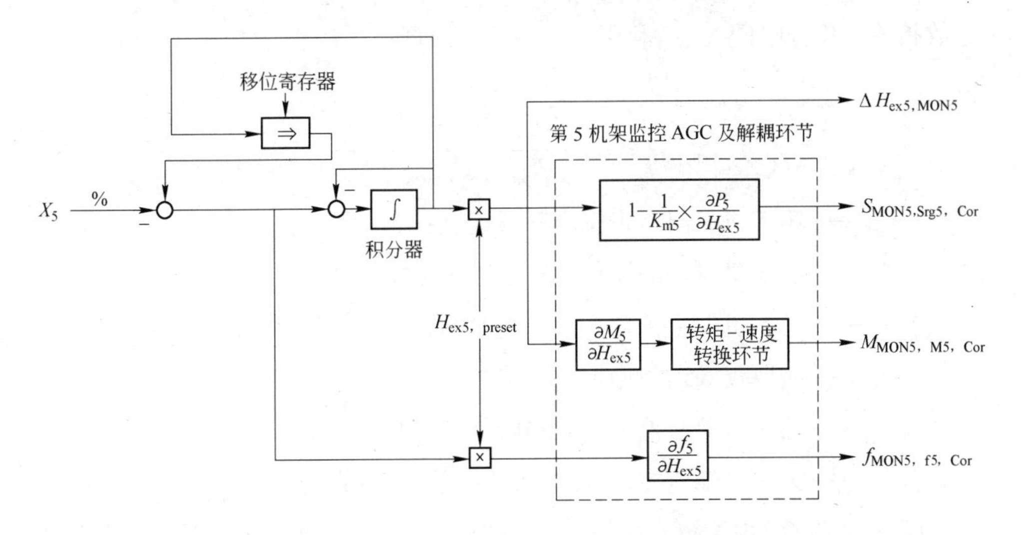


图5-6 TIN 模式下第5机架监控 AGC 控制原理框图

（1）第5机架出口厚度偏差百分比 $X_5$：由第5机架出口测厚仪测得厚度偏差百分比 $X_5$。

（2）第5机架监控 AGC 的 Smith 预估器：当轧机工作在 TIN 模式时，第5机架监控 AGC 的调节量直接附加到第5机架的出口厚度基准上，进而改变机架间速度比实现对出口厚度的监控。因此，第5机架监控 AGC 的 Smith 预估器模型比第1机架监控AGC要简单得多。第5机架监控AGC的控制器输出量只需经过下式计算后就可等同于Smith预估器补偿量。

$$\frac{\Delta H_{ex5,Smith,pcnt}}{\Delta H_{ex5,MON5,pcnt}} = 1 - e^{-\tau_{mon5}s} \tag{5-37}$$

式中 $\Delta H_{ex5,MON5,pcnt}$——第5机架监控AGC对机架出口厚度基准的附加调节量；

$\Delta H_{ex5,Smith,pcnt}$——第5机架监控AGC的Smith预估器补偿量；

$\tau_{mon5}$——特征带钢段从第5机架辊缝处到测厚仪X5处所经过的时间。

（3）计算第5机架监控AGC控制器输入偏差：

$$\Delta H_{ex5,after,Smith,pcnt} = -X_5 - \Delta H_{ex5,Smith,pcnt} \tag{5-38}$$

（4）第5机架监控AGC控制器：第5机架监控AGC采用变增益的纯积分控制器，积分时间的大小与带钢厚度、轧制速度以及传动系统响应时间等参数相关。积分时间$t_{MON5,I}$利用式（5-39）计算：

$$t_{MON5,I} = \frac{t_{5,DrvResp} + t_{X5,Resp} + \dfrac{L_{STD5 \to X5}}{v_{ex5}}}{K_{MON5,I} C1_{MON5,Gain}} \tag{5-39}$$

式中 $v_{ex5}$——第5机架出口带钢实际线速度；

$L_{STD5 \to X5}$——第5机架到测厚仪X5的中心距离；

$t_{5,DrvResp}$——第5机架主传动系统响应时间；

$t_{X5,Resp}$——测厚仪X5的响应时间；

$K_{MON5,I}$——第5机架监控AGC控制器可调增益；

$C1_{MON5,Gain}$——第5机架监控AGC控制器增益放大系数。

厚度偏差百分比大于0.7%时，$C1_{MON5,Gain} = 5$；厚度偏差百分比小于0.7%时，$C1_{MON5,Gain} = 1$。

第5机架监控AGC的主控制量为：

$$\Delta H_{ex5,MON5,pcnt}(s) = \frac{1}{t_{MON5,I}s} \Delta H_{ex5,after,Smith,pcnt}(s) \tag{5-40}$$

第5机架监控AGC除了计算主控制量之外，同样也配置有补偿环节，提前补偿厚度控制过程中带来的机架间张力波动以及修正其他参数如前滑等。

（5）计算第5机架监控 AGC 对第5机架辊缝的补偿量：

$$S_{\mathrm{MON5,Srg5,Cor}} = \Delta H_{\mathrm{ex5,MON5,pcnt}} H_{\mathrm{ex5,preset}} \left(1 - \frac{1}{K_{\mathrm{m5}}} \times \frac{\partial P_5}{\partial H_{\mathrm{ex5}}}\right) \tag{5-41}$$

式中 $S_{\mathrm{MON5,Srg5,Cor}}$——第5机架监控 AGC 对第5机架辊缝的补偿量；

$K_{\mathrm{m5}}$——第5机架轧机刚度系数；

$\frac{\partial P_5}{\partial H_{\mathrm{ex5}}}$——第5机架轧制力对第5机架出口厚度的偏微分。

（6）计算第5机架监控 AGC 对前滑的补偿量：

$$f_{\mathrm{MON5,f5,Cor}} = \Delta H_{\mathrm{ex5,after,Smith,pcnt}} H_{\mathrm{ex5,preset}} \frac{\partial f_5}{\partial H_{\mathrm{ex5}}} \tag{5-42}$$

式中 $f_{\mathrm{MON5,f5,Cor}}$——第5机架监控 AGC 对第5机架前滑的补偿量；

$H_{\mathrm{ex5,preset}}$——第5机架出口厚度预设定；

$\frac{\partial f_5}{\partial H_{\mathrm{ex5}}}$——第5机架前滑对第5机架出口厚度的偏微分。

（7）计算第5机架监控 AGC 对第5机架转矩的补偿量：

$$M_{\mathrm{MON5,M5,Cor}}(s) = \Delta H_{\mathrm{ex5,MON5,pcnt}}(s) \frac{\partial M_5}{\partial H_{\mathrm{ex5}}} \times \frac{1}{G_5} \times \frac{\tau_5 s}{1 + \tau_5 s} \tag{5-43}$$

式中 $M_{\mathrm{MON5,M5,Cor}}$——第5机架监控 AGC 对第5机架转矩的补偿量；

$\frac{\partial M_5}{\partial H_{\mathrm{ex5}}}$——第5机架转矩对第5机架出口厚度的偏微分；

$G_5$——第5机架主传动系统传递函数比例增益；

$\tau_5$——第5机架主传动系统传递函数比例增益与积分增益的比值。

### 5.6.2 SHEET 模式

SHEET 模式下，第5机架监控 AGC 策略略有不同，控制器输出量将直接修正第4机架出口厚度。因此 Smith 预估模型、控制器增益系数等也将有所变化。不论轧机处于哪种模式，第5机架监控 AGC 的基本控制思路保持不变。

（1）第5机架出口厚度偏差百分比 $X_5$：由第5机架出口测厚仪测得厚度偏差百分比 $X_5$。

（2）第5机架监控 AGC 的 Smith 预估器：当轧机工作在 SHEET 模式时，

第5机架监控 AGC 的调节量直接附加到第4机架的出口厚度基准上，进而改变机架间速度比实现对出口厚度的监控。第5机架监控 AGC 的控制器输出量只需经过下式计算后就可等同于 Smith 预估器补偿量。

$$\frac{\Delta H_{ex5,Smith,pcnt}}{\Delta H_{ex5,MON5,pcnt}} = 1 - e^{-\tau_{mon5,sheet}s} \tag{5-44}$$

式中 $\Delta H_{ex5,MON5,pcnt}$——第5机架监控 AGC 对机架出口厚度基准的附加调节量；

$\Delta H_{ex5,Smith,pcnt}$——第5机架监控 AGC 的 Smith 预估器补偿量；

$\tau_{mon5,sheet}$——特征带钢段从第4机架辊缝处到测厚仪 X5 处所经过的时间。

（3）计算第5机架监控 AGC 控制器输入偏差：

$$\Delta H_{ex5,after,Smith,pcnt,sheet} = -X_5 - \Delta H_{ex5,Smith,pcnt} \tag{5-45}$$

（4）第5机架监控 AGC 控制器：第5机架监控 AGC 采用变增益的纯积分控制器，积分时间的大小与带钢厚度、轧制速度以及传动系统响应时间等参数相关。积分时间 $t_{MON5,I,sheet}$ 利用下式计算：

$$t_{MON5,I,sheet} = \frac{t_{4,DrvResp} + t_{X5,Resp} + \dfrac{L_{STD4\to STD5}}{v_{ex4}} + \dfrac{L_{STD5\to X5}}{v_{ex5}}}{K_{MON5,I,sheet}C1_{MON5,Gain,sheet}} \tag{5-46}$$

式中 $v_{ex4}$——第4机架出口带钢实际线速度；

$L_{STD4\to STD5}$——第4机架到第5机架的中心距离；

$t_{4,DrvResp}$——第5机架主传动系统响应时间；

$K_{MON5,I,sheet}$——第5机架监控 AGC 在 SHEET 模式控制器可调增益；

$C1_{MON5,Gain,sheet}$——第5机架监控 AGC 在 SHEET 模式控制器增益放大系数。

厚度偏差百分比大于0.7%时，$C1_{MON5,Gain,sheet}=5$；厚度偏差百分比小于0.7%时，$C1_{MON5,Gain,sheet}=1$。

第5机架监控 AGC 的主控制量为：

$$\Delta H_{ex5,MON5,pcnt,sheet}(s) = \frac{1}{t_{MON5,I,sheet}s}\Delta H_{ex5,after,Smith,pcnt,sheet}(s) \tag{5-47}$$

第5机架监控 AGC 除了计算主控制量之外，同样也配置有补偿环节，提前补偿厚度控制过程中带来的机架间张力波动以及修正其他参数如前滑等。

(5) 计算第 5 机架监控 AGC 对第 4 机架辊缝的补偿量:

$$S_{MON5,Srg4,Cor,sheet} = \Delta H_{ex5,MON5,pcnt,sheet} H_{ex4,preset}\left(1 - \frac{1}{K_{m4}} \times \frac{\partial P_4}{\partial H_{ex4}}\right) \quad (5\text{-}48)$$

式中 $S_{MON5,Srg4,Cor,sheet}$——第 5 机架监控 AGC 对第 4 机架辊缝的补偿量;

$K_{m4}$——第 4 机架轧机刚度系数;

$\frac{\partial P_4}{\partial H_{ex4}}$——第 4 机架轧制力对第 4 机架出口厚度的偏微分。

(6) 计算第 5 机架监控 AGC 对第 4 机架前滑的补偿量:

$$f_{MON5,f4,Cor} = \Delta H_{ex5,after,Smith,pcnt,sheet} H_{ex4,preset} \frac{\partial f_4}{\partial H_{ex4}} \quad (5\text{-}49)$$

式中 $f_{MON5,f4,Cor}$——第 5 机架监控 AGC 对第 4 机架前滑的补偿量;

$H_{ex4,preset}$——第 4 机架出口厚度预设定;

$\frac{\partial f_4}{\partial H_{ex4}}$——第 4 机架前滑对第 4 机架出口厚度的偏微分。

(7) 计算第 5 机架监控 AGC 对第 4 机架转矩的补偿量:

$$M_{MON5,M4,Cor}(s) = \Delta H_{ex5,MON5,pcnt,sheet}(s) \frac{\partial M_4}{\partial H_{ex4}} \times \frac{1}{G_4} \times \frac{\tau_4 s}{1 + \tau_4 s} \quad (5\text{-}50)$$

式中 $M_{MON5,M4,Cor}$——第 5 机架监控 AGC 对第 4 机架转矩的补偿量;

$\frac{\partial M_4}{\partial H_{ex4}}$——第 4 机架转矩对第 4 机架出口厚度的偏微分;

$G_4$——第 4 机架主传动系统传递函数比例增益;

$\tau_4$——第 4 机架主传动系统传递函数比例增益与积分增益的比值。

## 5.7 机架间张力控制

冷连轧生产过程中张力控制作为质量控制策略的一部分,对保证轧机出口产品质量起着至关重要的作用。张力主要有五方面的作用:防止轧件跑偏;使所轧的带钢板形平直;降低变形抗力和变形功;适当调节主电机的负荷;适当调节带钢厚度。在现代带钢冷连轧机入、出口和各机架间均设置有张力检测仪表和张力控制系统,使带钢的张力在允许范围之内保持恒定。

### 5.7.1 张力产生机理

张力是指物体受到拉力的作用,存在于其内部而垂直于相邻接触面上的相互牵引力。对于实际轧制过程，张力的产生是由于带钢沿着长度方向上存在着速度差，使得不同部位处的金属产生相对位移。根据胡克定律可知：在材料的弹性范围内，物体的单向拉伸变形与所受的外力成正比，即张应力 $\sigma$ 与弹性应变 $\varepsilon$ 是成正比的关系，比例系数为材料的弹性模数。从而可以得到作用在带钢上的张力 $T$ 与带钢速度的关系：

$$T = \frac{AE}{l_0}\int (v_b - v_a)\mathrm{d}t$$

式中 $A$——带钢的横截面面积，$m^2$；

$E$——材料的弹性模数；

$l_0$——带钢的初始长度，m；

$v_a$，$v_b$——带钢上不同两点的速度值，m/s。

正常轧制过程中，$A$、$E$ 和 $l_0$ 皆为定值，由上式可知，张力的产生完全是由轧件上两点的线速度差引起的，线速度差的变化也必将引起张力的变化。

从控制系统的结构来分，张力控制系统可以分为直接张力控制、间接张力控制和复合张力控制三种。直接张力闭环控制需要张力传感器作为检测元件，利用张力检测元件的反馈值与设定值进行比较，将得到的偏差作为张力控制器的输入，经过一系列处理后根据系统输出调节执行机构，达到控制张力的目的。现代冷连轧机组一般都在机架间及入口、出口区域内安装张力计，以检测带钢实际张力。对于轧机入口和出口区域，是通过控制传动设备的设定转矩间接控制张力恒定；对于轧机机架之间的张力控制，不同冷连轧机组根据 AGC 控制方式的不同而各异[38, 39]。

从控制系统执行机构来看，张力控制系统可以分为压下调张和速比调张两种。压下调张法是指通过调节下游机架的辊缝来维持机架之间的张力恒定；速比调张法是指通过调整相邻两机架之间的速比来维持机架之间的张力恒定。冷连轧机入、出口张力控制是通过控制相关设备恒转矩使得张力维持在预设定值，此时设备工作在转矩控制模式，除了长时间停车和所有机架全部打开情况之外，设备一直工作在该模式。对于机架间张力控制来说有两种控制策略：常规张力控制和安全张力控制。

### 5.7.2 常规张力控制

常规张力控制的反馈信号由机架间的张力计提供。NTC 的控制任务是保持机架间的张力不受带钢厚度的影响。相对于1与2、2与3、3与4、4与5机架间张力，系统对2、3、4、5机架（即下游机架）的液压辊缝控制系统进行作用。

在SHEET模式下，4与5机架间的张力通过对第5机架的速度进行调节来控制（因此时为了保证产品的表面质量第5机架采用恒定轧制力进行轧制）。此时，可将第5机架看作是一组夹送辊。如果NTC已经无法控制张力偏差（张力偏差过大），则安全张力控制将参与控制。NTC通过对下游机架的辊缝进行修正来控制机架间张力。但轧制力必须保持在一个限定范围内（$F_{i\min}$，$F_{i\max}$），该范围由二级系统提供。如果实际张力超过其设定值，而实际轧制力也已经输出在限幅值上时，NTC将保持该限幅输出，当张力回到限幅范围内时，NTC将继续完全接管对张力的控制。图5-7为NTC控制框图。

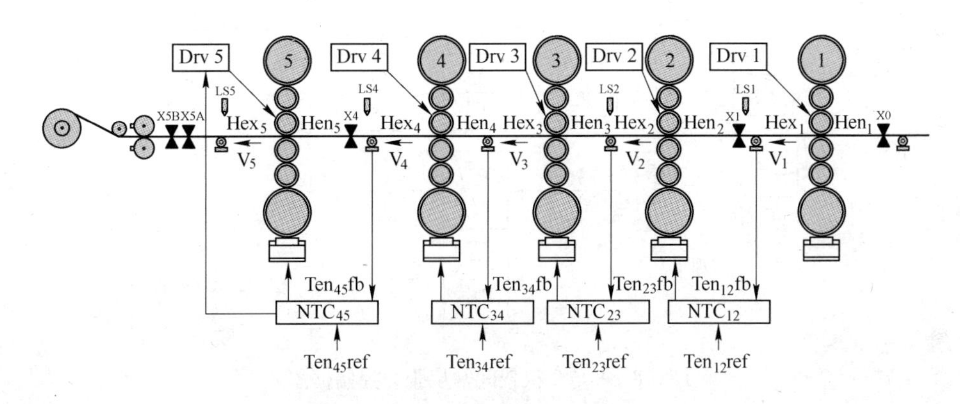


图5-7 NTC控制框图

下面以1与2机架为例，详细介绍常规张力控制策略。

1与2机架张力计检测信号经过一个PID控制器的控制后，生成第2机架HGC的辊缝修正量。该辊缝修正量与其他功能单元发送的辊缝修正量附加在一起，发送给HGC控制闭环。$NTC_{12}$对辊缝的修正量需要在一个给定轧制力的限幅范围内，当第2机架的轧制力超过或低于该限幅时，控制器将输出在这个限幅值上。而$STC_{12}$将被激活来控制1与2机架间的张力。直到轧制力回到限幅范围内，$NTC_{12}$的控制器将继续接管1与2机架间张力的控制。该轧制力限幅由二级系统经过模型计算提供，并跟随每卷带钢的预设定值下发。1与2机架间张力的变化将影响第2机架的前滑量以及转矩，同时也将影响入口张力、第1机架的前滑以及转矩[40~43]。

为了消除这些影响，控制器在输出第 2 机架 HGC 辊缝修正量的同时，还输出以下修正量：

（1）对于第 2 机架有：前滑修正量和转矩修正量；

（2）对于第 1 机架有：辊缝修正量、前滑修正量和转矩修正量。

图 5-8 为 1 与 2 机架间常规张力控制框图。

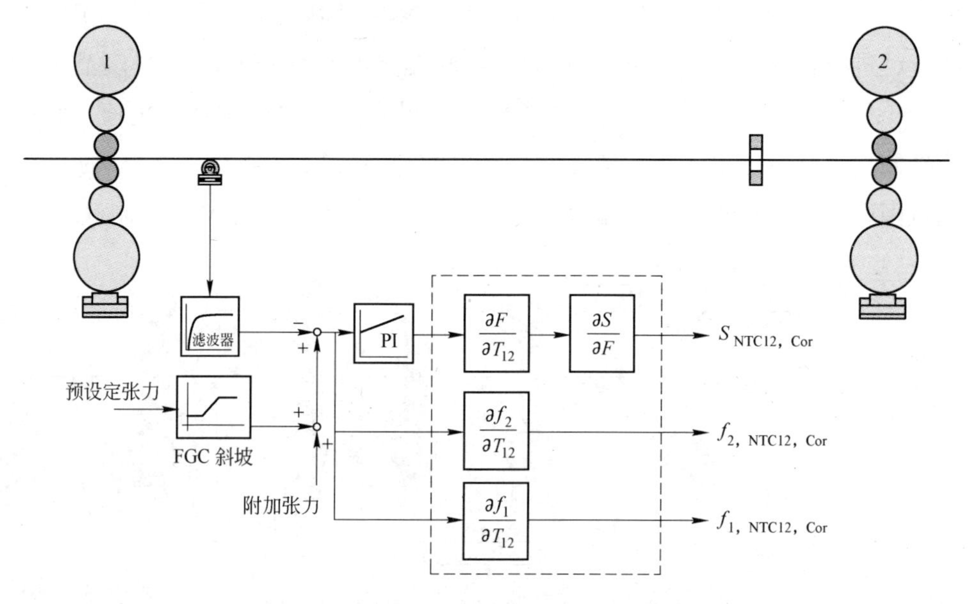


图 5-8　1 与 2 机架间常规张力控制框图

$\partial F/\partial T_{12}$—第 2 机架轧制力对第 2 机架入口张力的偏微分；$S_{\mathrm{NTC12,Cor}}$—1-2 机架之间张力控制对第 2 机架的辊缝附加量；$\partial S/\partial F$—第 2 机架辊缝对第 2 机架轧制力的偏微分；$f_{1,\mathrm{NTC12,Cor}}$—$\mathrm{NTC}_{12}$ 对第 1 机架前滑的补偿量；$f_{2,\mathrm{NTC12,Cor}}$—$\mathrm{NTC}_{12}$ 对第 2 机架前滑的补偿量；$\partial f_1/\partial T_{12}$—第 1 机架前滑对 1-2 机架之间张力的偏微分；$\partial f_2/\partial T_{12}$—第 2 机架前滑对 1-2 机架之间张力的偏微分

### 5.7.3　安全张力控制

当 NTC 无法满足张力控制要求的时候，安全张力控制将投入控制。STC 用于维持机架间张力在安全范围内［$T_{(i-1)i\min}$，$T_{(i-1)i\max}$］。STC 通过修正速比来影响传动速度，以达到最终的控制目的，在这个过程中，第 3 机架仍作为中心机架处理。STC 只在张力达到限幅值时对速度进行修正。当完成控制任务时，其输出量将很快归零。图 5-9 为第 3 机架为中心机架时，STC 的控制框图。

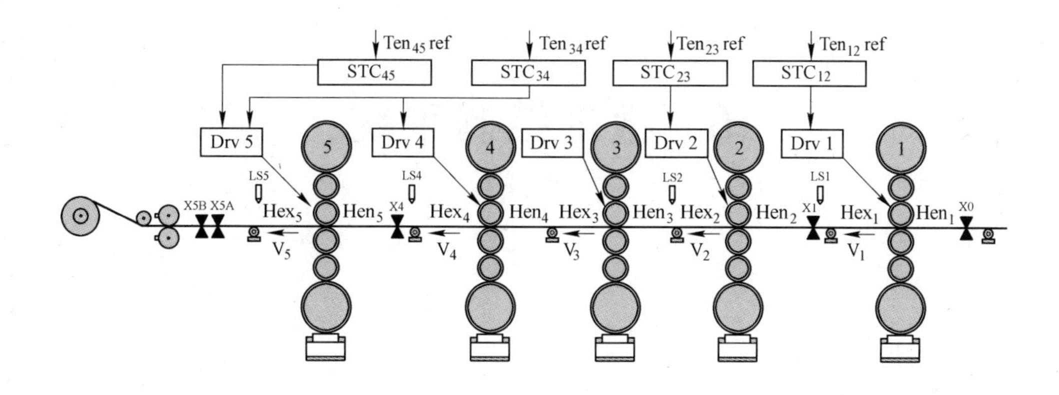


图 5-9 STC 控制框图

对于1与2机架来说，如果检测到张力 $Ten_{12}$ 超出其最大限幅或最小限幅，则其于张力设定值之间的偏差将反馈至一个比例积分控制器，以此来改变第2机架的速比。在这种情况下，$STC_{12}$ 产生的速比修正量将具有在速比控制功能中最高的优先级。第2机架速比的修正最终会导致第1机架速度的变化。为了提高 $STC_{12}$ 的控制效率，在第2机架速比修正发送的同时，系统将给第1机架传动发送一个具有独立斜坡的绝对速度修正量。图5-10为1与2机架间安全张力控制框图。

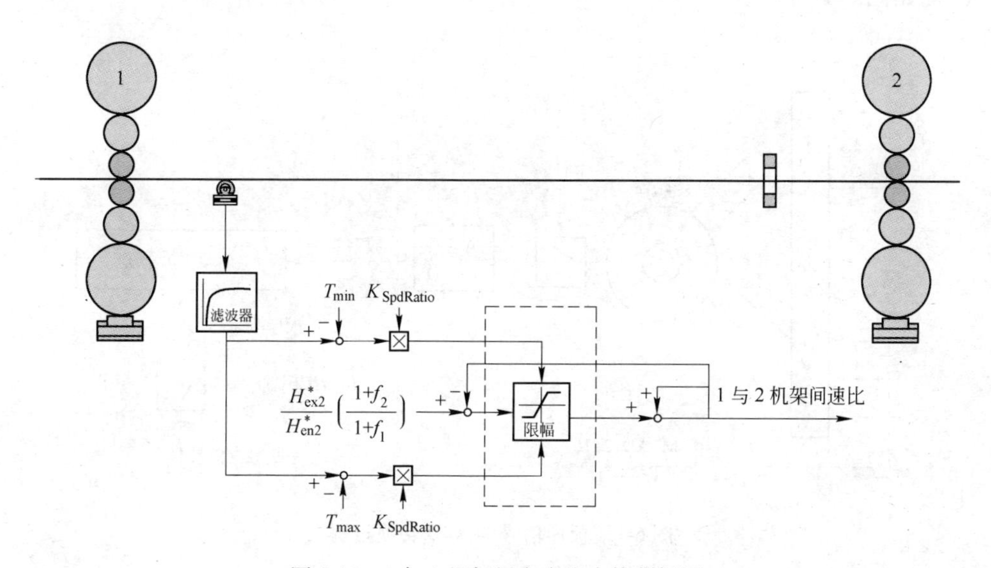


图 5-10 1与2机架间安全张力控制框图

$T_{max}$—安全张力上限幅；$T_{min}$—安全张力下限幅；$K_{SpdRatio}$—$STC_{12}$ 计算的速比修正增益

# 6 板形控制系统

## 6.1 板形检测模型

板形检测的准确性与精度直接关系到板形闭环控制系统的控制效果，为了给系统提供准确无误的板形检测数据，开发了一系列的关键模型。

板形辊转动的角度由位置编码器记录。板形辊每旋转一周会产生一个中断触发信号，该中断触发信号会启动 A/D 转换，经过放大之后的电压信号通过模拟量采集板 M-AD12-16 来完成 A/D 转换，转换后的数字板形信号在板形计算机中进行标定。模拟量采集板 M-AD12-16 具有 16 个转换通道，内置信号稳定定时器、多路器。转换过程是：多路器选择转换通道，同时，信号稳定定时器开始工作，定时结束时，电压信号已经稳定，转换开始。A/D 转换的过程如图 6-1 所示。

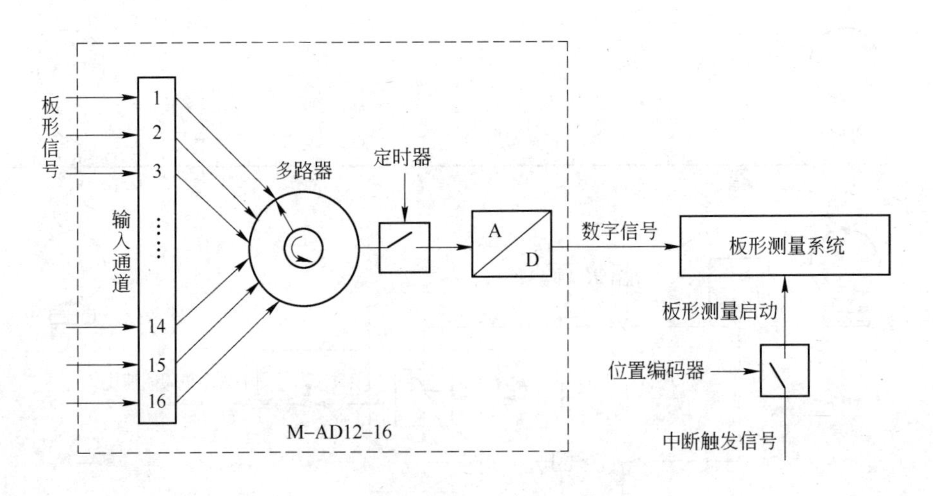


图 6-1　板形信号的 A/D 转换过程

每个通道具有 12 位的转换精度，输入电压范围是 0 ~ 10V，因此电压信号与数字信号的对应关系为：0V 对应数字量 0，10V 对应数字量 4095，则板形信号的标定方法为：

$$f(i) = \alpha_i \frac{m_i}{4095}F \tag{6-1}$$

式中 $f(i)$——标定后的各传感器所测径向力；

$m_i$——由电压信号进行 A/D 转换之后的数字信号；

$\alpha_i$——各传感器的转换系数；

$F$——传感器在线性工作区间内所测径向力的最大值。

为了去除板形测量值中的尖峰信号，首先对径向力测量值进行滤波处理。具体方法是取上周期板形测量值的部分比例成分与本周期板形测量值的部分比例成分进行叠加，作为本周期板形测量值的输出量，计算公式为：

$$f(i) = k_0 f_0(i) + k_1 f_1(i) \tag{6-2}$$

式中 $f(i)$——本周期板形辊所测径向力的输出量；

$f_0(i)$——上周期板形辊所测径向力；

$f_1(i)$——本周期板形辊所测径向力；

$k_0$，$k_1$——分别为比例系数，为了能够有效地剔除异常径向力测量值，这里分别取 0.9 和 0.1。

### 6.1.1 板形测量值计算

在轧机和卷取机之间张力的作用下，带钢的显在板形缺陷消失，而变为潜在板形缺陷。此时沿板宽方向上出现张力不均匀分布。原来平直部分受张力大，而原来有波浪的部分受张力小，因此可以用张应力差来表示板形[44, 45]。由传感器所测径向力可得各测量段带钢张力，即：

$$T(i) = f(i) \bigg/ \left[2\sin\left(\frac{\varphi}{2}\right)\right] \tag{6-3}$$

式中 $T(i)$——各测量段带钢张力；

$f(i)$——各测量段上传感器所测径向力；

$\varphi$——板形辊与带钢之间的包角，可根据设备之间的几何关系求出。

各测量段对应的带钢张应力为：

$$\sigma(i) = \frac{T(i)}{dh(i)} = \frac{f(i)}{2\sin\left(\frac{\varphi}{2}\right)dh(i)} \tag{6-4}$$

式中 $d$——板形辊上传感器直径；

$h(i)$——各测量段所对应的带钢厚度。

带钢平均张应力为：

$$\bar{\sigma} = \frac{1}{n}\sum_{i=1}^{n}\sigma(i) = \frac{1}{n}\sum_{i=1}^{n}\left[\frac{f(i)}{2\sin\left(\frac{\varphi}{2}\right)dh(i)}\right] \tag{6-5}$$

式中 $\bar{\sigma}$——各个测量段所测带钢张应力的平均值；

$n$——测量段数。

各测量段带钢张应力偏差 $\Delta\sigma(i)$ 为：

$$\Delta\sigma(i) = \sigma(i) - \bar{\sigma} \tag{6-6}$$

根据胡克定律将其转换为板形值，即：

$$\lambda_i = \frac{\Delta l_i}{\bar{l}} \times 10^5 = \frac{\sigma_i}{E} \times 10^5 \tag{6-7}$$

式中 $\lambda_i$——第 $i$ 测量段的带钢板形值，单位为 I；

$\Delta l_i$——第 $i$ 个测量段对应的带钢纵条长度与平均纵条长度之差；

$\bar{l}$——各测量段对应带钢纵条长度的平均值；

$E$——杨氏模量。

### 6.1.2 边部带钢的传感器覆盖率计算模型

轧制过程中，带钢宽度常常与板形辊有效测量宽度不同，因此会发生带钢边部不能完全覆盖板形辊两端传感器的情况，如图 6-2 所示。板形辊上传感器所测径向力和带钢与该传感器之间接触面积相关，在带钢宽度与检测辊有效检测宽度大小不一致的情况下，板形辊检测出来的带钢边部张力并不能

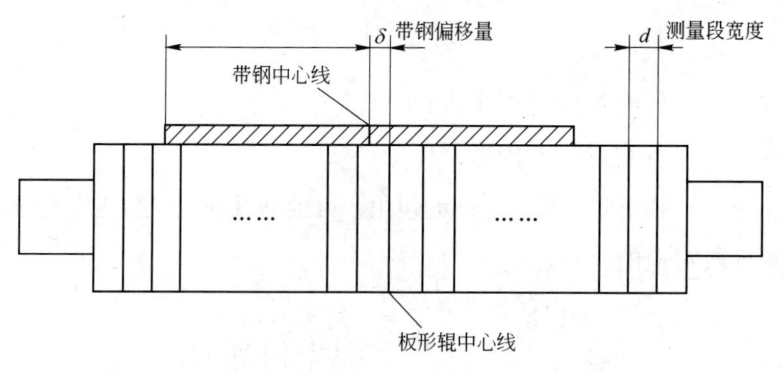


图 6-2 带钢与板形辊的接触状态

真实反映带钢张力。由于生产中会不断产生带钢偏移，也就是出现带钢宽度方向中心线与板形辊宽度方向中心线不重合的情况，因此需要实时确定板形辊边部有效测量段，并计算该测量段上压磁传感器上带钢覆盖率，进而修正边部传感器所测径向力，使之精确地转化为带钢边部实际张力[46~49]。

操作侧未被带钢覆盖的区域长度为：

$$l_{uc\_os} = \frac{l_r - w_s}{2} - \delta_s + \delta_r \tag{6-8}$$

式中 $l_{uc\_os}$——操作侧板形辊上未被带钢覆盖的长度；

$l_r$——板形辊各测量段长度之和；

$w_s$——带钢宽度；

$\delta_s$——带钢偏移量，其符号与带钢偏移方向有关，当带钢向操作侧偏移时为正，向传动侧偏移时为负；

$\delta_r$——板形辊沿轴向偏移轧制中心线的距离。

同理，传动侧未被带钢覆盖的区域长度为：

$$l_{uc\_ds} = \frac{l_r - w_s}{2} + \delta_s - \delta_r \tag{6-9}$$

式中 $l_{uc\_ds}$——传动侧板形辊上未被带钢覆盖的长度。

测量段宽度为52mm，由操作侧未被带钢覆盖的区域长度及测量段宽度可得到操作侧板形辊上未被带钢覆盖的测量段数，即：

$$n_{uc\_os} = \frac{l_{uc\_os}}{52} \tag{6-10}$$

则操作侧带钢边部所覆盖的测量段的覆盖率为：

$$\alpha_{c\_os} = 1 - (n_{uc\_os} - [n_{uc\_os}]) \tag{6-11}$$

式中 $\alpha_{c\_os}$——操作侧带钢边部覆盖的测量段的覆盖率；

$[n_{uc\_os}]$——对 $n_{uc\_os}$ 取整后的整数。

同理可以按照上述方法求得传动侧带钢边部所覆盖的测量段的覆盖率。

### 6.1.3 边部有效测量段径向力修正模型

边部未全部覆盖测量段的面积覆盖因子为：

$$\lambda = \frac{\Delta s}{s} = \alpha \tag{6-12}$$

式中 $\alpha$——未覆盖测量段上的面积覆盖率；

$\Delta s$——测量段的覆盖面积；

$s$——测量段所在弹性体（传感器盖）面积。

边部未被带钢全部覆盖的传感器受力状态与全被带钢覆盖的传感器受力状态不同，它不能像其他传感器一样工作于一个稳定的线性区间。可以使用面积覆盖因子及它内侧相邻两个传感器所测径向力来修正边部未被带钢全部覆盖的传感器所测径向力。为了减小操作侧与传动侧两者之间的修正误差，在对一侧边部传感器所测径向力进行修正时，将另一侧边部传感器相邻的两个传感器所受径向力考虑进来。操作侧边部传感器所受径向力的修正方法为：

$$f_{\text{zone\_os}} = \frac{1}{2\gamma_{\text{os}}}\left[f_{\text{m}}(os) + \frac{2f_{\text{m}}(os+1) - f_{\text{m}}(os+2)}{2f_{\text{m}}(ds-1) - f_{\text{m}}(ds-2)}f_{\text{m}}(ds)\right] \tag{6-13}$$

式中 $f_{\text{zone\_os}}$——操作侧边部未被带钢全部覆盖的传感器所测径向力的修正值；

$\gamma_{\text{os}}$——操作侧边部传感器的面积覆盖因子；

$f_{\text{m}}(os)$——操作侧边部未被带钢全部覆盖的传感器所测径向力；

$os$——操作侧边部有效测量段号；

$f_{\text{m}}(os+1)$，$f_{\text{m}}(os+2)$——靠近板形辊内侧与操作侧边部传感器最相邻的两个传感器所测径向力；

$f_{\text{m}}(ds)$——传动侧边部未被带钢全部覆盖的传感器所测径向力；

$ds$——传动侧边部有效测量段号；

$f_{\text{m}}(ds-1)$，$f_{\text{m}}(ds-2)$——靠近板形辊内侧与传动侧边部传感器最相邻的两个传感器所测径向力。

同理，传动侧边部传感器所受径向力的修正方法为：

$$f_{\text{zone\_ds}} = \frac{1}{2\gamma_{\text{ds}}}\left[f_{\text{m}}(ds) + \frac{2f_{\text{m}}(ds-1) - f_{\text{m}}(ds-2)}{2f_{\text{m}}(os+1) - f_{\text{m}}(os+2)}f_{\text{m}}(os)\right] \tag{6-14}$$

式中 $f_{\text{zone\_ds}}$——传动侧边部未被带钢全部覆盖的传感器所测径向力的修正值；

$\gamma_{\text{ds}}$——操作侧边部传感器的面积覆盖因子。

### 6.1.4 无效测量段处理

实际轧制过程中，板形辊的工作环境较为复杂，如乳液、灰尘等均会对板形辊上的传感器造成不利影响。经过一段时间的运行后，某些传感器可能会产生故障，即使对其进行重新标定也无法完成测量工作，这些出现故障传感器所在测量段称为故障测量段，也称为 Dummy 测量段，如图 6-3 所示。为了不影响板形控制，需要对这些 Dummy 区进行处理，得到一个近似的板形测量值，用于板形控制系统中。

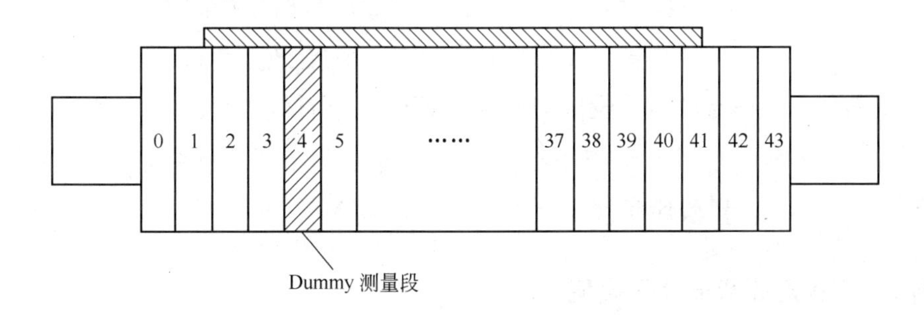


图 6-3 Dummy 测量段的插值计算

Dummy 测量段处带钢作用于板形辊上的径向力可以通过对其两侧有效传感器所测径向力进行线性插值处理获得，计算方法为：

$$f_{\mathrm{dummy}}(i)=\frac{f_{\mathrm{active}}(j)-f_{\mathrm{active}}(k)}{k-j}(j-i)+f_{\mathrm{active}}(j) \tag{6-15}$$

式中 $f_{\mathrm{dummy}}(i)$——测量段号为 $i$ 的 Dummy 测量段板形辊所受径向力；

$f_{\mathrm{active}}(j)$——Dummy 测量段操作侧最相邻的一个有效测量段所测径向力；

$f_{\mathrm{active}}(k)$——Dummy 测量段传动侧最相邻的一个有效测量段所测径向力；

$j$，$k$——分别为操作侧和传动侧与 Dummy 测量段最相邻的两个有效测量段序号。

如图 6-3 所示，4 号测量段为 Dummy 时，则可通过对操作侧和传动侧与其最相邻的 3、5 两个有效测量段上所测径向力进行插值计算来近似获得 4 号测量段上板形辊所受到的径向力。当连续的两个测量段都是 Dummy 测量段时，同样可以按照上述插值算法进行计算。

## 6.1.5 板形测量的异常值处理

板形辊在长期运行过程中，为了预防某些传感器或者信号传输电路在某些时刻发生故障，导致在这些时刻使板形计算机接收到错误的板形信息，在程序中开发了异常通道处理程序，可以避免由于错误的板形信息导致板形调节机构的误动作。异常通道的补偿计算方法为：

$$f_{\mathrm{bad}}(i) = \frac{f(j) - f(k)}{k - j}(j - i) + f(j) \tag{6-16}$$

式中 $f_{\mathrm{bad}}(i)$——测量段号为 $i$ 的异常测量段板形辊所受径向力；

$f(j)$——异常测量段操作侧最相邻的一个有效测量段所测径向力；

$f(k)$——异常测量段传动侧最相邻的一个有效测量段所测径向力；

$j$，$k$——分别为操作侧和传动侧与异常测量段最相邻的两个有效测量段序号。

### 6.1.6 变包角板形值处理模型

板形辊采用的是无辊环的整体实心辊。压磁式传感器沿板形辊轴向埋入辊体中，辊身圆周方向分布两排传感器，互成180°夹角。每个传感器外侧是方形金属盖，各个传感器盖几何尺寸相同。传感器盖与辊体之间仅有细微缝隙，不会对带钢表面产生划伤。

与带辊环板形辊不同，在采用无辊环式板形辊时，带钢对板形辊的径向压力通过传感器盖施加给传感器，由于压垫与传感器之间是刚性接触，因此传感器所测径向力可以认为是带钢施加到该处的径向力[49~53]。由板形辊上各个传感器所测径向力可以得到带钢张应力分布，即：

$$\sigma_i = f(F_i, \theta, w, h) \tag{6-17}$$

式中 $\sigma_i$——第 $i$ 个测量段带钢张应力；

$F_i$——第 $i$ 个传感器所测径向力；

$\theta$——板形辊包角；

$w$——传感器盖宽度；

$h$——带钢厚度。

板形值为：

$$\lambda_i = \frac{\Delta L_i}{L} \times 10^5 = \frac{\sigma_i - \overline{\sigma}}{E} \times 10^5 \tag{6-18}$$

式中 $\frac{\Delta L_i}{L}$——第 $i$ 个测量段带钢相对长度差；

$E$——杨氏模量；

$\bar{\sigma}$——各段张应力平均值。

### 6.1.6.1 传感器受力状态分析

如果现场设备配置受安装条件限制，板形辊与卷取机之间并没有导向辊或者压辊，这样就造成带钢与板形辊之间的包角随卷取机上卷径的改变而变化，如图 6-4 所示。

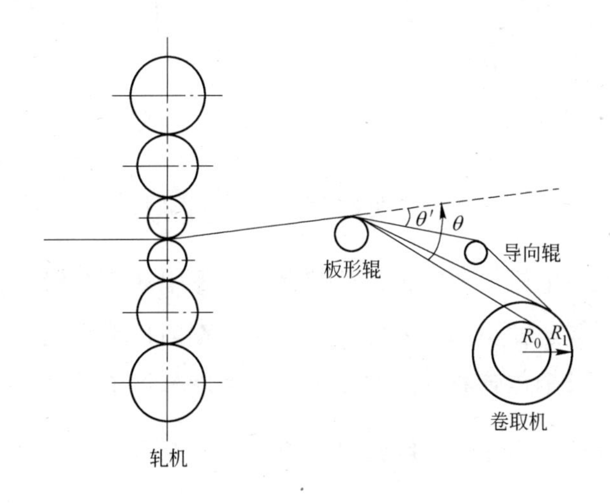


图 6-4 包角变化示意图

图中 $\theta'$代表板形辊与卷取机之间存在导向辊时的包角，由于导向辊存在，$\theta'$为固定值。$\theta$ 为不存在导向辊时的包角，它的值随着卷取机卷径的变化而改变。$R_0$ 和 $R_1$ 为不同时刻的卷径。轧制过程中，由于包角的变化，导致板形辊上传感器的受力状态也会发生变化。根据带钢与板形辊接触弧长度，也就是包角对应弧长，可以将板形辊受力状态分为不同的情况。

### 6.1.6.2 包角对应弧长大于传感器盖长度时带钢张力计算

轧制过程中，如果板形辊包角对应弧长大于传感器盖沿板形辊圆周方向上的长度 $l$，即包角满足 $\theta > \frac{l}{r}$时（$r$ 为板形辊半径），如图 6-5 所示，则带钢对板形辊的径向压力不是仅作用在传感器盖上面，而是作用于整个接触弧面上，此时传感器测得的径向力并不等于实际带钢张力沿传感器受力方向上的合力。为了获得传感器所测径向力与带钢张力之间的关系，可以对每个传感器盖宽度所对应的接触弧面进行受力分解，求解单位接触弧面径向力。

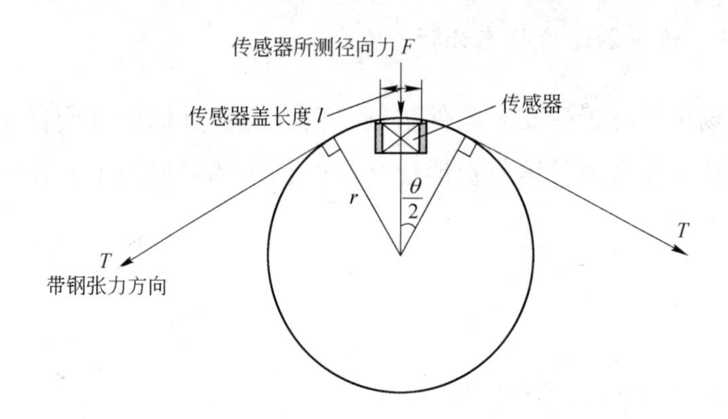


图 6-5　接触弧长大于传感器盖弧长

板形辊单独由电机带动旋转，且带钢与板形辊表面光滑，轧制过程中带钢速度与板形辊线速度相同，因此可以忽略带钢与板形辊之间的摩擦力。为了简化计算，令每个传感器盖的宽度为单位宽度，将单位宽度上带钢与板形辊之间的接触弧等分为 $n$ 段，则每段对应的圆心角为$\dfrac{\theta}{n}$，每段所受径向力可以看作是由作用在该段接触弧上的两个方向带钢张力产生的。如图 6-6a 所示，接触弧段 1 所受径向力 $f_1$ 可看作是由两个方向上的带钢张力 $T_1$ 和 $T'_1$ 产生的，由于不考虑带钢与板形辊之间的摩擦力，则各个接触弧段对应的带钢张力大小相同，即：

$$T_1 = T'_1 = T_2 = T'_2 = \cdots = T_n = T'_n = T \tag{6-19}$$

式中　$T$——单位宽度带钢实际张力。

当 $n$ 取无穷大时，由式（6-19）结合图 6-6a 分析可知，单位宽度接触弧面上各段接触弧面受力大小相同，为均匀受力状态，则各段接触弧面上的单位接触弧面径向力分别相等，即：

$$p = \frac{f_1}{\Delta s} = \frac{f_2}{\Delta s} = \cdots = \frac{f_n}{\Delta s} = \frac{F}{wl} \tag{6-20}$$

式中 $p$——单位接触弧面径向力；

$f_1, f_2, \cdots, f_n$——分别为各接触弧段所受带钢张力的合力；

$\Delta s$——各小段接触弧面的面积；

$F$——传感器所测径向力；

$w, l$——分别为传感器盖的宽度与长度。

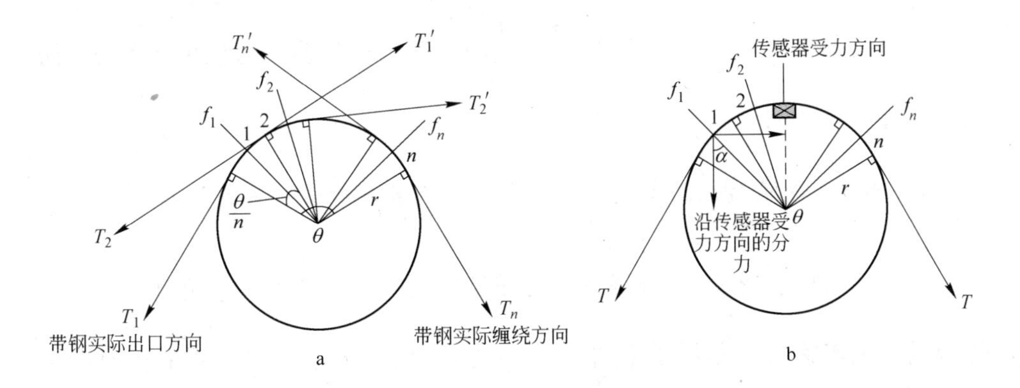


图 6-6 径向力沿接触弧分布

如图 6-6b 所示，每段接触弧面上受到的径向力分解到传感器受力方向上为：

$$N_i = p\Delta s\cos\alpha_i = \frac{F}{wl}\Delta s\cos\alpha_i \tag{6-21}$$

式中 $N_i$——第 $i$ 段接触弧面所受径向力在传感器受力方向上的分力；

$\alpha_i$——第 $i$ 个接触弧面中心线与传感器受力方向之间的夹角。

对式（6-21）在整个接触弧面上积分可得各段接触弧面所受径向力在传感器受力方向上的分力之和：

$$N = 2\int_0^s \frac{F}{wl}\cos\alpha \mathrm{d}s = 2\int_0^{\frac{\theta}{2}} \frac{F}{wl}\cos\alpha wr\mathrm{d}\alpha \tag{6-22}$$

式中 $N$——各段接触弧面所受径向力在传感器受力方向上的分力之和。

对式（6-22）化简可得：

$$N = 2F\frac{r}{l}\sin\frac{\theta}{2} \tag{6-23}$$

单位宽度上带钢实际张力在传感器受力方向上的合力为：

$$N = 2T\sin\frac{\theta}{2} \tag{6-24}$$

由式（6-23）、式（6-24）可得传感器所测径向力与单位宽度实际带钢张力的关系为：

$$T = F\frac{r}{l} \tag{6-25}$$

由上式分析可知，当包角满足 $\theta > \frac{l}{r}$ 时，张力测量值 $T$ 与包角 $\theta$ 无关，而只是与传感器所测径向力有关。

#### 6.1.6.3 包角对应的弧长不大于传感器盖长度时带钢张力计算

当带钢与板形辊之间的包角较小，即包角满足 $\theta \leqslant \frac{l}{r}$ 时，包角对应的弧长等于或小于传感器长度 $l$。此时带钢只与传感器盖接触，对板形辊的径向力直接作用在传感器盖上，因此传感器所测径向力等于单位宽度实际带钢张力在传感器受力方向上的合力，即：

$$T = \frac{F}{2\sin\frac{\theta}{2}} \tag{6-26}$$

由上式可知，当 $\theta \leqslant \frac{l}{r}$ 时，板形测量值除了与实测径向力有关外，还与板形辊的包角有关。由于包角时刻都在变化，因此需要确定板形辊的实时包角。

#### 6.1.6.4 板形辊实时包角计算

卷取机有上卷取和下卷取两种工作方式，两种工作方式下包角的变化规律不同。根据轧机参数以及设备之间的几何位置关系可以求解两种工作方式下的实时包角。

上卷取方式如图 6-7 所示，由几何关系可知包角为：

$$\theta = \pi - \left[\left(\frac{\pi}{2} - \alpha\right) + \arctan\left(\frac{a}{b}\right) + \phi\right] \tag{6-27}$$

式中 $\alpha$——出口带钢与水平轧线之间的夹角；

$a$，$b$——分别为板形辊中心到卷取机中心之间的水平距离和垂直距离；

$\phi$——卷取机和板形辊中心线与卷取机上带钢缠绕方向之间的夹角。

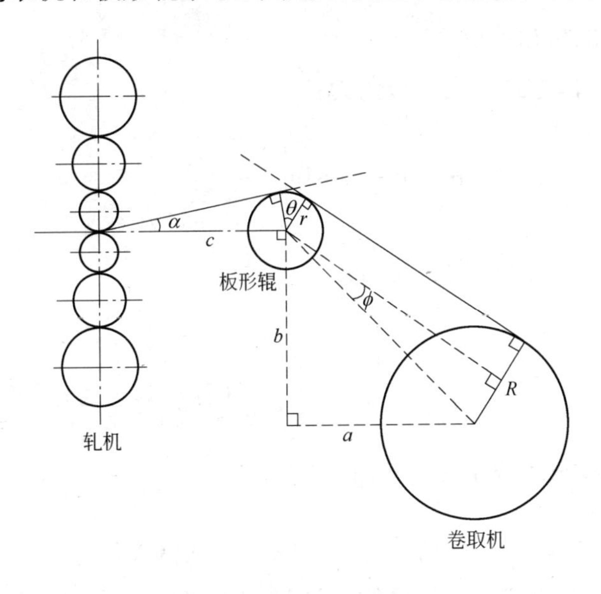


图 6-7 卷取机上卷取带钢

又有：

$$\alpha = \arcsin\left(\frac{r}{c}\right) \tag{6-28}$$

$$\phi = \arcsin\left(\frac{R - r}{\sqrt{a^2 + b^2}}\right) \tag{6-29}$$

式中 $c$——工作辊辊缝中心与板形辊中心距离；

$R$——卷径。

将式（6-28）、式（6-29）代入式（6-27）中可得包角：

$$\theta = \frac{\pi}{2} + \arcsin\left(\frac{r}{c}\right) - \arctan\left(\frac{a}{b}\right) - \arcsin\left(\frac{R - r}{\sqrt{a^2 + b^2}}\right) \tag{6-30}$$

同理，通过几何计算可得卷取机下卷取方式时包角为：

$$\theta = \frac{\pi}{2} + \arcsin\left(\frac{r}{c}\right) - \arctan\left(\frac{a}{b}\right) + \arcsin\left(\frac{R + r}{\sqrt{a^2 + b^2}}\right) \tag{6-31}$$

令 $k = \frac{\pi}{2} + \arcsin\left(\frac{r}{c}\right) - \arctan\left(\frac{a}{b}\right)$，又有：

$$R = \frac{v}{\omega} \tag{6-32}$$

式中 $v$——当前带钢速度；

$\omega$——卷取机角速度。

则上卷取工作方式下实时包角为：

$$\theta = k - \arcsin\left(\frac{\frac{v}{\omega} - r}{\sqrt{a^2 + b^2}}\right) \tag{6-33}$$

下卷取工作方式下实时包角为：

$$\theta = k + \arcsin\left(\frac{\frac{v}{\omega} + r}{\sqrt{a^2 + b^2}}\right) \tag{6-34}$$

#### 6.1.6.5 板形测量值表达式推导

在对板形辊测量段进行划分时，考虑到传感器盖尺寸相同且沿辊身等间距分布，故可以直接使用算数平均数计算带钢张应力分布。将式（6-18）进一步推导有：

$$\lambda_i = \frac{1}{hwE}\left(T_i - \frac{1}{N}\sum_{i=1}^{N} T_i\right) \times 10^5 \tag{6-35}$$

式中 $N$——带钢有效覆盖的传感器个数。

卷取机处于上卷取工作方式时，随着卷径的不断增大，包角对应的弧长逐渐减小。当 $\theta > \frac{l}{r}$ 时，将式（6-25）代入式（6-35）中可得板形值 $\lambda_i$：

$$\lambda_i = \frac{r}{lhwE}\left(F_i - \frac{1}{N}\sum_{i=1}^{N} F_i\right) \times 10^5 \tag{6-36}$$

当 $\theta \leqslant \frac{l}{r}$ 时，将式（6-26）代入式（6-35）可得此时板形值 $\lambda_i$ 为：

$$\lambda_i = \frac{10^5}{2Ewh\sin\left(\frac{\theta}{2}\right)}\left(F_i - \frac{1}{N}\sum_{i=1}^{N} F_i\right) \tag{6-37}$$

将由式（6-33）求得的上卷取实时包角代入式（6-37）得：

$$\lambda_i = \frac{F_i - \frac{1}{N}\sum_{i=1}^{N} F_i}{2Ewh\sin\frac{1}{2}\left[k - \arcsin\frac{1}{\sqrt{a^2 + b^2}}\left(\frac{v}{\omega} - r\right)\right]} \times 10^5 \tag{6-38}$$

上卷取工作方式下板形测量值表达式写成分段函数形式为：

$$\lambda_i = \begin{cases} \dfrac{r}{lhwE}\left(F_i - \dfrac{1}{N}\sum_{i=1}^{N}F_i\right)\times 10^5 & \theta > \dfrac{l}{r} \\ \dfrac{F_i - \dfrac{1}{N}\sum_{i=1}^{N}F_i}{2Ewh\sin\dfrac{1}{2}\left[k - \arcsin\dfrac{1}{\sqrt{a^2+b^2}}\left(\dfrac{v}{\omega} - r\right)\right]}\times 10^5 & \theta \leqslant \dfrac{l}{r} \end{cases} \tag{6-39}$$

同理，可得下卷取工作方式下板形测量值表达式为：

$$\lambda_i = \begin{cases} \dfrac{r}{lhwE}\left(F_i - \dfrac{1}{N}\sum_{i=1}^{N}F_i\right)\times 10^5 & \theta > \dfrac{l}{r} \\ \dfrac{F_i - \dfrac{1}{N}\sum_{i=1}^{N}F_i}{2Ewh\sin\dfrac{1}{2}\left[k + \arcsin\dfrac{1}{\sqrt{a^2+b^2}}\left(\dfrac{v}{\omega} + r\right)\right]}\times 10^5 & \theta \leqslant \dfrac{l}{r} \end{cases} \tag{6-40}$$

## 6.2 板形控制系统核心模型

### 6.2.1 板形目标曲线的动态设定

板形目标曲线是板形控制的目标，控制时，将实际的板形曲线控制到标准曲线上，尽可能消除两者之间的差值。它的作用主要是补偿板形测量误差、补偿在线板形离线后发生变化、有效地控制板凸度以及满足轧制及后续工序对板形的特殊要求等[54~56]。

板形目标曲线的设定随设备条件（轧机刚度、轧辊材质、尺寸）、轧制工艺条件（轧制速度、轧制压力、工艺润滑）及产品情况（尺寸、材质）的变化而不同，总的要求是使最终产品的板形良好，并降低边部减薄。制定板形目标曲线的原则主要是：

（1）目标曲线的对称性。板形目标曲线在轧件中心线两侧要具有对称性，曲线要连续而不能突变，正值与负值之和基本相等。

（2）板形板凸度综合控制原则。轧件的板形和板凸度（横向后差）两种因素相互影响、相互制约。在板形控制中，不能一味地控制板形而牺牲对板凸度的要求，带材的板凸度也是衡量最终产品质量的重要指标。板凸度控制在前几道次进行，板形控制在后几道次进行。

（3）补偿附加因素对板形的影响。主要考虑温度补偿、卷取补偿及边部补偿，消除这些因素对板形测量造成的影响，以及减轻边部减薄。

（4）满足后续工序的要求。板形目标曲线的制定需要考虑后续工序对带钢板形以及板凸度的要求，如对“松边”及“紧边”等工艺的要求。

当来料和其他轧制条件一定时，一定形式的板形目标曲线不但对应着一定的板形，而且对应着一定的板凸度。选用不同的板形目标曲线，将会得到不同的板形和板凸度。板形目标曲线对板凸度的控制主要体现在前几个道次。通常，前几个道次带材较厚，不易出现轧后翘曲变形，且此时带材在辊缝中横向流动现象相对明显，因此充分利用这一工艺特点，选用合适的板形目标曲线，既可达到控制板凸度的目的，又不会产生明显的板形缺陷。此外，板形目标曲线还可以用来保持中间道次的比例凸度一致。

根据轧制工艺及后续工序对带钢板形的要求，板形目标曲线的制定方案是：给定来料板凸度，前三个道次以轧后带材不失稳为限制条件，即以保证轧后带钢不发生翘曲为前提条件，尽量减小板凸度，后两个道次集中控制板形，使成品带钢尽可能具有较好的板形。

板形目标曲线是由各种补偿曲线叠加到基本板形目标曲线上形成的。基本板形目标曲线根据后续工序对带钢凸度的要求由过程计算机计算得到，然后传送给板形计算机。带钢凸度改变量的计算以带钢不发生屈曲失稳为条件，保证在对板凸度控制的同时，不会产生轧后瓢曲现象[57, 58]。补偿曲线主要是为了消除板形辊表面轴向温度分布不均匀、带钢横向温度分布不均匀、板形辊挠曲变形、板形辊或卷取机几何安装误差、带卷外廓形状变化等因素对板形测量的影响。与基本板形目标曲线不同，补偿曲线在板形计算机中完成设定。

#### 6.2.1.1 基本板形目标曲线

基本板形目标曲线主要基于对板凸度的控制设定。在减小带钢凸度时，为了不造成轧后带钢发生瓢曲，需要以轧后带材失稳判别模型为依据，不能一味地减小带钢凸度，必须保证板形良好。根据残余应力的横向分布，判别带材是否失稳或板形良好程度，从而决定如何进一步调整板凸度和板形。带材失稳判别模型是一个力学判据，机理是轧制残余应力沿板宽方向分布不均匀而发生屈曲失稳的结果。

轧后带材失稳判别模型基于带钢的屈曲理论来制定，计算方法主要有：解析法、有限元法、有限条法和条元法。采用条元法进行板形良好判据的计算。条元法的基本原理是，将轧后带材离散为若干纵向条元，用三次样条函数和正弦函数构造挠度模式，应用薄板的小挠度理论和最小势能原理，进行带材失稳判别的计算。若失稳，则认为板形不好；若不失稳，则认为板形可以接受，比较好。条元法用一个判别因子 $\xi$ 判断板形状况，即：

$$\begin{cases} \xi < 1 & \text{带材失稳屈曲} \\ \xi = 1 & \text{带材临界失稳} \\ \xi > 1 & \text{带材没有失稳} \end{cases} \tag{6-41}$$

式中 $\xi$——带钢失稳判别因子。

基本板形目标曲线的设定以轧后带材失稳判别模型为依据，充分考虑来料带材凸度以及后续工序对带钢板形的要求，设定的原则是在满足判别因子 $\xi>1$ 的情况下，在前几个道次尽量减小带钢凸度。基本板形目标曲线的形式为二次抛物线，由过程计算机计算抛物线的幅值，并传送给板形计算机。基本板形目标曲线的形式为：

$$\sigma_{\text{base}}(x_i) = \frac{A_{\text{base}}}{x_{\text{os}}^2}x_i^2 - \overline{\sigma}_{\text{base}} \tag{6-42}$$

式中 $\sigma_{\text{base}}(x_i)$——每个测量段处带钢张应力偏差的设定值；

$A_{\text{base}}$——过程计算机依据带钢板凸度的调整量以及带材失稳判别模型计算得到的基本板形目标曲线幅值，其符号与来料形貌有关；

$x_i$——以带钢中心为坐标原点的各个测量段的坐标，带符号，操作侧为负，传动侧为正；

$x_{\text{os}}$——操作侧带钢边部有效测量点的坐标；

$\overline{\sigma}_{\text{base}}$——平均张应力。

平均张应力计算公式为：

$$\overline{\sigma}_{\text{base}} = \frac{1}{n}\sum_{i=1}^{n}\frac{A_{\text{base}}}{x_{\text{os}}^{2}}x_{i}^{2} \tag{6-43}$$

式中 $n$——板形有效测量段数。

板形辊共有23个测量段，因此带钢上最大有效测量段数为23。基本板形目标曲线的形式为二次曲线，在每个道次开始时，板形计算机接收到过程计算机发送的幅值后，首先判断带钢是否产生跑偏，然后根据传动侧和操作侧的带钢边部有效测量点来确定总的有效测量点数，并按照式（6-42）逐段计算每个有效测量点处的张应力设定值，最终形成完整的板形目标曲线，如图6-8所示。

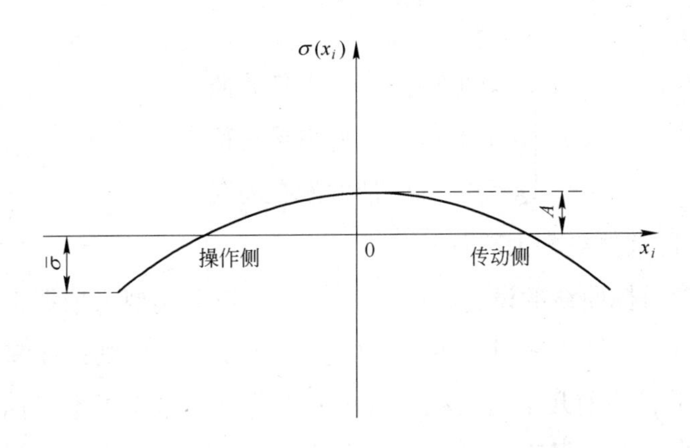


图6-8 基本板形目标曲线

过程计算机计算幅值$A$时，根据不同的来料带钢规格，以带材失稳判别模型为基础，在保证板形不产生缺陷，即判别因子$\xi>1$的情况下，在前几道次尽可能地减小带钢凸度。在后几道次则着重控制板形，保持带钢比例凸度一致。

其次，由带材内应力自相平衡条件，在带钢宽度范围内，基本板形目标曲线还应满足下式：

$$\sum_{i=1}^{n}\sigma(x_{i}) = 0 \tag{6-44}$$

#### 6.2.1.2 卷取形状补偿

卷形修正又称为卷形补偿，由于带钢横向厚度分布呈正凸度形状，随着轧制的进行，卷取机上钢卷卷径逐渐增大，致使卷取机上钢卷外廓沿轴向呈凸形或卷取半径沿轴向不等，这将导致带钢在卷取时沿横向产生速度差，使带钢在绕卷时沿宽度方向存在附加应力。卷取附加应力的计算公式为：

$$\sigma_{\mathrm{cshc}}(x_i) = \frac{A_{\mathrm{cshc}}}{x_{\mathrm{os}}^2} \times \frac{d - d_{\min}}{d_{\max} - d_{\min}} x_i^2 \tag{6-45}$$

式中 $A_{\mathrm{cshc}}$——卷形修正系数，由过程计算机根据实际生产工艺计算得到；

$d$——当前卷取机卷径；

$d_{\min}$——最小卷径；

$d_{\max}$——最大卷径。

#### 6.2.1.3 安装几何误差补偿

由于设备安装条件限制，常常会出现卷取机轴线与板形辊轴线不平行的情况。由于卷取过程中存在不均匀的卷取张力，这必然会对带钢的板形测量造成影响，如图 6-9 所示。

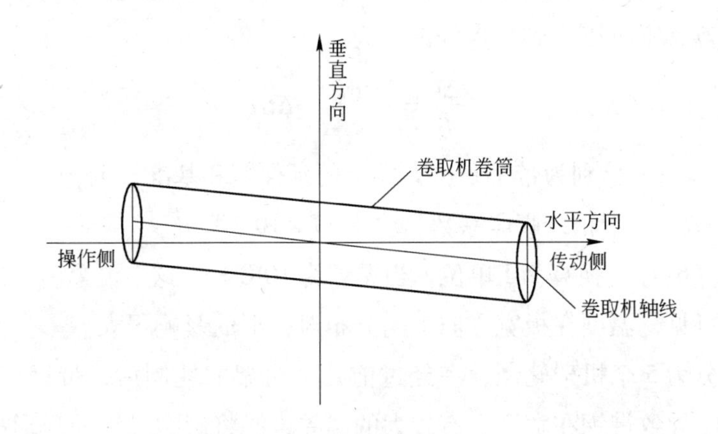


图 6-9 卷取机安装几何误差

为了消除这种影响，在板形目标曲线中增加了卷取机安装几何误差补偿环节，该误差补偿为线性修正，根据卷取机与板形辊之间的偏斜方向及偏斜角度来制定，其计算公式为：

$$\sigma_{\mathrm{geo}}(x_i) = x_i \frac{A_{\mathrm{geo}}}{2x_{\mathrm{os}}} E \tag{6-46}$$

式中 $A_{\mathrm{geo}}$——线性补偿系数；

$E$——弹性模量。

$A_{geo}$的单位为I，是一个板形值，与卷取机及板形辊轴线之间的偏斜方向和偏斜角度有关，表征了由于卷取机轴线与板形辊轴线之间的偏斜，导致的板形辊操作侧与传动侧之间产生的板形偏差大小。当卷取机传动侧在水平方向低于操作侧时，$A_{geo}$值为正，反之为负。

#### 6.2.1.4 带钢横向温差补偿

轧制过程中，变形使带钢在宽度方向上的温度存在差异，它将引起带钢沿横向出现不均匀的横向热延伸，这反映为卷取张力沿横向产生不均匀的温度附加应力。如不修正其影响，尽管在轧制过程中将带钢应力偏差调整到零，仍不能获得具有良好平直度的带钢。这是因为当带钢横向温差较大时，板形辊在线实测板形与轧后最终实际板形并不相同，轧后带钢温差消失后，沿带钢横向原来温度较高的部分由于热胀冷缩的影响会产生回缩，从而影响板形控制效果[59~61]。当带钢横向两点之间存在$\Delta t$(℃)的温差时，按照线弹性膨胀简化计算，则可以得到产生的浪形为：

$$\frac{\Delta l}{l} = \frac{\Delta t \alpha l}{l} = \Delta t \alpha \qquad (6\text{-}47)$$

式中 $\Delta l$，$l$——分别为带钢长度方向上的延伸差和基准长度；

$\alpha$——带钢线膨胀系数，取$1.17 \times 10^{-5}$℃$^{-1}$。

将式（6-47）换算为I单位，当温差为10℃时，这个温差将会产生11.7I的浪形。可见，温度在板宽方向上的分布对板形的影响很大。

轧机分为5个机架轧制，在经过前几个机架的轧制后，带钢产生了较大的变形量，导致带钢在宽度上有较大的温差，必将影响最终的板形控制效果。为了消除带钢横向温差对轧后板形的影响，可以采用设定温度补偿曲线的方法。

由式（6-47）结合胡克定律可知温度附加应力表达式为：

$$\Delta\sigma_t(x) = kt(x) \qquad (6\text{-}48)$$

式中 $\Delta\sigma_t(x)$——不均匀温度附加应力；

$k$——比例系数，取2.5；

$t(x)$——温差分布函数。

使用红外测温仪实测出末机架出口带钢各部位温度后，通过曲线拟合可以确定其温度分布函数，如图 6-10 所示。经过数学处理后的温差分布函数为：

$$t(x) = ax^4 + bx^3 + cx^2 + dx + m \tag{6-49}$$

式中 $a$，$b$，$c$，$d$，$m$——曲线拟合后的温差分布函数的系数；

$x$——带钢宽度方向坐标。

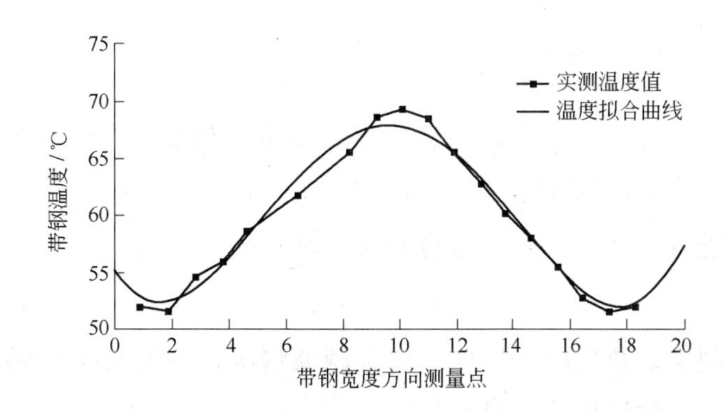


图 6-10　带钢温度实测值与温度拟合曲线

则用于抵消带钢横向温差产生的附加应力曲线为：

$$\sigma_t(x_i) = -2.5(ax_i^4 + bx_i^3 + cx_i^2 + dx_i + m) \tag{6-50}$$

### 6.2.1.5　边部减薄补偿

冷轧带钢的横截面轮廓形状，除边部区域外，中间区域的带钢断面大致具有二次曲线的特征。而在接近边部处，厚度突然迅速减小，形成边部减薄，就是生产中所说的边缘降，简称边降。边部减薄是带钢重要的断面质量指标，直接影响到边部切损的大小，与成材率有密切的关系[62, 63]。为了降低边部减薄，制定了边部减薄补偿方案，根据生产中边部减薄的情况，在操作侧和传动侧各选择若干个测量点进行补偿，操作侧补偿计算公式为：

$$\sigma_{os\_edge}(x_i) = \frac{A_{edge} + A_{man\_edge}}{(x_{os} - x_{os\_edge})^2}(x_i - x_{os\_edge})^2 \quad (x_{os} \leqslant x_i \leqslant x_{os\_edge}) \tag{6-51}$$

式中 $A_{edge}$——边部减薄补偿系数，根据生产中出现的带钢边部减薄情况确定，由过程计算机计算得到，发送给板形计算机；

$A_{man\_edge}$——边部减薄系数的手动调节量，这是为了应对生产中边部减薄不断产生变化而设定的，由斜坡函数生成，并经过限幅处理；

$x_{os\_edge}$——从操作侧第一个有效测量点起，最后一个带有边部减薄补偿的测量点坐标。

则操作侧进行边部减薄补偿的测量点个数为：

$$n_{os} = |x_{os} - x_{os\_edge}| \tag{6-52}$$

传动侧的边部减薄补偿计算公式为：

$$\sigma_{ds\_edge}(x_i) = \frac{A_{edge} + A_{man\_edge}}{(x_{ds} - x_{ds\_edge})^2}(x_i - x_{ds\_edge})^2 \quad (x_{ds\_edge} \leqslant x_i \leqslant x_{ds}) \tag{6-53}$$

式中 $x_{ds\_edge}$——从传动侧第一个有效测量点起，最后一个带有边部减薄补偿的测量点坐标。

操作侧进行边部减薄补偿的测量点个数为：

$$n_{ds} = |x_{ds} - x_{ds\_edge}| \tag{6-54}$$

根据轧制工艺及生产中出现的边部减薄情况，一般将操作侧和传动侧边部补偿的测量点数目相同，即 $n_{os} = n_{ds}$。

#### 6.2.1.6 板形调节机构的手动调节附加曲线

为了得到更好的板形控制效果，以及更适应实际生产的灵活性，除了补偿各种影响因素对板形测量造成的影响外，还根据轧机具有的板形调节机构对板形控制的特性，分别制定了弯辊和轧辊倾斜手动调节附加曲线，可以根据实际生产中出现的板形问题，由操作工在画面上在线调节板形目标曲线。

（1）弯辊手动调节附加曲线：

$$\sigma_{bend}(x_i) = \frac{A_{man\_bend}}{x_{os}^2}x_i^2 \tag{6-55}$$

式中 $A_{man\_bend}$——弯辊手动调节系数，不进行手动调节时值为0，手动调节时由斜坡函数生成，并经过限幅处理。

（2）倾斜手动调节附加曲线：

$$\sigma_{tilt}(x_i) = -\frac{A_{man\_tilt}}{2x_{os}}x_i \tag{6-56}$$

式中 $A_{man\_tilt}$——轧辊倾斜手动调节系数，不进行手动调节时值为0，手动调节时由斜坡函数生成，并经过限幅处理。

实际用于板形控制的板形目标曲线是在基本板形目标曲线的基础上叠加补偿曲线和手动调节曲线形成的。具体方法是：首先计算各个有效测量点的补偿量及手动调节量的平均值，然后将各个测量点的补偿设定值减去该平均值得到板形偏差量，将板形偏差量叠加到基本目标板形曲线上即可得到板形目标曲线。各个有效测量点补偿量及手动调节量的平均值为：

$$\bar{\sigma} = \frac{1}{n}\sum_{i=1}^{n}[\sigma_{\mathrm{cshc}}(x_i) + \sigma_{\mathrm{geo}}(x_i) + \sigma_{\mathrm{t}}(x_i) + \sigma_{\mathrm{os\_edge}}(x_i) + \sigma_{\mathrm{ds\_edge}}(x_i) + \sigma_{\mathrm{bend}}(x_i) + \sigma_{\mathrm{tilt}}(x_i)] \tag{6-57}$$

则板形目标曲线为：

$$\sigma(x_i) = \sigma_{\mathrm{base}}(x_i) + \sigma_{\mathrm{cshc}}(x_i) + \sigma_{\mathrm{geo}}(x_i) + \sigma_{\mathrm{t}}(x_i) + \sigma_{\mathrm{os\_edge}}(x_i) + \sigma_{\mathrm{ds\_edge}}(x_i) + \sigma_{\mathrm{bend}}(x_i) + \sigma_{\mathrm{tilt}}(x_i) - \bar{\sigma} \tag{6-58}$$

#### 6.2.1.7 测量段坐标线性转化计算

在板形控制系统中，为了简化数据处理过程，将实际板形测量点沿宽度方向插值为若干个特征点，如图6-11所示，然后计算每个特征点处的张应力设定值，作为板形控制的张应力分布的目标偏差值。图6-11中数轴 $X_1$ 为板宽方向的实际有效测量点分布，每个测量点处对应一个目标张应力 $\sigma(x_i)$；数轴 $X_2$ 为板宽方向的特征点分布，每个特征点处对应一个经过差值计算的目标张应力 $\sigma_{\mathrm{i}}$，这些特征点处的目标张应力将作为板形目标偏差用于板形闭环反馈控制系统中。

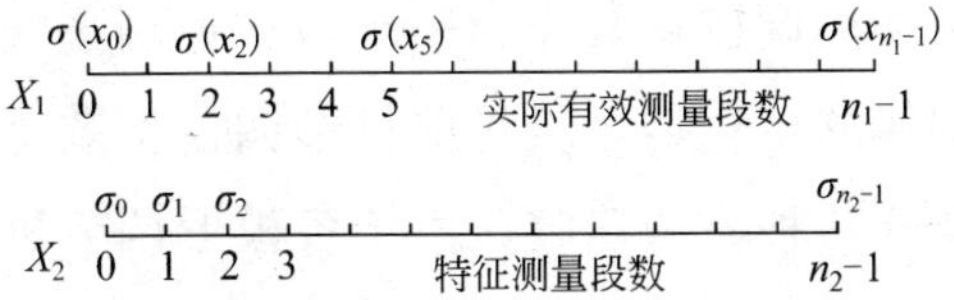

图6-11 带钢宽度方向有效测量段插值为若干个特征点

将数轴 $X_2$ 上每个特征点 $i$ 对应于数轴 $X_1$ 上的一个坐标 $x$，由数轴 $X_2$ 上的特征点 $i$ 转化为数轴 $X_1$ 上的一个坐标 $x$ 的计算方法如下：

$$x = \frac{n_1 - 1}{n_2 - 1} i \tag{6-59}$$

式中 $n_1$，$n_2$——分别为板宽方向的有效测量段（点）数和特征点数。

得到数轴 $X_2$ 上的特征点在数轴 $X_1$ 上对应的坐标 $x$ 后，首先确定该坐标在数轴 $X_1$ 上的两个边界点 $x_{i-1}$ 和 $x_i$，再利用这两个边界点处的目标张应力插值计算坐标 $x$ 处的目标张应力，计算方法如下：

$$\sigma(x) = \frac{\sigma(x_i) - \sigma(x_{i-1})}{x_i - x_{i-1}}(x - x_{i-1}) + \sigma(x_{i-1}) \quad (x_{i-1} \leqslant x \leqslant x_i) \tag{6-60}$$

则数轴 $X_2$ 上的特征点 $i$ 处的目标张应力为：

$$\sigma_i = \sigma(x) \tag{6-61}$$

数轴 $X_2$ 两端处的特征点不需要进行处理，只是取数轴 $X_1$ 上操作侧和传动侧边部第一个有效测量点处的目标张应力值，即 $\sigma_0 = \sigma(x_0)$，$\sigma_{n_2-1} = \sigma(x_{n_1-1})$。

板形辊有 23 个测量段，板宽方向的特征点设定为 20 个。使用上述计算方法确定处理后的板形目标曲线后，将其用于板形闭环反馈控制系统中。

### 6.2.2 基于调控功效的在线实时板形控制系统

现代高技术带钢冷轧机通常具备多种板形调节手段，如轧辊倾斜、弯辊、CVC 横移等。实际应用中，需要综合运用各种板形调节手段，通过调节效果的相互配合达到消除偏差的目的。因此，板形控制的前提是对各种板形调节手段性能的正确认识。随着工程计算及测试手段的进步，利用调控功效函数描述轧机性能成为可能。调控功效作为闭环板形控制系统的基础，是板形调节机构对板形影响规律的量化描述。目前板形调控功效系数基本上通过有限元仿真计算和轧机实验两种方法确定，由于各板形调节机构对板形的影响很复杂，且它们之间互相影响，很难通过传统的辊系弹性变形理论以及轧件三维变形理论来精确地求解各板形调节机构的调控功效系数。在实际轧制过程中，调控功效系数还受许多轧制参数的影响，如带钢宽度、轧制力等，不同规格的带钢对应不同的中间辊横移调控功效，因而轧机实验和离线模型计算的计算值并不能满足实际生产中板形控制的要求。使用在线自学习模型来获得板形调节机构的调控功效系数，并将其应用于闭环板形控制系统中，具有较高的板形控制精度[64~67]。

#### 6.2.2.1 板形控制策略

板形控制系统采用的是板形闭环反馈控制结合轧制力前馈控制的策略。板形调节机构有工作辊弯辊、中间辊正弯辊、中间辊横移、轧辊倾斜、轧辊分段冷却。轧制力前馈控制用来补偿轧制力波动引起的辊缝形状的变化。板形控制系统框图如图6-12所示。

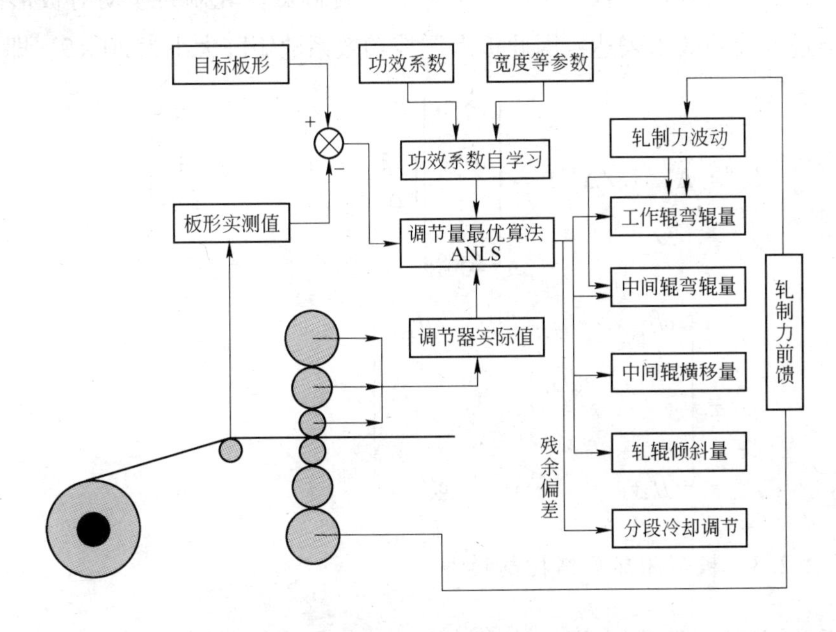


图6-12 冷连轧机板形控制系统框图

#### 6.2.2.2 板形调控功效系数的定义

调控功效系数从实测板形应力分布的角度进行相关的分析和计算，与传统模型相比，能够实现对板形测量信息更为全面的利用，有利于轧机板形控制能力的充分发挥和板形控制精度的提高。板形调控功效是在一种板形控制技术的单位调节量作用下，轧机承载辊缝形状沿带钢宽度上各处的变化量，可表示为：

$$Eff_{ij} = \Delta Y_i (1./\Delta U_j) \tag{6-62}$$

式中 $Eff_{ij}$——板形调控功效系数，它是一个大小为 $m \times n$ 的矩阵，$m$ 和 $n$ 分别为板宽方向上测量点的数目和板形调节机构数目，其中 $i$ 为板宽方向上的测量点序号，$j$ 为板形调节机构序号；

$\Delta Y_i$——当第 $j$ 个板形调节机构调节量为 $\Delta U_j$ 时，板宽方向第 $i$ 个测量点处带钢板形变化量；

$1./\Delta U_j$——1 点除 $\Delta U_j$。

板宽方向板形测量点有 20 个，液压伺服板形调节机构有 4 个，分别是工作辊弯辊、中间辊正弯辊、中间辊横移、轧辊倾斜。轧制力波动对板形的影响也通过调控功效来表达，因此板形调控功效系数矩阵大小为 20×5，即：

$$Eff = \Delta Y(1./\Delta U) = \begin{bmatrix} \Delta y_1 \\ \Delta y_2 \\ \vdots \\ \Delta y_{20} \end{bmatrix} \begin{bmatrix} \frac{1}{\Delta u_1} & \frac{1}{\Delta u_2} & \cdots & \frac{1}{\Delta u_5} \end{bmatrix}$$

$$= \begin{bmatrix} eff_{1,1} & eff_{1,2} & \cdots & eff_{1,5} \\ eff_{2,1} & eff_{2,2} & & \\ \vdots & & \ddots & \\ eff_{20,1} & & & eff_{20,5} \end{bmatrix} \qquad (6\text{-}63)$$

6.2.2.3 板形闭环反馈控制模型

板形闭环反馈控制采用的计算模型是基于最小二乘评价函数的板形控制策略。它以板形调控功效为基础。使用各板形调节机构的调控功效系数及板形辊各测量段实测板形值，运用线性最小二乘原理建立板形控制效果评价函数，求解各板形调节机构的最优调节量。评价函数为：

$$J = \sum_{i=1}^{m} \left[ g_i \left( \Delta y_i - \sum_{j=1}^{n} \Delta u_j Eff_{ij} \right) \right]^2 \qquad (6\text{-}64)$$

式中 $J$——评价函数；

$m$——测量段数；

$g_i$——板宽方向上各测量点的权重因子，代表调节机构对板宽方向各个测量点的板形影响程度，边部测量点的权重因子要比中部区域的大；

$n$——板形调节机构数目；

$\Delta u_j$——第 $j$ 个板形调节机构的调节量；

$Eff_{ij}$——第 $j$ 个板形调节机构对第 $i$ 个测量段的板形调节功效系数；

$\Delta y_i$——第 $i$ 个测量段板形设定值与实际值之间的偏差。

使 $J$ 最小时有：

$$\partial J/\partial \Delta u_j = 0 \quad (j = 1, 2, \cdots, n) \tag{6-65}$$

可得 $n$ 个方程，求解方程组可得各板形调节结构的调节量 $\Delta u_j$。

获得各板形调节机构的板形调控功效系数之后，板形控制系统按照接力方式计算各个板形调节机构的调节量。首先根据板形偏差计算出轧辊的倾斜量，然后从板形偏差中减去轧辊倾斜所调节的板形偏差，再从剩余的板形偏差中计算工作辊的弯辊量，按照这种接力方式依次计算出中间辊正弯辊量、中间辊横移量。最后残余的板形偏差由分段冷却消除。调节机构的执行顺序会影响板形控制效果，需要按照各调节机构的特性以及设备状况制定执行顺序。各板形调节机构之间具有替代模式，当计算出的某个调节机构的调节量超限时，则使用另外一个调节机构来完成超限部分调节量。

#### 6.2.2.4 轧制力前馈控制模型

轧制力前馈控制主要是用来补偿轧制力波动引起的辊缝形状的变化。和闭环反馈板形控制策略相同，轧制力前馈计算模型也是以板形调控功效为基础，基于最小二乘评价函数的板形控制策略。其评价函数为：

$$J' = \sum_{i=1}^{m} [(\Delta p Eff_{ip}' - \sum_{j=1}^{n} \Delta u_j Eff_{ij})]^2 \tag{6-66}$$

式中 $\Delta p$——轧制力变化量的平滑值；

$Eff_{ip}'$——轧制力在板宽方向上测量点 $i$ 处的影响系数（等同于轧制力的板形调控功效系数）；

$\Delta u_j$，$Eff_{ij}$——分别为用于补偿轧制力波动对板形影响的板形调节机构调节量和该板形调节机构在 $i$ 处的调控功效系数。

使 $J'$ 最小时有：

$$\partial J'/\partial \Delta u_j = 0 \quad (j = 1, 2, \cdots, n) \tag{6-67}$$

可得 $n$ 个方程，求解方程组可得用于补偿轧制力波动的各板形调节机构的调节量 $\Delta u_j$。为了抵消轧制力波动对带钢板形的影响，用于补偿轧制力波动的板形调节机构要与轧制力具有相似的板形调控功效系数，一般选取工作辊弯辊和中间辊弯辊。当工作辊弯辊达到极限时，再使用中间辊弯辊进行补偿。

#### 6.2.2.5 中间辊横移速度计算模型

正常轧制模式下，随着中间辊横移速度的增加，横移阻力会不断增加，为了不损伤辊面，除了增大辊间的乳液润滑，还需要确定中间辊的横移速度。由分析可知，横移阻力受轧制压力和移辊速比 $v_F/v_R$ 的影响，因此可以通过分析三者之间的关系来确定横移速度。

如图 6-13 所示为两组不同速比下横移阻力测试数据与计算值，当速比为定值时，横移阻力与轧制力基本呈线性关系，随着速比的增大，两者线性关系的斜率也逐渐增大。图 6-14 为根据中间辊横移阻力表达式计算出来的轧制力恒定时横移阻力与速比的关系。速比较小时，横移阻力与速比近似呈线性关系。

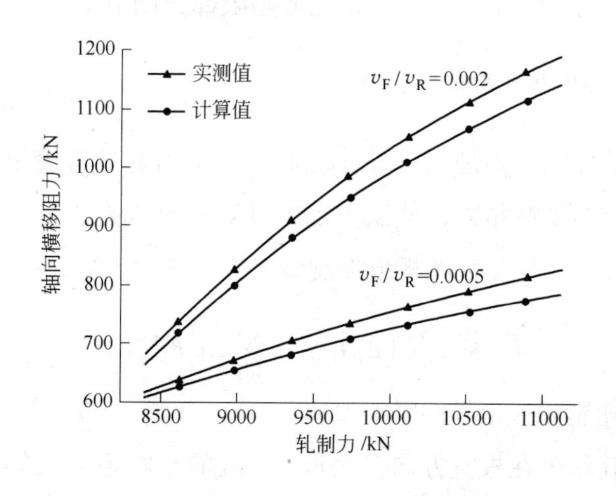


图 6-13　横移阻力与轧制力的关系

由图 6-13、图 6-14 及上述横移阻力表达式推导分析可知，当移辊速比较小时，横移阻力与速比近似呈线性关系，而横移阻力又与轧制压力近似呈线性关系，因此可以在相应的线性区间内将速比 $v_F/v_R$ 作为轧制力的线性函数来设定中间辊横移速度，通过数值计算和对设备实际运行情况分析确定中间辊

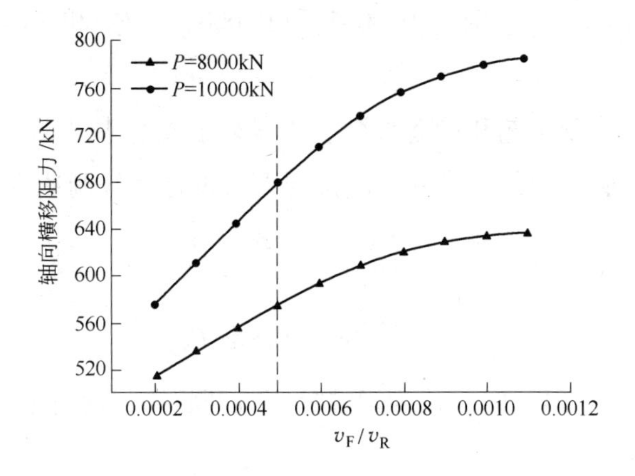


图 6-14 横移阻力与速比的关系

的横移速度模型及其适用区间，如图 6-15 所示。

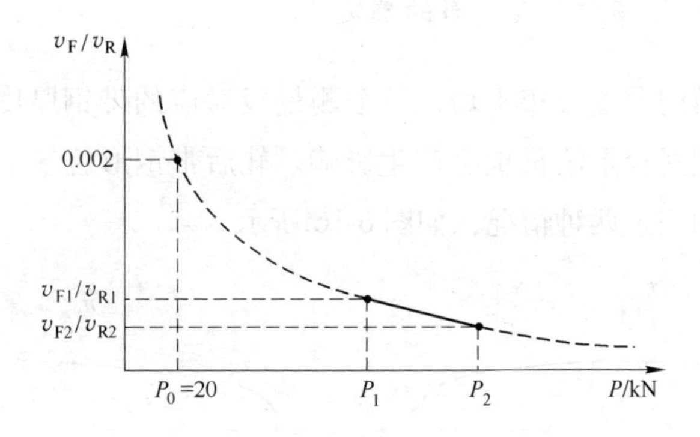


图 6-15 中间辊横移速度模型

当辊缝打开时，辊间压力较小，中间辊横移阻力也较小，横移速度可以不考虑轧制力因素，只设为轧辊线速度的函数，并根据轧辊线速度通过斜坡函数进行调节。穿带后，中间辊的横移速度不仅要考虑轧制速度，还要考虑轧制力的因素。当轧制力较大时，必须降低中间辊的横移速度。

在速比 $v_F/v_R$ 与横移阻力对应的线性区间内，相应的速比 $v_F/v_R$ 和轧制力对应的区间范围分别为 $[v_{F1}/v_{R1},\ v_{F2}/v_{R2}]$ 和 $[P_1,\ P_2]$。在此线性区间内，横移速度设定为：

$$v_F = \left[\frac{v_{F2}/v_{R2} - v_{F1}/v_{R1}}{P_2 - P_1}(P - P_1) + \frac{v_{F1}}{v_{R1}}\right]v_R \quad (P_1 \leqslant P \leqslant P_2) \tag{6-68}$$

式中，$v_{F1}/v_{R1}$ 和 $v_{F2}/v_{R2}$ 分别为 0.0005 和 0.00025，$P_1$ 和 $P_2$ 分别为 2000kN 和 10000kN。

根据轧机的轧制工艺和设备参数，正常轧制操作基本处于该线性区间范围内。在线性区域范围外，横移速度按照下式设定为轧制速度的函数：

$$v_F = \begin{cases} \dfrac{v_{F1}}{v_{R1}} v_R & (P \leqslant P_1) \\ \dfrac{v_{F2}}{v_{R2}} v_R & (P \geqslant P_2) \end{cases} \tag{6-69}$$

当轧制力小于 20kN 时，认为辊缝处于打开状态，此时中间辊的横移速度设定为：

$$v_F = v_R/500 \quad (P \leqslant P_0) \tag{6-70}$$

式中　$P_0$——辊缝打开时的轧制力，其值为 20kN。

### 6.2.2.6　带钢横向厚度分布的确定

由于带钢横向厚度分布不均，每个测量段对应的带钢厚度也不相同，因此轧后带钢形貌对板形测量也会产生影响。轧后带钢形貌基本可以分为对称二次抛物线形和楔形两种情况，如图 6-16 所示。

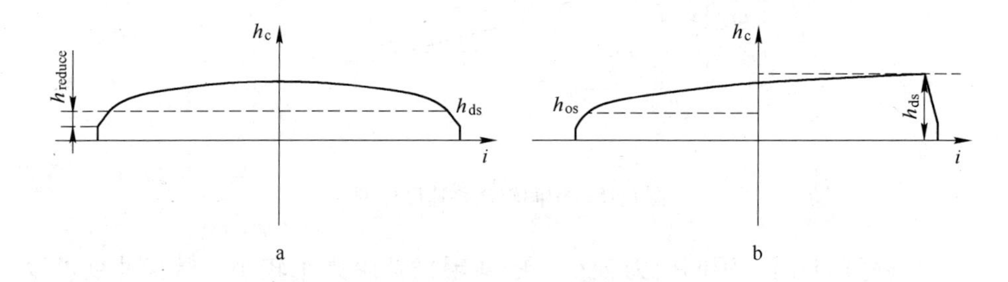


图 6-16　轧后带钢断面厚度分布形貌

a—轧后为对称抛物线形；b—轧后为楔形

无论轧后带钢形貌是对称的还是楔形的，除去边部减薄外的部分的横向厚度分布都可以用二次曲线来表示，即：

$$h(i) = -\frac{4h_c\lambda}{w_s^2}i^2 + \frac{h_c(h_{ds} - h_{os})}{w_s}i + h_c \tag{6-71}$$

式中　$h_c$——带钢中心厚度，由测厚仪测得；

$w_s$——带钢宽度；

$\lambda$——厚度附加系数，根据来料带钢厚度分布及轧制过程中带钢厚度分布的控制量，由轧后带钢目标厚度设定模型计算获得；

$h_{os}$，$h_{ds}$——分别为除去边部减薄区外的操作侧与传动侧带钢边部厚度，由过程计算机根据轧后带钢目标厚度设定模型计算获得。

由式6-71可知，当除去边部减薄区外的操作侧与传动侧带钢边部厚度$h_{os}$和$h_{ds}$相同时，带钢形貌为对称的抛物线形，如图6-16a所示。反之，则为非对称的楔形分布，如图6-16b所示。

边部减薄区域的厚度分布按照线性分布计算，计算公式为：

$$h(i) = h_c + h_c \frac{h_{ds} - h_{os}}{w_s} i - h_c \lambda k_i \tag{6-72}$$

式中 $k_i$——边部减薄区域所在测量段的边部减薄系数，在操作侧和传动侧各选择最外侧的两个有效测量段作为边部减薄区域，这两个测量段的边部减薄系数分别取3.0和1.5。

### 6.2.3 板形调控功效系数自学习模型

板形调控功效系数是板形控制的基础和落脚点，没有准确的板形调控功效系数，实现高精度的板形控制就无从谈起。鉴于板形调控功效系数在板形控制系统中的重要性，为了获得精确的板形调控功效系数，板形调节机构的调控功效系数是通过在线自学习获得的，除了自学习功能，该模型还具有记忆功能。

在正常轧制模式下，通过测量轧制过程实际板形数据，以及板形调节机构的当前调节量就可以在线自动获取板形调节机构的调控功效系数。功效系数的自学习过程是：在对轧机进行调试时，根据板形调节机构的调节量和产生的板形变化量，计算几个轧制工作点（一个工作点对应一组轧制力和带钢宽度参数）处的板形调控功效系数，这些功效系数作为自学习模型的先验值，然后不断通过学习过程来改进功效系数的先验值，进而获得较为精确的板形调控功效系数。

如图6-17所示，在板形调控功效系数自学习模型中，各个板形调节机构的调节量为$u_1$，$u_2$，…，$u_n$，沿带钢宽度方向板形辊对应的各个测量点的张应力变化量为$y_1$，$y_2$，…，$y_m$，正常轧制时当前工作点参数为$b_1$，$b_2$，…，$b_r$，通过这些参数就可以在线获得各个板形调节机构的调控功效系数矩阵$q_{11}$，$q_{12}$，…，$q_{mn}$。

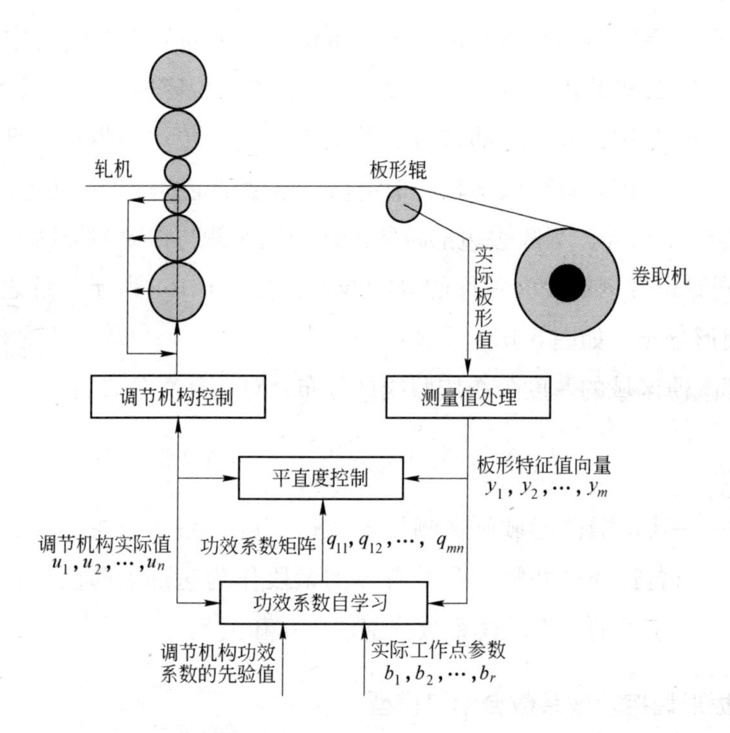


图 6-17 板形调节机构对板形调控功效系数的自学习确定

#### 6.2.3.1 板形调控功效系数先验值的确定

调控功效系数的自学习过程以先验值为基础。在对轧机调试时，选择几种不同宽度规格的带钢进行轧制，板形闭环控制系统不投入，当出现板形缺陷时，手动调节各个板形调节机构来调节板形，板形计算机记录由板形辊测得的带钢宽度方向上各个测量点的板形变化量。根据板形调节机构的调节量与板形变化量之间的关系，计算出各个测量点处调节器对板形的影响系数，这些影响系数就是各个板形调节机构的调控功效系数先验值。

板形调控功效系数的计算公式为：

$$Eff = \Delta Y(1./\Delta U) = \begin{bmatrix} \Delta y_1 \\ \Delta y_2 \\ \vdots \\ \Delta y_i \end{bmatrix} \begin{bmatrix} \dfrac{1}{\Delta u_1} & \dfrac{1}{\Delta u_2} & \cdots & \dfrac{1}{\Delta u_j} \end{bmatrix}$$

$$
= \begin{bmatrix} eff_{11} & eff_{12} & \cdots & eff_{1j} \\ eff_{21} & eff_{22} & & \\ \vdots & & \ddots & \\ eff_{i1} & & & eff_{ij} \end{bmatrix} \tag{6-73}
$$

式中 $Eff$——板形调控功效系数矩阵；

$\Delta Y$——板宽方向的板形变化量矩阵；

$\Delta U$——板形机构调节量矩阵。

图6-18为由实测板形数据计算得到的某个轧制工作点（轧制力为6000kN，带钢宽度为1000mm）处的板形调控功效系数曲线，由图中数据可知对称性的弯辊和中间辊横移对板形的影响基本是对称的，可以用来消除二次和高次板形缺陷；轧辊倾斜调节对板形的影响是非对称性的，可以用来消除一次板形缺陷。在板形影响因素中，轧制力波动对板形的影响较大。

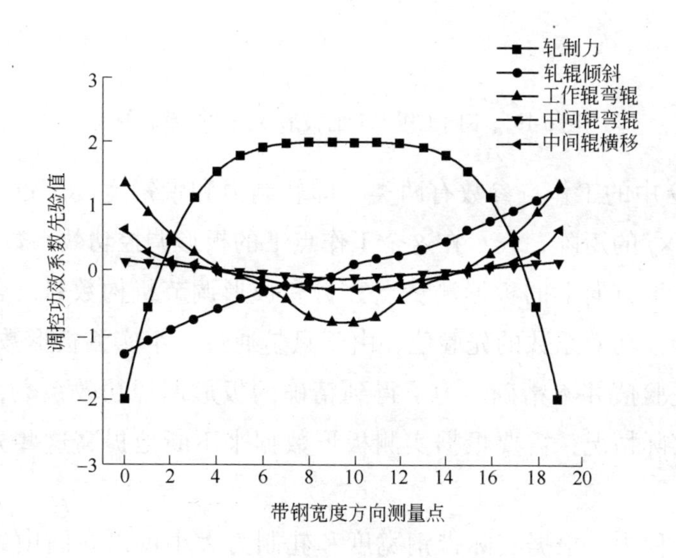


图6-18 调控功效系数的先验值曲线

在轧制不同宽度规格的带钢时，这些先验值并不准确，通过自学习过程，可以获得精确的板形调控功效系数。

### 6.2.3.2 板形调控功效系数的自学习过程

轧机调试时，选择几种不同规格的带钢进行轧制，将每一组轧制力和宽度参数作为一个工作点，得到若干个工作点处的板形调控功效系数的先验值后，将这若干个不同的工作点做成图表，然后以文件的形式保存下来，如图 6-19 所示。每个工作点都对应一个二维的先验功效系数矩阵。

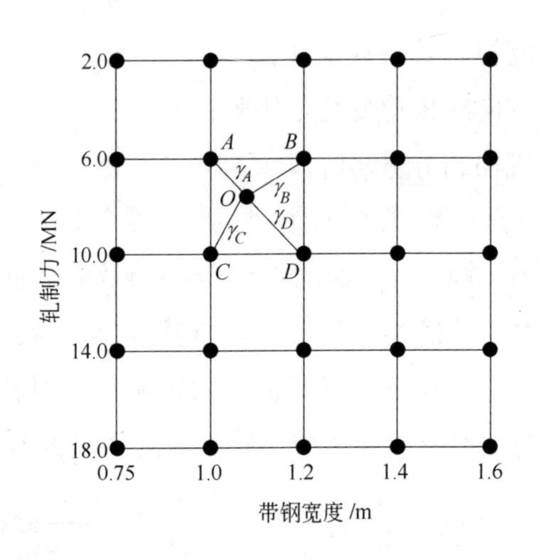


图 6-19　不同工作点下的板形调控功效系数图表

图 6-19 中的工作点参数有两类，即轧制力和带钢宽度。每个结点的值都是一个 $i \times j$ 的矩阵，表示在这个工作点下的板形调控功效系数，$i$、$j$ 分别为沿带钢宽度方向上的板形测量点数目和板形调节机构数目。各结点的初值是板形调控功效系数的先验值，由于只是通过一组实测板形数据确定的，因此这些先验值并不精确。为了得到精确的板形调控功效系数，使之更接近于现场实际情况，需要根据实测板形数据来不断地提高这些先验值的精确度。

轧制过程中，根据实际带钢宽度和轧制力大小可以在图中确定实际轧制过程的工作点位置。如图 6-19 中所示，当轧制过程中实际轧制力和带钢宽度分别为 7600kN 和 1.08m 时，则可通过查表确定其在图中的工作点位置为 $O$ 点，它在图中的边界分别为 $A$、$B$、$C$ 和 $D$ 四点。$A$、$B$、$C$ 和 $D$ 四个工作点下的板形调节机构调节量和板形改变量是在轧机调试阶段记录下来的，用来计算这四个工作点下的板形调控功效系数。四点的板形调节机构调节量分别为：

$$\Delta U_K = [\Delta u_{K1} \quad \Delta u_{K2} \quad \cdots \quad \Delta u_{Kj}]^T \quad (K = A,B,C,D) \tag{6-74}$$

对应的板形改变量分别为：

$$\Delta Y_K = [\Delta y_{K1} \quad \Delta y_{K2} \quad \cdots \quad \Delta y_{Ki}]^T \quad (K = A,B,C,D) \tag{6-75}$$

根据式6-73可得四点的板形调控功效系数值分别为 $Eff_{\mathrm{A}}$、$Eff_{\mathrm{B}}$、$Eff_{\mathrm{C}}$ 和 $Eff_{\mathrm{D}}$，它们都是一个大小为 $i \times j$ 的矩阵，也就是这四个工作点处的板形调控功效系数先验值。然后通过自学习模型不断改进板形调控功效系数的精度，提高板形控制的质量。

# 7 酸轧过程控制系统

## 7.1 过程控制系统概述

### 7.1.1 过程控制系统主要功能

酸洗冷连轧机过程控制系统位于工厂生产管理系统（L3）和基础自动化（L1）之间，因此也称之为二级控制系统（L2）。过程控制系统面向整个酸洗冷连轧生产线，按照控制区域的不同将其分为：酸洗过程控制系统和轧机过程控制系统，其主要功能是为各自区域的基础自动化提供设定值、对模型进行优化、生产过程数据和产品质量数据的收集、设备运行数据的收集、生产计划数据维护、生产原料数据和生产成品数据的管理、物料数据在生产线上的全线跟踪、协调各控制系统间的动作和数据传递等。同时，过程计算机控制系统需要和工厂生产管理系统通讯，接收生产计划指令、原料数据、设备数据等数据；上传生产计划完成进度数据、能源介质统计数据、成品数据及设备使用数据等，如图 7-1 所示[68~70]。

### 7.1.2 过程控制系统硬件及开发环境

#### 7.1.2.1 过程控制系统的硬件组成

酸洗冷连轧机组二级计算机控制系统的硬件由二级服务器（一用一备）、HMI 服务器以及多台工程师站、HMI 客户端和打印机组成。这些计算机通过以太网连接到交换机上，实现二级计算机间以及二级与三级、一级之间的通讯。

服务器为最重要部件备有内部热备用功能，以防硬件故障的发生。容易出现故障的硬件组件有电源、风扇和硬盘。

二级服务器的热备用功能主要表现在以下几个方面：

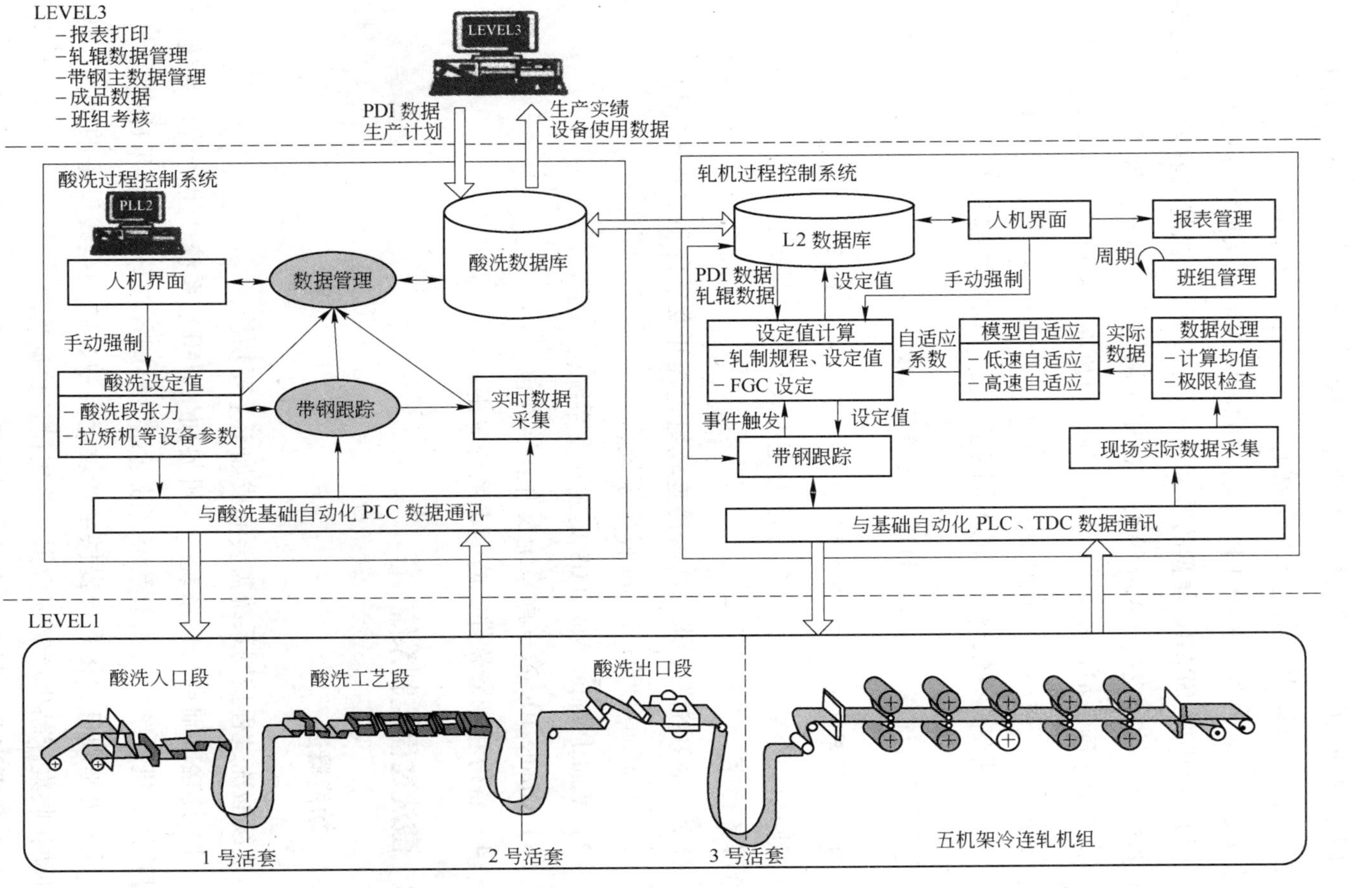


图 7-1 酸洗冷连轧控制系统

（1）冗余风扇。过程处理计算机配置有热备份冗余风扇。

（2）热插拔电源。热插拔、冗余电源提供额外的安全保障。如果一个电源出现故障，可以用冗余电源保证操作连续运行。故障电源不用关闭服务器就可以更换掉。另外，所有 UPS 电源过滤电源故障来保护计算机。

（3）RAID1 + SPARE 硬盘的数据安全。过程计算机的磁盘队列控制器增加硬盘的有效性和支持 RAID 等级。RAID 1 将用来提高有效性。

为了防止硬盘损坏而丢失数据，所有的数据和程序（操作系统、系统配置、标准软件、应用软件和数据库）存储在 RAID 1 系统中。RAID 1 配置通过将信息存储在具有恢复机制的不同磁盘上，来防止数据丢失。

#### 7.1.2.2 过程控制系统的运行及开发环境

过程控制系统是一个实时系统，在系统投入使用后，除了系统维护时间，其他时间系统不能停机，每个程序的基本设计结构是事件驱动、循环执行的后台服务程序。

针对实时系统的要求，酸洗冷连轧组过程开发平台和主要软件为：

（1）Windows 2003 Server 操作系统；

（2）Visual Sudio. Net 2008 集成开发系统；

（3）Oracle 10g 数据库系统及开发软件包；

（4）备份和恢复软件、防病毒系统等工具。

## 7.2 酸洗过程控制系统

### 7.2.1 功能概述

连续酸洗过程控制系统需要完成如下主要功能：

（1）连接基础自动化系统、人机界面（HMI）系统、生产管理系统、轧机过程计算机系统，与以上系统高效通讯，协调各部分间的数据传递。

（2）为基础自动化系统提供生产设定参数、协调全线设备的运行，从基础自动化收集产品生产实绩数据，收集设备数据。

（3）管理产品原料数据和生产计划数据，指导生产人员进行酸洗生产。管理生产结果数据，为酸洗车间提供基本的数据查询管理功能和报表功能。

### 7.2.2 生产计划数据管理

生产计划数据来自生产管理系统，由车间计划员在生产管理系统中制订生产计划，然后将生产计划传送给过程控制系统，过程控制系统根据该计划进行生产。生产管理系统能够获知生产线对生产计划的执行情况，并能够即时修改生产计划。

当有一个钢卷被加载到生产线上时，过程控制系统通知生产管理系统该钢卷进入生产线。当操作工发现钢卷不符合生产要求或有质量问题时，操作工通过过程控制系统通知生产管理系统，该钢卷无法生产，同时告知原因。

生产管理系统可以通过跟踪生产线对生产计划的执行使生产管理系统中的生产计划和过程控制系统中的生产计划保持同步。生产管理系统可随时发送报文，来追加生产计划、完全更新生产计划、部分更新生产计划、完全/部分删除生产计划。

生产线操作工可通过过程控制系统向生产管理系统申请新的生产计划。过程控制系统在本地存放的生产计划不足时，也可自动向生产管理系统申请生产计划。

操作工可通过 HMI 查看生产计划数据，但不能修改。

在操作工将钢卷吊到酸洗入口步进梁上时，通过 L1 HMI 的入口跟踪画面，手工上卷，此时过程控制系统到生产计划表中查找该钢卷，如果生产计划中包括该钢卷，就从生产计划中删除该钢卷。

生产计划在过程控制系统中，存放在数据表 Prod_Order 中，详见数据库设计文档。

A3 进程会定时扫描 Prod_Order 表，检查 ME_ID 为 NULL 的记录。如果发现这样的记录，就向生产管理计算机发送钢卷主数据申请。

生产管理系统接收到钢卷主数据申请报文后，如果在生产管理系统中有该钢卷的主数据，就向过程控制系统发送该钢卷的主数据。过程控制系统的 A3 进程接收到钢卷主数据后，将该数据写入过程控制系统的数据库中。

如果生产管理系统中没有所申请的钢卷主数据，生产管理系统向过程控制系统发送钢卷主数据不存在报文。过程控制系统在接收到该报文后，从 Prod_Order 表中删除该钢卷的记录。

钢卷一旦被吊到入口步进梁上，MT 将从 Prod_Order 表中删除该钢卷的记录。

在删除钢卷记录时，需要检查该钢卷是否是生产计划中的下一个将生产钢卷（NEXT = 1）。如果该钢卷是下一个要生产的钢卷，在删除该钢卷后，需要重新找到顺序号最小的钢卷，设置成下一个需要生产的钢卷。

生产管理系统通过发送生产计划报文来管理过程控制系统的生产计划数据。

生产计划报文中，钢卷数量为 0，表示将过程控制系统中的生产计划数据全部清空。

在生产计划报文中，第一个钢卷的卷号是个关键数据。当该卷号在过程控制系统当前生产计划中不存在时，新接收的生产计划将被添加到现有计划的尾部。

如果第一个钢卷的卷号已经在现有生产计划中，现有计划中该钢卷后的钢卷记录将被删除。新的生产计划将被添加到现有生产计划尾部。

新生成的生产计划中不得包括重复的钢卷号。

任何已经进入生产线或已经生产的钢卷不得出现在生产计划报文中。

如果出现违反上述规定的生产计划报文，现有生产计划数据将保持不变，过程控制系统向生产管理系统发送错误应答报文，说明出错原因。活动图如图 7-2 所示。

### 7.2.3 物料跟踪功能

物料跟踪分成两个部分：入口步进梁到开卷机部分和焊机到轧机入口张力辊部分。

入口步进梁到开卷机部分的跟踪实现方法如下：

MT 将最近的 10 个生产计划中的钢卷及其基本信息发送给 L1 系统。L1 的 HMI 可显示该信息。当钢卷被操作工用吊车吊到步进梁的鞍座上后，操作工在 L1 的 HMI 上选择新上的钢卷，实现上卷操作。

当 L1 在入口对新上钢卷进行测量、称重后，L1 将钢卷的最新实测数据发送给 L2 的 MT 进程，MT 进程将该数据保存到数据库中，同时通知 SP 进程和轧机设定值计算程序，根据最新的钢卷实测数据为该钢卷计算生产设定值。

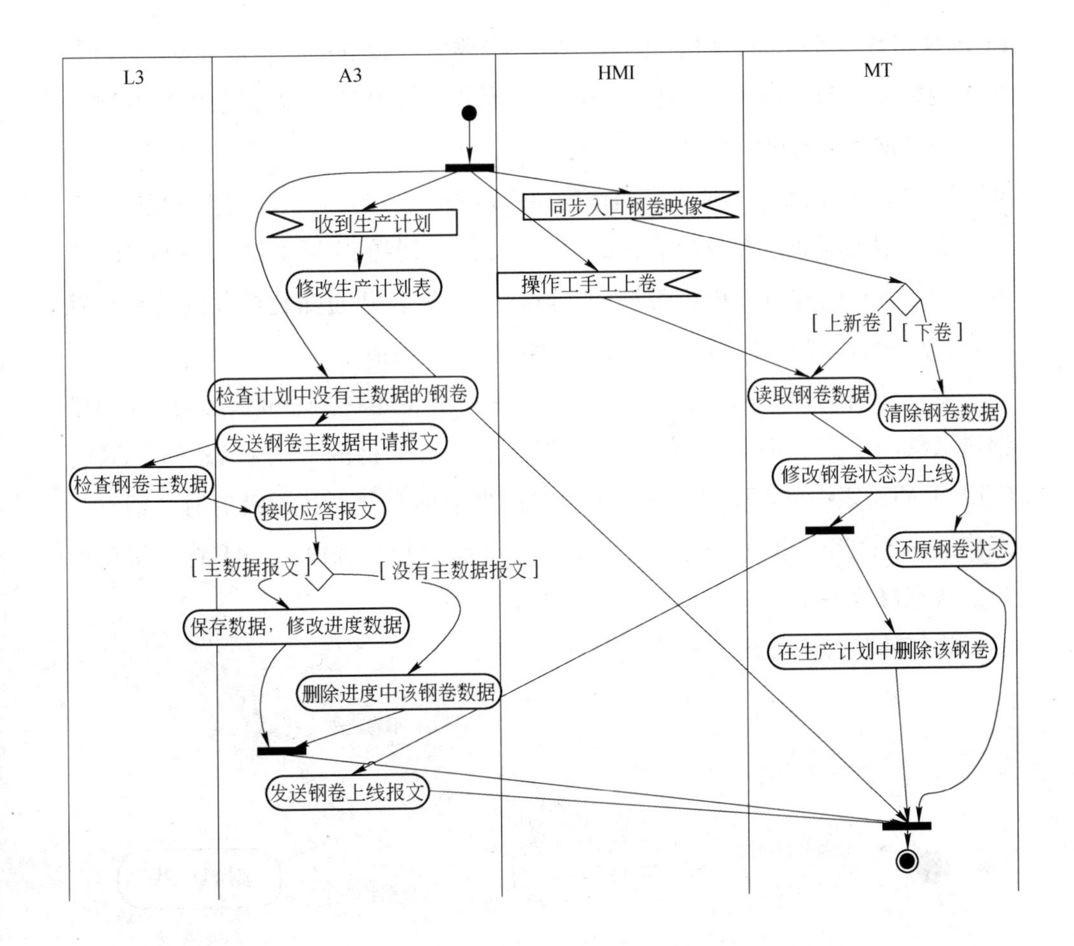


图 7-2 生产计划管理活动图

每个钢卷的生产设定值在计算出来后，被保存到数据库中，操作工可通过 L2 的 HMI 画面，在 HMI 操作站上直接修改每个钢卷的生产设定值。

钢卷到达开卷机时，L1 向 L2 发送设定值申请报文，MT 会将钢卷的基本数据通过数据报文发送给 SP 进程，SP 进程从数据库中取出钢卷的生产设定值，发送给基础自动化系统。

当钢卷被操作工拒绝时，L1 需要调整自己的跟踪映像，并通知 L2。L2 负责记录该信息，并上传 L3 系统。

开卷机到轧机入口张力辊段（生产段）的物料跟踪实现方法如下：

生产段的物料跟踪实际上是带钢的跟踪。MT 内部保持一个 FIFO（先进先出）队列，该队列中保存 L1 上传的按顺序进入生产线的带钢的信息。当

L1 的跟踪数据变化时，L1 上传最新的跟踪数据，L2 的 MT 进程记录该数据。当带钢离开生产段进入轧机部分时，带钢数据应该从所有跟踪缓冲区中清除。

当带钢完全通过酸洗段入口焊机时，L1 上传带钢的实测长度，酸洗 L2 的 MT 进程记录该长度，并通知轧机段物料跟踪程序，更新轧机段的物料信息。

当带钢头部通过圆盘剪后，L1 需要上传圆盘剪的实际宽度，L2 的 MT 进程记录该带钢的宽度，修正带钢的实际出口宽度，并通知轧机段的物料跟踪进程，更新带钢的实际数据，并重新计算轧机设定值。

生产计划里的带钢状态为 0；操作工手动上卷之后，带钢状态为 1，当带钢进入酸洗生产段时（焊接完成），MT 修改该带钢的当前状态（ENTRY_COIL_DATA 表中的 STATUS 字段）为 2；当带钢头部到达圆盘剪时，钢卷状态修改为 3；当带钢完全进入轧机段时（尾部离开酸洗段），MT 将该带钢的当前状态修改为 4。

物料的状态图如图 7-3 所示。

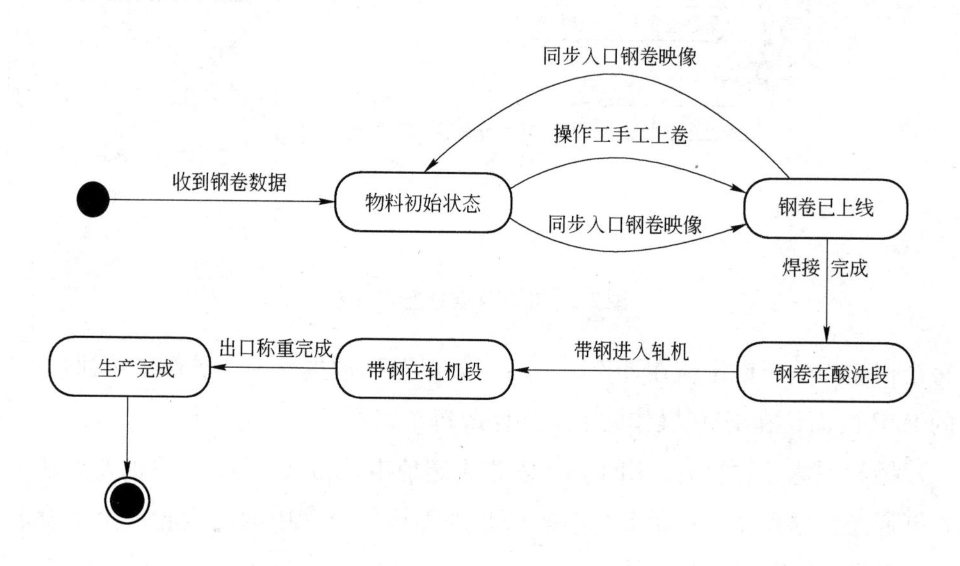


图 7-3 物料的状态图

### 7.2.4 数据统计功能

针对每个钢卷的生产过程数据统计，基本功能在 L1 系统完成，当钢卷离开酸洗生产线时，L1 向 L2 发送钢卷离开生产线报文，该报文中包括 L1 收集的钢卷的生产实绩数据。L2 系统收到该报文后，将该钢卷的生产实绩数据保存到数据库中。

能源介质消耗数据统计：L1 系统从仪表系统采集生产线上各仪表的统计数据（仪表积分数据），按一定时间间隔上传 L2（每个班上传一次），L2 在数据库中存放该数据后，上传 L3 系统。统计数据项目包括：电耗、蒸汽流量、盐酸消耗、压缩空气流量、氮气消耗等，具体参数根据现场仪表情况修改。

### 7.2.5 设定值计算

生产设定值包括酸洗线的生产设定值和轧机的生产设定值。本系统只计算酸洗的生产设定值，协助轧机部分进行生产设定值计算。

生产设定值包括如下设备的生产设定值：

入口矫直机：各辊的压下量（根据带钢厚度和钢种分类，查表得到）；

切头剪：剪隙、搭接量（根据钢种和带钢厚度，查表得到）；

焊机：焊接等级（根据碳当量或钢种成分查表）；

拉矫机：延伸率、1 号和 2 号辊压下量、反弯辊的压力（根据钢种等级、厚度分类，查表得到），焊缝过拉矫机时，拉矫机的工作方式由前后带钢的厚度与宽度差决定；

酸洗最大限度速度（根据钢种，查表得到）；

圆盘剪：宽度（由带钢主数据得到）、剪隙、搭接量（根据带钢厚度分类，查表得到）；

全线各段的张力：开卷机、入口活套、酸洗段、出口 1 号活套、出口 2 号活套（根据带钢截面面积，查表与计算得到），计算公式为：

$$F_z = \left(\frac{F_1 - F_s}{q_1 - q_s}(q - q_s) + F_s\right)q \tag{7-1}$$

式中 $F_z$——带钢张力，N；

$q$——通过酸洗段带钢横截面面积的实际值，$m^2$；

$q_1$——通过酸洗段带钢横截面面积的最大值，$m^2$；

$q_s$——通过酸洗段带钢横截面面积的最小值，$m^2$；

$F_1$——最大单位张力，$N/m^2$；

$F_s$——最小单位张力，$N/m^2$。

在新钢卷数据到达时，A3（生产管理计算机通讯）进程将钢卷数据和生产要求保存到数据库中，然后将钢卷卷号发送给 MT 进程，MT 进程通知 SP 进程计算该钢卷的生产设定值计算（第一次计算），SP 进程将计算结果保存到数据库中。

在钢卷经过测宽、测径和称重后，操作工需要确认钢卷的数据。MT 在接收到钢卷确认报文后，会再次通知 SP 进程计算该钢卷中带钢的生产设定值（第二次计算），同时 MT 进程通知轧机跟踪程序进行轧机设定值计算。轧机设定值计算程序在计算完设定值后，MT 进程更新钢卷的状态信息。DB_SERV 在向 HMI 更新钢卷数据时，会修改该钢卷的状态，使该钢卷在 HMI 入口跟踪段显示为绿色。如果钢卷在确认后没有显示为绿色，操作工应该检查钢卷的数据是否有问题，或轧机控制程序是否正常。这样可保证所有将要生产的钢卷/带钢的生产设定值都保存在数据库中。

操作工在钢卷未生产前修改带钢的基本信息后，MT 进程通知 SP 进程，进行设定值计算。

操作工可在 L2 HMI 操作画面上显示将要生产的钢卷保存在数据库中的带钢生产设定值，并可修改各带钢的生产设定值。在 SP 下发生产设定值时，首先取出计算得到的生产设定值，再逐项检查是否存在手工设定值，如果存在，就用手工设定值取代自动计算得到的设定值，最后下发给基础自动化系统。

当钢卷到达开卷机时，L1 向 L2 申请设定值，MT 通知 SP 进程发送生产设定值。在带钢到达焊机带钢焊接完成时，MT 通知 SP 进程为该钢卷下发完整的生产设定值。因为拉矫机的生产设定参数需要由前后两个带钢的物理数据确定，所以只有在带钢焊接完成后，才能最终确定带钢的生产顺序。此时，可最终确定拉矫机的工作方式设定值。

SP 进程在对带钢的酸洗生产设定值计算后，结果被保存到数据表 PCL_SETPOINT 中，SOURCE 字段值为“C”。并设置 ENTRY_COIL_DATA 数据表中 PCL_OK 字段值为“Y”。

操作工在 L2 的 HMI 上能够看到所有已经进入生产线上的钢卷及其带钢的计算机自动生成的生产设定值。操作工能够通过 HMI 修改该数据，这些手工输入的生产设定数据将被保存在 PCL_SETPOINT 表中，作为一条单独数据记录，SOURCE 字段值为“M”。

### 7.2.6 速度优化

酸洗过程控制系统实时收集生产线处理段各段速度、活套套量、开卷机上正在生产钢卷的剩余长度、焊缝的位置等数据，根据这些数据，实时计算生产线各段的最优化速度设定值和活套最大/最小套量，再将计算结果发送给基础自动化 PLC。

计算速度优化值的原则是：

（1）产量达到最大；

（2）能源消耗达到最小；

（3）设备磨损最小；

（4）尽量保持酸洗速度恒定；

（5）保持轧机不停机；

（6）尽量使轧机只在换辊时停机；

（7）不能让入口活套太空；

（8）不能让 3 号活套太满。

基础自动化每隔 200ms，上传生产线各段的实际速度和活套套量数据，这些数据在 SO 进程收到后，直接保存到共享内存中。

MT 进程在生产线上有带钢离开生产线或有新钢卷被加入生产线上时，会向 AB 进程发送最新的生产线上的带钢列表，AB 进程为其中的每个带钢计算最大的酸洗速度限制，计算结果被发送给 SO 进程。SO 进程在接收到该数据后，将该数据保存到共享内存中。

在有带钢进入或离开酸洗槽时，MT 进程向 SO 进程发送酸洗槽中当前带钢的信息。

轧机控制程序每隔 200ms 向 SO 进程发送轧机入口的实际速度，该数据被 SO 进程保存在共享内存中。轧机的速度信息来自传动系统，该速度值跳动太大，需要进行平滑处理，才能被使用。保存到共享内存中的数据是经过平滑处理后的数据。

SO 进程每隔 400ms 计算一次当前生产线上各段的速度设定值和各活套的丰度设定值。该设定值和上次下发的设定值进行比较，如果设定值变化很小，就不需要下发，因为基础自动化控制实际带钢速度达到速度设定值需要一个过程，如果设定值下发太频繁，基础自动化系统将无法工作。

速度计算的原则和方法如下：

当开卷机上的钢卷全部进入活套时，1 号活套（入口活套）应该正好达到最大设定套量。在焊接下一个带钢时，1 号活套将放套，使酸洗段不致减速。在新带钢长度足够长的情况下，当焊接完成时，1 号活套应该以高于酸洗速度的速度冲套，该冲套速度不必太快，只需要在新带钢全部进入酸洗线之前使 1 号活套套量达到设定的最大值即可。如果入口活套套量降低到警戒套量时，焊接还没有完成，酸洗段就必须降速到爬行速度，直到 1 号活套套量完全放空，此时如果轧机入口速度较高，就需要 2 号活套放套。如果新焊接的带钢长度不够将 1 号活套充满，在焊接完成时，以最高设定速度对入口活套冲套。

酸洗段的最高速度由带钢种类、酸洗段最高限速和 1 号活套、2 号活套的套量以及焊缝的位置决定。每种钢种都有最高酸洗速度限制，同时酸洗段有最高设计速度，这两个速度取其低者。如果焊缝经过酸洗槽，酸洗速度要降低到正常酸洗速度的 70%。如果入口活套套量低于入口活套的最低套量设定值（最低警戒套量）或 2 号活套的套量高于 2 号活套的最大套量设定值，酸洗速度必须降到爬行速度，如果此时剪边段的速度高于酸洗速度，2 号活套将放套。

如果 2 号活套的套量低于最高套量设定值，同时 1 号活套的套量高于最低套量设定值，就以可能的最高酸洗速度对 2 号活套冲套。

在 2 号活套的套量还没有到达最低警戒套量之前，如果 3 号活套套量低于最高设定值，可以以最高剪边速度对 3 号活套冲套，直到 3 号活套的套量达到 3 号活套的套量最高设定值。如果 2 号活套套量低于 2 号活套的最低设定值，剪边段需要减速到爬行速度，此时如果轧机入口速度高于剪边段速度，3 号活套放套。

在计算各段的速度设定值时，首先为各段的速度设定值赋最高可能的速度值，再根据活套的实际状态和带钢焊缝的位置，以及开卷机上带钢剩余的长度等，计算各段的限定速度。活套的套量设定值来自数据表中存放的经验数据，该数据可由操作工修改。

### 7.2.7 缺陷管理

缺陷管理进程 SD 接收基础自动化上传的缺陷报文。比如当带钢在酸洗槽中停留操作6min时，基础自动化向SD进程发送一组缺陷报文，表示一个带钢过酸洗缺陷。

在圆盘剪后的表面检查站的操作台上，可输入带钢缺陷代码、严重程度、上下表面等信息。操作工看到带钢表面有质量缺陷时，通过按操作台上的按钮，记录带钢缺陷开始。基础自动化将该信息和缺陷起始位置信息一起发送给SD进程。SD进程记录缺陷开始信息。当带钢有缺陷的部分完全通过表面检查台时，操作工在操作面板上放开按钮，基础自动化捕捉到该事件，记录缺陷结束的位置，将该信息发送给SD进程。SD进程记录一个完整的缺陷数据，该缺陷数据被保存到数据库中。

每种缺陷在数据库中都有记录。SD进程收到完整的缺陷数据后，将通知轧机物料跟踪进程，跟踪该缺陷，并进行相应处理。

当带钢在酸洗段发生断带时，带钢将由生产人员手工焊接起来，该缺陷也是由操作工在表面检查站输入。

### 7.2.8 酸洗二级与轧机二级的通讯

酸洗二级与轧机二级的通讯通过数据库实现，主要实现功能包括：同步酸洗二级和轧机二级的生产计划序列、同步缺陷数据、传送生产实绩数据等。

其中以同步生产计划序列为重点，在酸洗二级数据库和轧机二级分别建立中间表，酸洗向轧机实时发送最新的20卷生产计划。20卷数据来自三部分，第一部分是酸洗线进线钢卷，由酸洗一级实时向酸洗二级发送；第二部分是上线但没有进线的钢卷，即酸洗二级自己记录的状态为“1”的钢卷，如果此部分因为酸洗一级故障，数据出错，可以在酸洗二级进行手动修正；第三部分为生产计划里没有上线的钢卷，除去前两部分，由生产计划里的钢卷补足20卷。

同步缺陷数据，酸洗一级在圆盘剪后有检查站，有操作工实时观察带钢，进行缺陷记录，记录的数据以报文发送给酸洗二级，酸洗二级实时更新轧机二级数据库中间表里的数据，以保证轧制缺陷部分带钢的时候进行自动降速。

传送生产实绩值数据原理相同，用于成品报表。

## 7.3 连轧机过程控制系统

### 7.3.1 功能概述

冷连轧机过程控制系统的核心功能是为轧机基础自动化系统提供合理的负荷分配及轧制设定参数，并通过自适应自学习对模型进行优化。除此之外，过程控制系统的功能还包括：与基础自动化和L3计算机的通讯；物料数据在冷轧机区域内的跟踪；测量值采集与处理；带钢成品质量及设备运行数据统计；生产计划数据、原料主数据、设备数据及带钢成品数据的管理；提供人机接口、报表输出及班组管理等。冷连轧机过程控制系统的功能结构框图如图7-4所示[71~76]。

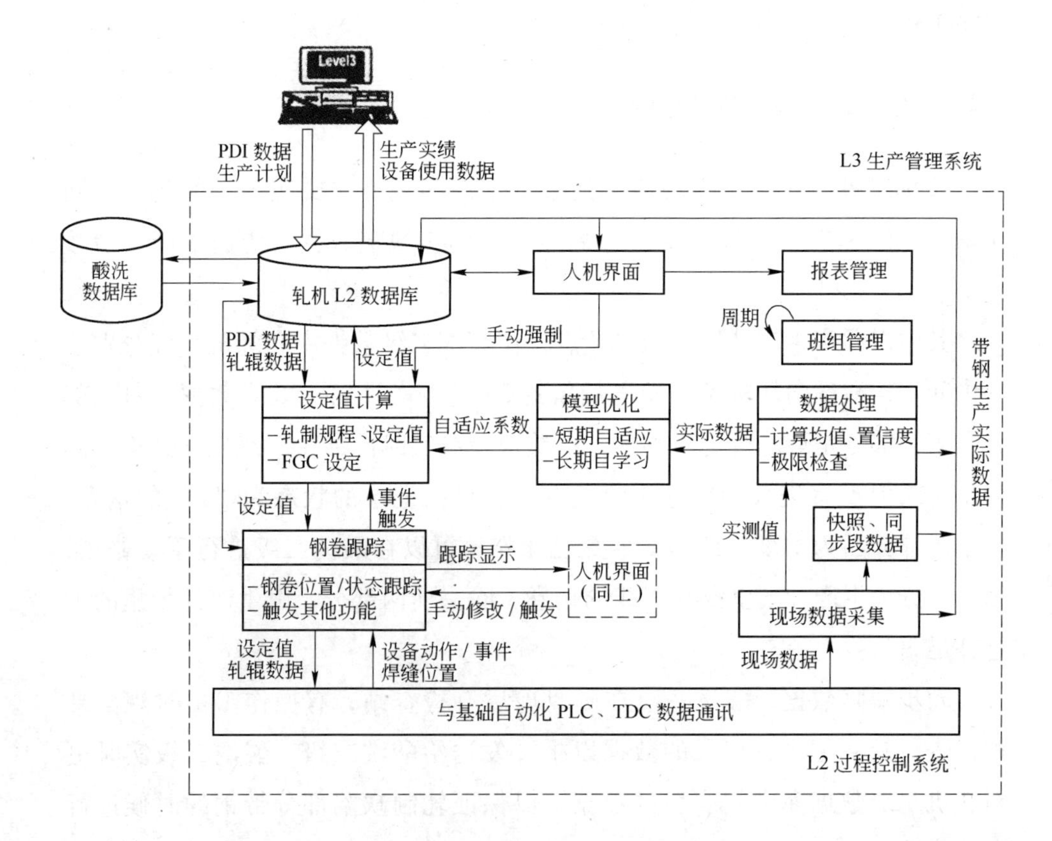


图 7-4 冷连轧过程控制系统功能关系图

### 7.3.2 钢卷跟踪

在整个冷连轧机区域内往往同时存在多卷带钢，为了协调冷连轧生产过程中的物料数据流和控制流，在任意时刻都必须明确轧机区域内钢卷所处的位置及其状态，以便提供或接收准确的数据，控制其他功能的执行，所有这些功能是由 L1 和 L2 系统中的带钢跟踪功能协同完成的，各系统分别完成不同的跟踪职能，如表 7-1 所示。

**表 7-1 跟踪职能的划分**

| 跟踪类型 | 完成系统 |
|---|---|
| 钢卷的物理位置跟踪 | L2 级过程优化系统 |
| 钢卷从一个区域移动到另一区域 | PLC 控制器 |
| 轧机内带钢段跟踪（轧制长度、头尾位置） | TDC 主令控制系统 |

钢卷跟踪作为过程控制系统的中枢，它的主要功能是根据轧机 L1 循环上传的焊缝位置、设备动作及事件信号等信息，维护从轧机入口到出口鞍座整条轧线上的钢卷物理位置、带钢数据记录及带钢状态等信息，协调生产过程的顺序与节奏，并且实现带钢断带及分卷等特殊情况的处理。同时，跟踪还要根据事件信号启动其他功能模块，触发数据采集与发送、轧机自动设定和模型自适应等功能。

整个酸洗冷连轧联合机组生产线涉及的主要跟踪点、触发事件及相关数据流如图 7-5 所示。

#### 7.3.2.1 轧机跟踪区域划分

对于酸轧联合机组而言，当热轧原料卷被放到酸洗入口步进梁上时，就被注册到跟踪系统中，并在生产线上被全过程跟踪监视，直到成品卷从出口步进梁上吊走。其中，连轧机 L2 系统中将连轧机组跟踪区域划分为不同的跟踪位置，如图 7-6 所示。

轧机 L2 钢卷跟踪功能将轧机跟踪区域划分了 12 个位置，在跟踪过程中每个钢卷只能出现在一个位置，映像中各跟踪位置的编号如表 7-2 所示。

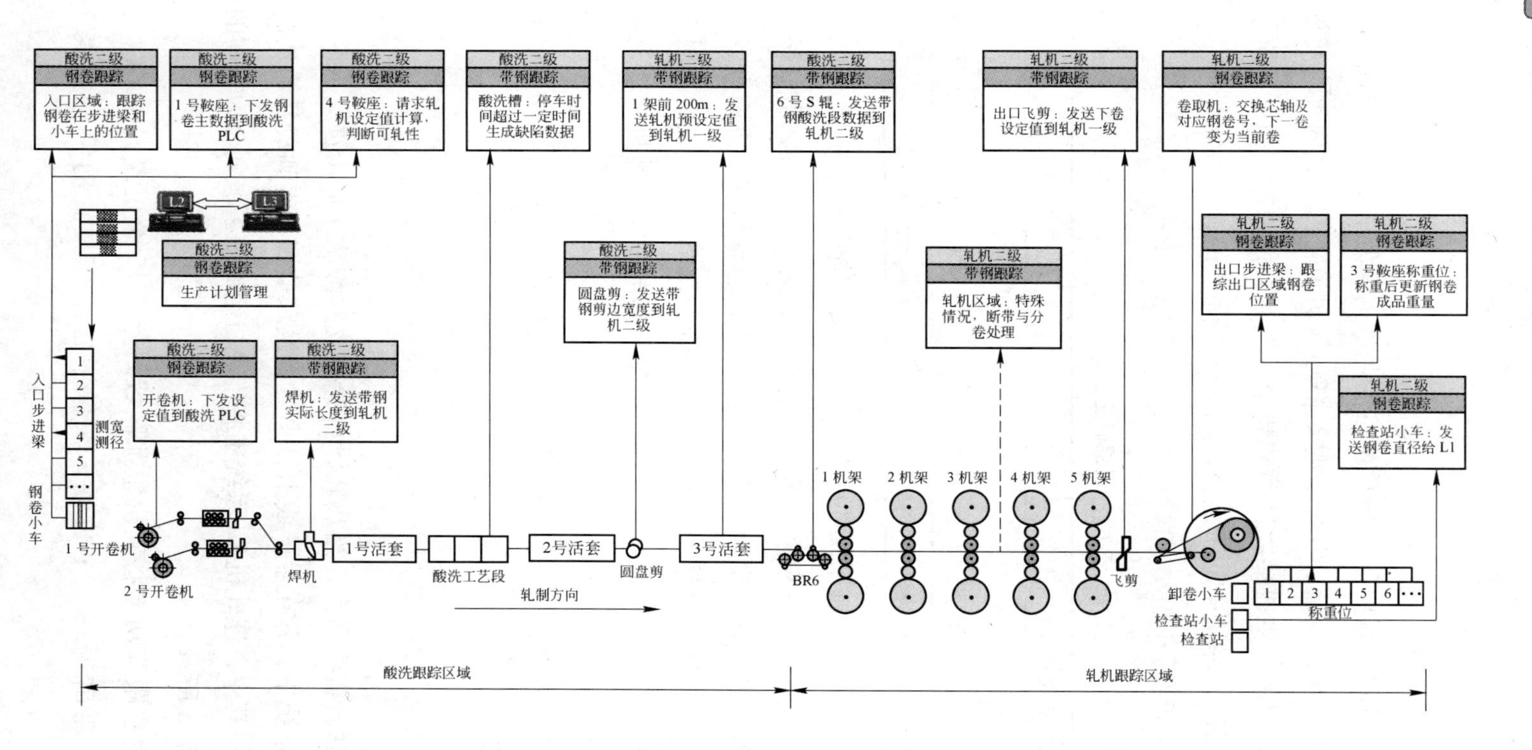


图 7-5 酸轧生产线全线跟踪示意图

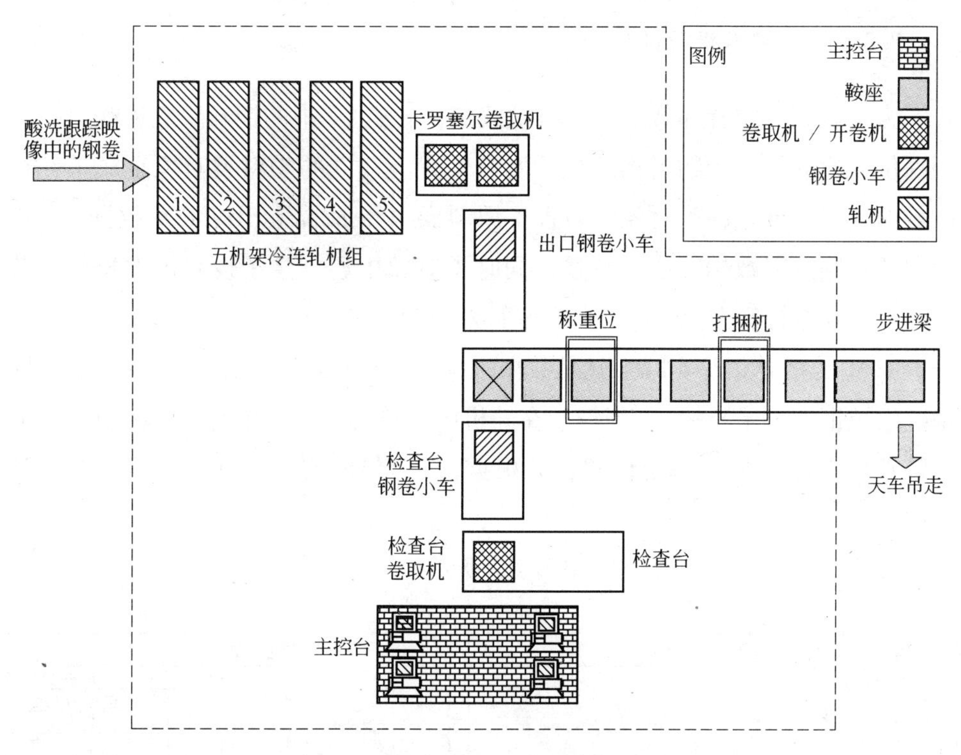


图 7-6　冷连轧机组的跟踪区域示意图

**表 7-2　跟踪详细位置对应关系**

| 跟踪位置名称 | 跟踪区域编号 |
|---|---|
| 轧机入口 | 1 |
| 卷取机芯轴 A | 2 |
| 卷取机芯轴 B | 3 |
| 出口卸料钢卷车 | 4 |
| 步进梁鞍座　1（1 号步进梁） | 5 |
| 步进梁鞍座　2（1 号步进梁） | 6 |
| 步进梁鞍座　3（1 号步进梁） | 7（称重位） |
| 步进梁鞍座　4（1 号步进梁） | 8 |
| 步进梁鞍座　5（1 号步进梁） | 9 |
| 步进梁鞍座　6（2 号步进梁） | 10（打捆机） |
| 步进梁鞍座　7（2 号步进梁） | 11 |
| 步进梁鞍座　8（2 号步进梁） | 12 |
| 检查台运送小车 | 13 |
| 检查台开卷机 | 14 |

#### 7.3.2.2 钢卷跟踪的实现

为实现钢卷位置和数据流的自动跟踪，轧机 L2 中的钢卷跟踪进程为每个跟踪位置建立了一个物料类对象，所有位置上建立的物料类对象组成了轧机区域的跟踪映像。在类对象中包含了原料卷 ID、成品卷 ID、PDI 数据、PDO 数据及轧制过程数据等成员变量，同时类对象中还创建了设置钢卷班组、分卷处理、卷重计算及 PDO 数据填充等成员函数。

L2 中的钢卷跟踪实际上就是数据跟踪，跟踪进程负责维护物料映像（即跟踪区域钢卷记录指针），当钢卷在轧机区域移动一个位置时，跟踪映像内的跟踪数据也跟着移动一个位置，并根据 L1 上传的实测数据或信号更新钢卷数据。

冷连轧机组的示跟踪位置如图 7-7 所示。

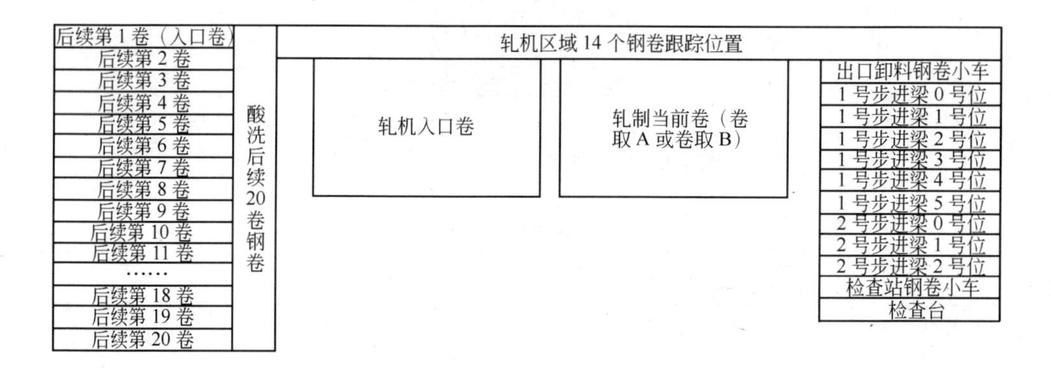


图 7-7 冷连轧机组的示跟踪位置示意图

下面将轧机区域分为入口区域、轧机区域和出口区域分别进行说明。

##### A 轧机入口区域钢卷跟踪

轧机 L2 利用酸洗二级循环发送的酸洗区域钢卷跟踪映像数据对入口钢卷进行跟踪。当一钢卷轧制完成后，轧机二级跟踪进程会自动把酸洗跟踪映像中离轧机最近的一卷移动到轧机入口跟踪映像中，这样便可实现酸轧机组钢卷的连续跟踪。

其中，酸洗区域的跟踪映像由酸洗 L2 负责维护更新，该跟踪映像共设有

20 个卷位。酸洗钢卷跟踪映像由三部分组成：第一部分是酸洗线进线钢卷，由酸洗一级实时向酸洗二级发送；第二部分是上线但没有进线的钢卷，即酸洗二级自己记录的状态为“1”的钢卷；第三部分为生产计划里没有上线的钢卷，除去前两部分，由生产计划里的钢卷补足 20 卷。

B 轧机区域钢卷跟踪

轧机跟踪主要是对处于“卷取状态”卷筒上的钢卷进行跟踪，也就是对正在轧制的当前钢卷进行跟踪，可分为两种不同的情况分别说明其跟踪处理过程。

a 轧机出口焊缝处剪切

当 L2 接收到 L1 发送的出口剪切信号后，L2 认为卷筒上的钢卷已经轧制完成，下一钢卷开始进行轧制，这时 L2 跟踪功能会记录卷筒上钢卷轧制结束时间和下卷的开始轧制时间。

当下一钢卷的带头穿至穿带位卷筒并建张后，此时 L2 会将轧机入口的钢卷移动到穿带位卷筒上；同时，还会触发“轧机入口钢卷跟踪”功能来更新轧机入口的钢卷信息。

b 分卷或断带处理

在轧制过程中，时常需要根据用户的要求将一卷带钢剪切成两卷或两卷以上的带钢；另外，轧制时不可避免地会发生断带。为处理断带或分卷等特殊情况，L2 中的钢卷跟踪功能会根据 L1 发送的断带或分卷信号、焊缝位置和已轧制长度等信息，来判断是否需要创建子卷。

当满足下面的两个条件时，L2 中的轧机跟踪功能则会将卷筒上的钢卷 ID 重命名为分卷号，同时为断带后未轧制的剩余部分带钢创建新的子卷。

（1）轧制完成的长度、重量必须大于一个最小值；

（2）剩余带钢的长度、重量必须大于一个最小值。

冷轧钢卷 ID 的编码管理采用十六位编码，对于酸洗冷连轧机组而言，仅采用前 9 位，后面位数用 0 填充（后面位数是为脱脂、退火、平整或重卷等后续工艺预留的）。钢卷 ID 中的第九位代表分卷号，用阿拉伯数字 0 ~ 9 表示，表示最多可分为 10 个子卷。

举例说明，分卷前卷筒上的钢卷 ID 为<u>13</u> <u>S</u> <u>00001</u> <u>0</u> <u>0000000</u>；当第一次分

卷时，钢卷跟踪功能将卷筒上的钢卷ID修改为13 S 00001 1 0000000，同时为剩余部分带钢创建新的子卷号为13 S 00001 2 0000000。以此类推，当轧制过程中继续出现断带或分卷情况时，分卷位上的子卷号会依次累加。

C 轧机出口区域钢卷跟踪

出口区域跟踪主要是对处于出口飞剪与出口鞍座之间的钢卷移动进行跟踪。卷筒上钢卷的卸卷、检查站钢卷开卷检查、钢卷小车及鞍座上钢卷移动直至吊走，这些运动操作过程都由二级计算机通过L1发送的设备动作信号进行跟踪。

出口跟踪主要处理如下事件：

（1）钢卷卸卷。当卷筒钢卷卸卷完成时，L2级根据L1级上传的卸卷完成信号识别该事件，同时将钢卷数据从卷取机卷筒移动到出口钢卷小车上。

（2）卸卷小车移动。当卸卷小车将钢卷运输到步进梁1号鞍座后，L2根据L1卸卷小车移动及1号鞍座占用信号，将钢卷数据由卸卷小车移动到1号鞍座。

（3）钢卷上检查台。如果钢卷需要上检查台，则L2将钢卷由1号鞍座移动到检查站小车，之后钢卷由检查站小车上到检查台的开卷机上。

（4）出口步进梁移动。当检测到出口步进梁移动完成信号时，L2识别该事件，根据步进梁前进或后退信号将出口鞍座上的钢卷数据往下游或上游传送。

（5）出口鞍座钢卷吊走。当鞍座占用信号消失时，L2级识别该事件，同时删除该鞍座上的钢卷数据信息。

#### 7.3.2.3 钢卷跟踪的手动修正

由于现场检测元件故障、跟踪系统控制器故障或操作工操作失误等原因，可能会造成轧机区域内的带钢跟踪错误。跟踪系统中有一个允许人工改变钢卷位置和带钢位置的功能。在二级HMI操作画面上提供了钢卷跟踪的手动同步功能，通过该人机接口操作工可以根据实际情况修正钢卷位置、删除钢卷或在空位置插入钢卷。

### 7.3.2.4 触发轧机模型计算

图 7-8 为设定值计算触发示意图。

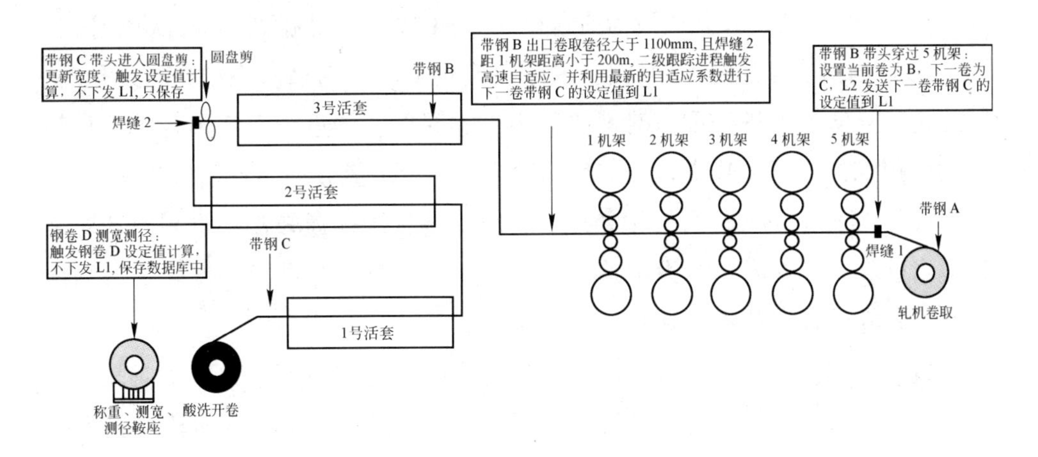


图 7-8 设定值计算触发示意图

触发模型计算的整个流程如下：

（1）钢卷 D 上线到酸洗入口步进梁，当钢卷 D 在酸洗入口步进梁测宽测径完成后，酸洗二级把钢卷 D 的钢卷号、钢卷宽度、钢卷卷径通过 Oracle 数据库发送给轧机二级，此时轧机跟踪进程更新钢卷 D 的宽度，卷径，重量，并通知模型计算进程对钢卷 D 进行设定值预计算，但不下发到基础自动化，只保存在数据库中，同时将设定值计算成功与否的结果通知酸洗二级进程，酸洗二级进程通知酸洗一级 HMI 显示钢卷 C 设定值计算的结果。

（2）当带钢 C 的带头（焊缝 2）到达出口 1 号活套外圆盘剪时，酸洗二级把带钢 C 的钢卷号和此时圆盘剪的剪切宽度通过 Oracle 数据库发送给轧机二级，轧机二级在接收到数据时，更新带钢 C 的剪切宽度值，并通知轧机模型进程计算带钢 C 的设定值，但不下发到基础自动化，只保存在数据库中。

（3）当焊缝 1 穿过 5 机架时，当前卷为 B，下一卷为 C，二级跟踪进程发送下一卷带钢 C 的设定值到一级基础自动化。

（4）当带钢 B 在轧机出口卷取的卷径大于 1100mm，并且焊缝 2 距离 1 机架距离小于 200m 时，二级跟踪进程发送下一卷带钢 C 的设定值到一级基础自动化。

其他特殊情况：

（1）当轧机停车5h后，跟踪进程自动触发模型进程对自适应系数进行复位，跟踪进程通知模型进程重新对轧机段当前卷和下一卷进行设定值计算，计算成功后跟踪进程下发轧机段当前卷和下一卷的设定值数据到基础自动化中。

（2）当操作工通过L2 HMI上提供的功能对模型自适应系统进行复位时，跟踪进程通知模型进程重新对轧机段当前卷和下一卷进行设定值计算，计算成功后跟踪进程下发轧机段当前卷和下一卷的设定值数据到基础自动化中。

（3）当各个机架进行换辊处理时，跟踪进程同样通知模型进程重新对轧机段当前卷和下一卷进行设定值计算，计算成功后跟踪进程下发轧机段当前卷和下一卷的设定值数据到基础自动化中。

（4）当机架进行清零操作时，跟踪进程同样通知模型进程重新对轧机段当前卷和下一卷进行设定值计算，计算成功后跟踪进程下发轧机段当前卷和下一卷的设定值数据到基础自动化中。

### 7.3.3 同步段数据建立

目前国内冷轧联合机组在生产完成一卷冷轧钢卷后，生产技术人员一般只能通过PDA系统或过程控制系统中的成品数据信息查看到钢卷的各种轧制实际值数据。PDA系统提供给技术人员查看的数据只是在时间轴方向上的各种轧制实际数据，而过程控制系统中的成品数据也只能提供给生产技术人员一卷钢卷内的各种轧制实际数据的平均值和最大最小值等信息。当生产技术人员想要分析成品钢卷的某一段上或是整条带钢长度上所对应的各种轧制实际值数据时，以上两个系统就不能满足生产技术要求，同样在钢卷出现某一段质量缺陷时，也就很难看出是哪些实际轧制数据出现问题。

为了实现上述目的，在轧机L2控制系统中设计了一种冷连轧机带钢段数据同步的方法，该方法把带钢轧制过程中的实测数据同步到成品钢卷的长度方向上，可以通过同步后的数据查看每条带钢在任意长度上轧机段轧制时的各种现场仪表传感器的实际检测数据。

具体包括以下几个步骤：

步骤一：把方法中的数据分为两类，一类是对现场检测仪表设备检测的实际值数据平均值处理后的图像数据，图像数据属于在时间维度上的数据；

另一类就是经过同步处理后的带钢段同步数据，同步数据则属于空间维度上的数据，也就是带钢长度方向上的数据。再根据冷连轧生产线区域内检测仪表设备对实际测量值进行分类，所有实际测量值分别对应到各个检测仪表设备上，实际值数据为生产线上不同检测仪表设备的测量值，其中包括末机架出口板形辊测量数据、末机架出口测厚仪测量数据、各个机架测量数据、首机架出口测厚仪测量数据、首机架入口测厚仪测量数据。

步骤二：对所有实际测量值进行周期快速采集，并对末机架出口带钢每走行距离 L 时间内的测量值进行平均值处理，生成图像数据数组 photo[ ]，走行距离 L 也是设定的带钢段长度，根据 L 可以把整条带钢分为 n 段，n = 带钢总长度/L，由于末机架出口带钢的速度很快，为了能够得到有效的测量值数据，把测量值的采集周期设为毫秒级，由于冷连轧机是连续生产机组，为了使图像数据 photo[ ]对应不同钢卷，所以当两条带钢的焊缝到达机架时，不管末机架出口带钢的走行距离有多小，此时都会生成图像数据 photo[ ]。判断焊缝经过各个机架的方法为获取当前一次实际测量值 mea 与上一次的实际测量值 old，分别得到两次测量值中的各个机架轧制长度 mea. RL[ k ] 和 old. RL[ k ]，k 为机架号，如果 mea. RL[ k ] < old. RL[ k ]，判定焊缝经过了 k 机架。

步骤三：通过数据同步方法把图像数据数组 photo[ ]中的实际测量值数据同步到带钢段上，生成带钢段的同步数据数组 syn[ ]，一条带钢的同步数据数量等于带钢段的数量 n。下面我们通过末机架的轧制长度在带钢段图像数据中查找带钢段在到达末机架出口板形辊和其他检测仪表设备时对应的设备检测实际测量数据：

（1）选取末机架的物理位置作为数据同步的参考位置 posRef，用来同步带钢段在到达除末机架外的其他检测仪表时对应仪表设备上产生的测量值数据，当带钢段到达末机架出口侧飞剪时，对该段带钢进行测量值同步处理。

（2）在图像数据数组 photo[ ] 中找到带钢段刚出末机架时的图像数据 photo[ i ]，把 photo[ i ]中末机架的轧制长度 RLn[ i ]作为参考轧制长度，再根据末机架出口板形辊到末机架的水平距离 S 计算得到带钢段到达板形辊时末机架的轧制长度 RLn = RLn[ i ] + S。

（3）根据 RLn 循环向前或向后在图像数据数组 photo[ ]中查找带钢段到达板形辊时的图像数据编号 j，查找的条件为 RLn[ j ] < RLn < RLn[ j +1]。

（4）利用插值法对每个带钢段的同步数据进行平滑，其中插值法公式中的因子 factor 计算公式如下：

$$factor = (RLn - RLn[j])/(RLn[j+1] - RLn[j]) \tag{7-2}$$

（5）最后得到该带钢段在经过板形辊设备时的同步数据 syn[i]：

$$syn[i] = photo(j+1)factor + photo(j)(1 - factor) \tag{7-3}$$

（6）同理在计算带钢段到达末机架出口测厚仪时，除了 RLn = RLn(i) + 末机架出口测厚仪距离末机架的距离不同以外，其他计算方法都一样。

（7）计算带钢段在末机架的实际测量值时，实测数据等于 photo[i] 中末机架的数据，因为我们这里把末机架作为参考位置。

（8）计算带钢段在经过 n－1 机架时的实际值数据时，RL(n－1) = RL(n－1)(i) － n－1 机架和末机架的距离，循环向后查找带钢段到达 n－1 机架时的图像数据编号 j find index j where RL(n－1)[j] < RL < RL(n－1)[j+1]，剩下与（4）、（5）同理。

（9）计算带钢段在经过 n－2 机架时的实际值数据时，RL(n－2) = RL(n－2)[j]factor + RL(n－2)[j－1](1－factor) －(n－2)机架和（n－1）机架的距离，其中 j 和 factor 为（8）中查询得到的，j 是带钢段在 n－1 机架时图像数据的下标，剩下的同（8）原理一致。

（10）同理（9）可以计算得到带钢段在其他机架、首机架出入口测厚仪时的相应的同步测量值数据。

（11）完成带钢段的同步数据后把数据对应到带钢卷号存入数据库中。

### 7.3.4 轧辊管理

管理轧辊的原始数据和轧制历史数据。基于 L1 级的“换辊请求”信号，发送新辊数据到 L1。在轧辊上线后，过程控制系统负责统计收集轧辊的轧制长度、轧制重量等数据；当轧辊下线时，这些数据将作为轧辊的生产实际数据上传给生产管理计算机，如图 7-9 所示。

### 7.3.5 数据采集与处理

接收 L1 发送的实际数据，并对采集的实际数据作进一步处理，如对数据进行极限检查，计算均值、置信度和最大/小值等。数据采集可分为周期性采

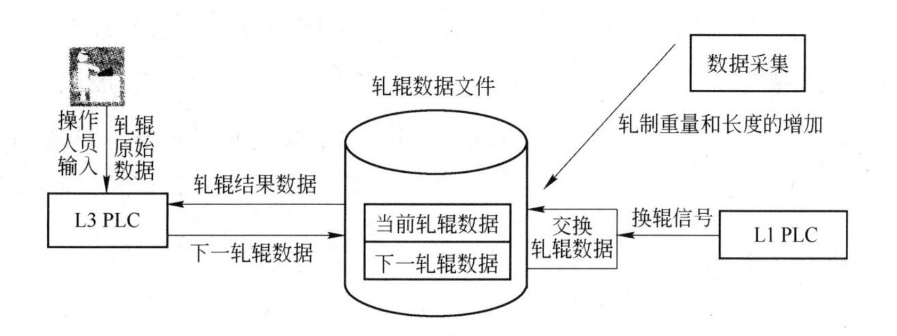


图 7-9 轧机换辊示意图

样和根据事件采集两种方式，周期性采样可按照轧制带钢的固定长度或一定时间间隔进行。采集处理的数据一般以成品钢卷为单位存储，主要用于生成带钢成品数据、缺陷数据、能源介质消耗统计及产品质量数据等；另外一个用途是为模型自适应提供实际值[77,78]。其中，用于自适应的数据分为：带钢头部低速实测数据和稳态高速轧制实测数据，如图 7-10 所示。

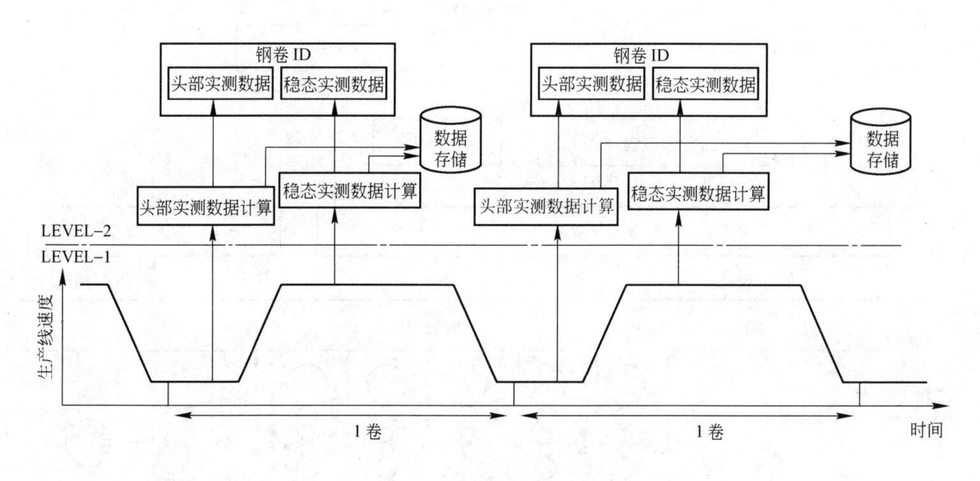


图 7-10 实际数据采集

### 7.3.6 画面及报表管理

人机界面主要包括：生产计划管理、成品数据管理、跟踪过程显示、模型设定计算、停车断带等事件显示及分割、轧辊管理、班组管理、报警显示及报表管理等功能。

报表系统的作用是打印生产设备情况和轧制生产信息，以便工程师分析产品的生产状况和出现事故时分析事故原因。报表的设定和启动是通过报表管理画面实现的，报表主要包括：钢卷轧制信息、生产数据报表（班报/日报/月报）、轧机停机、轧制中的故障及断带记录、换辊记录、能源介质统计及产品质量评估等。

### 7.3.7 模型设定系统

模型设定系统是过程控制系统的核心组成部分，是轧钢工艺在控制过程中的体现。模型设定系统的主要任务是计算轧制过程所需的工艺参数，并通过自适应利用实测数据对设定参数进行修正，进一步提高参数设定的精度。冷连轧机组模型设定系统可以分为数学模型、轧制规程设定及模型优化三部分，数据流程如图 7-11 所示。

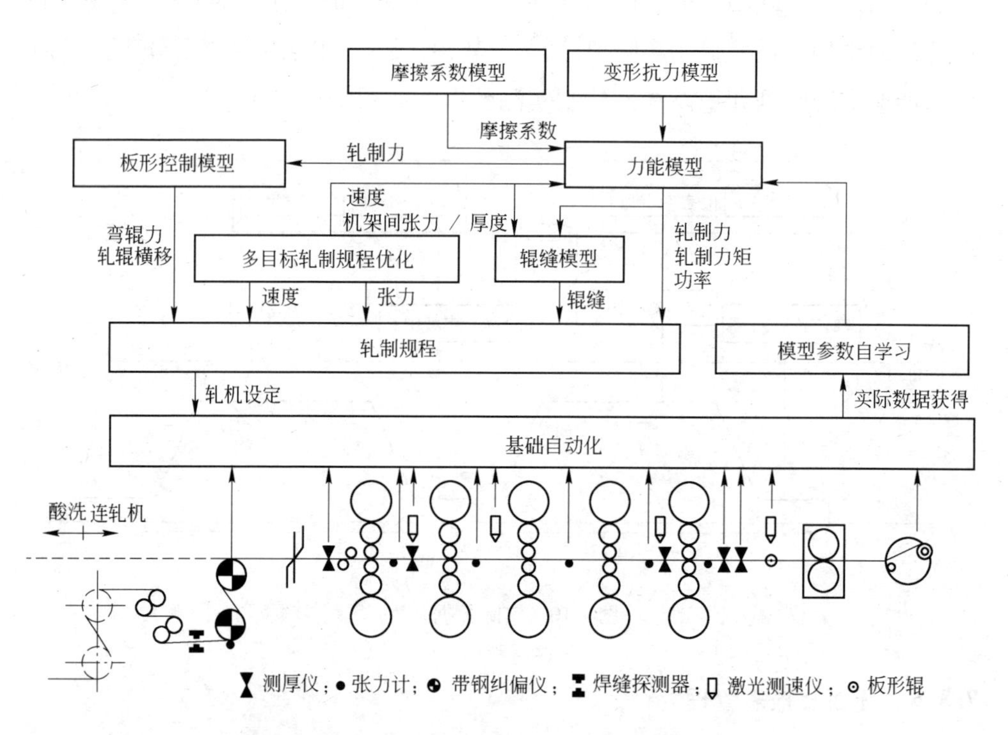


图 7-11 冷连轧模型系统功能框图

#### 7.3.7.1 轧制过程数学模型

数学模型根据其建立方法可以有理论型、统计型和理论统计型三种。在冷连轧中，理论型模型需要做很多假设，故而影响了精度，在工程中用的比较少。统计型模型虽然结构简单，有一定精度，但是具有较强的条件性，也不适于生产条件经常改变的冷连轧过程。因此，兼有以上两类模型优点的理论统计型模型在冷连轧中用的比较广泛。轧制模型由多个子模型组成，主要包括：轧制力模型、功率模型、变形抗力、摩擦系数模型、辊缝设定等[79~83]。

#### 7.3.7.2 轧制规程设定

轧机负荷分配是冷连轧生产工艺的核心内容，合理的负荷分配能实现节能轧制、充分发挥轧机的生产能力并保证产品质量。所谓轧制规程计算是根据带钢来料厚度、宽度、钢种和成品厚度等 PDI 数据，以及轧辊参数、电机容量限制条件、轧制负荷限制条件等设备设计参数，在满足工艺要求以及设备安全的前提下，制定各机架负荷分配、轧制速度、机架间张力等。轧制规程技术发展经历了能耗曲线法、基于轧制理论分配方法、传统优化方法和智能优化方法 4 个阶段。

#### 7.3.7.3 模型自适应自学习

模型自适应通过轧制过程的实测信息对数学模型中的系数进行在线修正，以提高模型的设定精度。模型系统中的自适应自学习既有按轧制阶段来分的低速自适应和高速自适应；又有按时间长短来分的短期自适应和长期自适应。自适应自学习可以在传统指数平滑计算的基础上，采用神经元网络等人工智能方法进行，以进一步提高模型设定精度。

## 7.4 冷连轧在线数学模型

冷轧工艺参数计算模型是连轧机过程控制负荷分配计算、轧制规程制定的前提。在冷连轧负荷分配、轧机参数设定计算、动态变规格参数计算及基础自动化控制参数计算中都将用到工艺参数模型。

为提高轧制模型的计算精度，系统中采用了简易有限元法（数值积分方法）进行计算。模型中把轧辊与轧件之间的接触弧分为若干等份，然后分别计算对应点上的应力，形成应力分布曲线，再利用此应力分布计算有关参数[84, 85]。

### 7.4.1 冷轧变形区的组成

冷轧带钢轧制的变形区分为下列几个区域：

(1) 弹性变形区。在机架的入口和出口侧存在着只发生弹性变形的弹性变形区。其中，入口处为弹性压缩区，出口处为弹性恢复区。这些区域的轧制力可用解析的方法求解。

(2) 塑性变形区。在塑性变形区材料的变形是永久性的。由于前滑区和后滑区的受力情况不同，因此在进行应力积分时，要将塑性变形区以中性面为界分为前滑区和后滑区分别进行计算。这两个区域都是以弹性变形区的边界为起点、以中性面为终点进行积分。之所以用数值积分的方法来求解轧制参数，是因为在塑性变形区内没有已知的解析方法。

冷轧带钢变形区如图 7-12 所示。

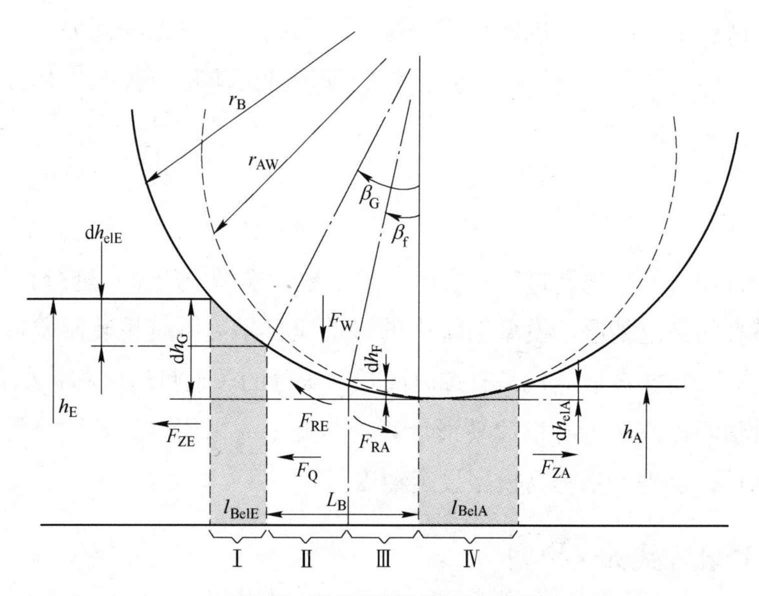


图 7-12 冷轧带钢变形区示意图

Ⅰ—入口侧弹性压缩区；Ⅱ—塑性变形后滑区；Ⅲ—塑性变形前滑区；Ⅳ—出口侧弹性恢复区

### 7.4.2 轧制模型中的数值积分方法

#### 7.4.2.1 数值积分方法

由轧制理论可知，为了计算轧制压力、轧制力矩、中性角等工艺参数，必须确定轧材垂直压应力沿接触弧的分布（轧制单位压力分布）以及轧件与轧辊的实际接触面积的水平投影。

确定单位压力分布最常用的理论计算方法为卡尔曼（T. Karman）微分方程，而且对这一方法的研究比较深入，很多方法都是由它派生出来的。但是由于微分方程的求解较为复杂，在工程中应用的在线模型大多数都经过大量简化，难以保证模型的精度。为解决卡尔曼微分方程难以求解的问题，系统中的轧制模型采用了数值积分的方法。

数值积分的基本思想为：将轧件与轧辊的变形区划分为一定数量的标准单元（矩形或梯形），利用边界条件，可逐个求出每个微分单元的受力关系，从而可求出前滑和后滑区的垂直应力分布。在得到应力分布的基础上，通过对每个微元体进行累计求和，可求解出其他的工艺参数。

对于冷连轧来说，由于轧辊和轧件弹性变形而引起的接触弧长度的变化是不可能忽略的。在考虑轧辊和轧件弹性变形的情况下，为了方便计算接触弧长，需计算轧辊压扁半径。弹性变形区的工艺参数可用解析方法直接求出，所以数值积分方法主要是针对塑性变形区轧制参数的计算而采用的。

#### 7.4.2.2 变形区的划分及微元体几何参数的确定

将轧件和轧辊的塑性变形区接触弧角沿轧制方向分为 $m$ 等分，变形区各微元体的单元号从入口处到出口处依次递增，如图 7-13 所示。由于在中性面前后压应力分布不同，所以要将塑性变形区分为前、后滑区分别进行分析。

在中性面处有 $\sigma_{VE(j)} = \sigma_{VA(j)}$。首先确定各微元体的几何参数。

##### A 塑性变形区的接触弧角

在计算轧件与轧辊塑性变形区接触弧长的每一段应力时，需要计算塑性变形区的接触弧角 $\beta_G$，如图 7-13 所示。

根据几何关系可知，其计算公式为：

$$\beta_G = \sqrt{\left(\frac{h_E - h_A}{r_B}\right) - \frac{1}{4}\left(\frac{h_E - h_A}{r_B}\right)^2} \tag{7-4}$$

因为将轧件和轧辊的咬入角分为 $m$ 等份，则每个单元体的接触弧角度 $d\beta$

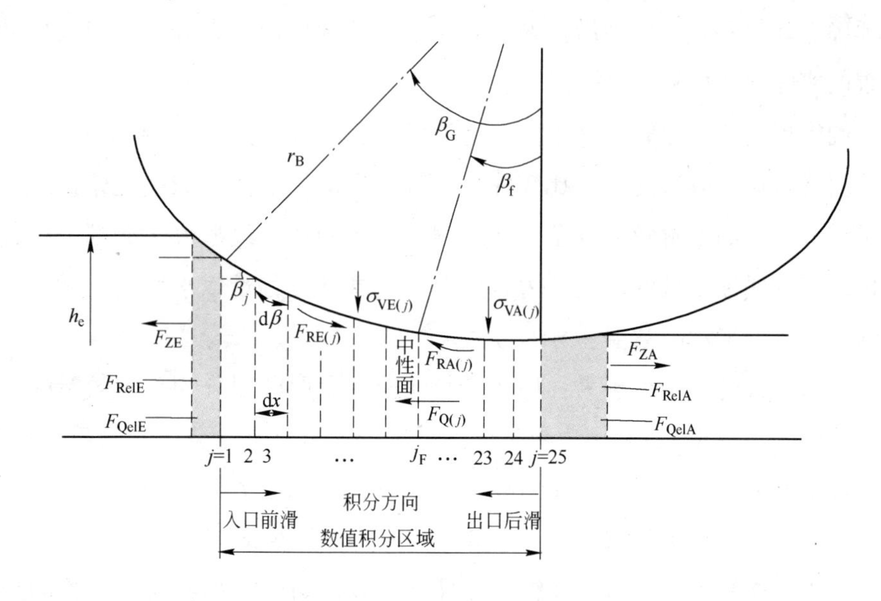


图 7-13 变形区微元体的划分

大小为：

$$d\beta = \frac{\beta_G}{i_{max}} \tag{7-5}$$

由于角度很小，所以每个单元对应的接触弧长近似取值为：

$$dx = r_B d\beta \tag{7-6}$$

B 微元体各点的厚度

当接触弧角度很小时，变形区内各单元的厚度可用平方逼近的方法近似：

$$h_i = h_A + (h_E - h_A)\left(\frac{i_{max} + 1 - i}{i_{max}}\right)^2 \quad (i = 1 \sim i_{max} + 1) \tag{7-7}$$

### 7.4.2.3 变形区应力分布

在辊缝内的带钢以中性面为界分为前滑区和后滑区，在这两个区内带钢相对于轧辊的运动相反，所以轧辊对轧件的摩擦力方向也是相反的，在前、后滑区的摩擦力方向都指向中性面。由于前、后滑区受力情况的不同，所以将变形区以中性面为界，分为前滑区和后滑区分别进行计算[86~89]。

对前滑区和后滑区分别进行受力分析，通过外延法插值和迭代算法可求出各微元体主应力。

### 7.4.3 变形抗力模型

变形抗力 $k$ 的数值，首先取决于变形金属的成分和组织，不同的牌号，其 $k$ 值不同。根据冷轧过程的特点，变形抗力值主要与相应的累计变形程度有关。冷轧带钢的变形抗力采用如下模型：

$$k = \frac{2}{\sqrt{3}}\sigma_0(A + B\varepsilon)(1 - Ce^{-D\varepsilon}) \tag{7-8}$$

$$\varepsilon = \frac{2}{\sqrt{3}}\ln\left(\frac{h_0}{h}\right) \tag{7-9}$$

式中　$k$——变形抗力，$N/mm^2$；

$\varepsilon$——带钢的真应变；

$h_0$——原料厚度，mm；

$h$——轧制目标厚度，mm；

$\sigma_0$——模型参数；

$A$，$B$——考虑材料特性的变形抗力参考常量，$N/mm^2$；

$C$，$D$——学习系数。

### 7.4.4 摩擦系数模型

摩擦系数计算结果将影响轧制力计算和前滑计算。某五机架冷连轧机组的摩擦系数模型为：

$$\mu = \left[\mu_0 + \mu_v \exp\left(\frac{-v}{v_1}\right) + (r - r_0)r_1\right] \times \left(1 + \frac{w_0}{1 - ww_1}\right) \times \left(1 + \varepsilon_1 \ln\frac{\varepsilon}{\varepsilon_0}\right) \tag{7-10}$$

式中　$\mu$——最终摩擦系数；

$\mu_0$——摩擦力系数的基准值；

$\mu_v$——摩擦系数的速度影响项；

$v$——机架线速度，m/s；

$v_1$——摩擦系数计算中的速度因子，s/m；

$r$——轧辊的实际粗糙度，m；

$r_0$——轧辊的基准粗糙度，m；

$r_1$——轧辊粗糙度对摩擦系数的影响因子，1/m；

$w_0$，$w_1$——考虑轧辊磨损量对摩擦系数影响的常数；

$w$——轧辊的实际磨损量；

$\varepsilon_0$，$\varepsilon_1$——考虑压下量对摩擦系数的影响常数。

由式7-10可知，模型中的摩擦系数在摩擦系数基准值的基础上考虑了轧辊的粗糙度、速度、压下率及轧辊磨损等因素对摩擦系数的影响，基本与实际境况符合。

### 7.4.5 轧制力模型

通常我们所说的轧制力是指使轧件产生塑性变形的力，它是轧钢工艺和设备设计中的基本参数之一。在轧制模型中，它是最重要的计算参数，因为大部分的基础模型都需要使用轧制力，如压下计算模型、弯辊模型等。

在整个变形区内，按照变形的性质不同可以分为：入口弹性区、后滑区、前滑区和出口弹性区。其中，入口弹性区和出口弹性区中轧件产生的变形是弹性变形，在后滑区和前滑区中，轧件产生的变形是塑性变形。因此，轧件上所受到的总轧制力为四个区域的轧制力之和[90~93]，即：

$$F = F_{pl} + F_{el} = F_{plE} + F_{plA} + F_{elE} + F_{elA} \tag{7-11}$$

（1）塑性变形区的轧制力 $F_{pl}$ 为：

$$F_{pl} = F_{plE} + F_{plA} \tag{7-12}$$

后滑区轧制力 $F_{plE}$ 为：

$$F_{plE} = \left( \sum_{j=2}^{j_F} \frac{\sigma_{Y(j)} + \sigma_{Y(j-1)}}{2} \right) W \mathrm{d}x \tag{7-13}$$

前滑区轧制力 $F_{plA}$ 为：

$$F_{plA} = \left( \sum_{j=24}^{j_F} \frac{\sigma_{Y(j)} + \sigma_{Y(j+1)}}{2} \right) W \mathrm{d}x \tag{7-14}$$

（2）弹性区的轧制力 $F_{el}$ 为：

$$F_{el} = F_{elE} + F_{elA} \tag{7-15}$$

入口弹性区的轧制力为：

$$F_{elE} = 0.5\sigma_Y(1) l_{BelE} W \tag{7-16}$$

式中 $l_{BelE}$——入口弹性区的接触弧长，计算公式为：

$$l_{BelE} = \sqrt{r_B(h_E - h_A + \Delta h_{elE})} - \sqrt{r_B(h_E - h_A)} \tag{7-17}$$

出口弹性区的轧制力为：

$$F_{elA} = \frac{2}{3}\sigma_Y(25)l_{BelA}W \tag{7-18}$$

式中 $l_{BelA}$——出口弹性区的接触弧长，计算公式为：

$$l_{BelA} = \sqrt{r_B \Delta h_{elA}} \tag{7-19}$$

## 7.4.6 轧机弹跳模型

轧机弹跳计算模型是带钢厚控系统必需的基本模型之一，其精度直接影响着辊缝设定及带钢出口厚度软测量的精度。目前，国内轧机过程控制系统中的弹性模型一般采用通过压靠法或轧板法得到的弹跳曲线来确定轧机弹跳值，并通常仅对带钢宽度影响项进行补偿，而轧辊尺寸和弯辊力等因素对弹跳的影响在传统模型中没有得到体现。但是，在实际生产中，由于轧辊参数、板带宽度及弯辊力等因素会实时发生变化，且现场轧制工况与压靠工况有很大不同，因此传统的弹跳模型中因未充分考虑影响弹跳的各因素而具有一定的局限性。针对该问题，模型系统中采用了一种理论模型与轧机压靠测试相结合的新方法。

### 7.4.6.1 模型结构

模型中将整个轧机的弹跳分为：辊系的弹性变形以及牌坊和其他零件的弹性变形。其中，辊系的弹性变形公式为：

$$Stretch_{roll} = Fx_{roll} + F_{Wb}x_{bend} + F_{Ib}x_{bend\_ir} \tag{7-20}$$

式中 $Stretch_{roll}$——辊系弹跳量，mm；

$F_{Wb}$——工作辊弯辊力，kN；

$F_{Ib}$——中间辊弯辊力，kN；

$x_{roll}$——与轧制力相关的刚度系数；

$x_{bend}$——与工作辊弯辊力相关的刚度系数；

$x_{bend\_ir}$——与中间辊相关的刚度系数。

牌坊弹性变形的计算公式为：

$$Stretch_{house} = F/M + S_0[1 - \exp(-F/a)] \tag{7-21}$$

式中 $Stretch_{house}$——牌坊弹跳量，mm；

$M$，$S_0$，$a$——轧机刚度系数，通过对压靠实验采集的轧制力信号和辊缝信号进行拟合获得。

$$Stretch = \frac{F}{M} + S_0(1 - e^{-\frac{F}{a}}) \tag{7-22}$$

式中 $Stretch$——轧机弹跳量，mm；

$F$——轧制力，kN；

$M$，$S_0$，$a$——轧机刚度系数。

#### 7.4.6.2 刚度测试与模型系数拟合

在轧辊压靠过程中，通过基础自动化的数据采集系统详细记录轧制力、弯辊力及对应的辊缝值，对辊缝值进行简单处理便可以获得在不同轧制力下的轧机弹跳。该轧机弹跳值既包含了牌坊和相关机械部分的弹性变形，也包括了辊系的弹性变形。其中，辊系的弹性变形可以采用影响函数法计算得到，将总的轧机弹跳值减去辊系弹性变形，可以得到轧机牌坊和其他机械部件的弹跳曲线。在获得轧机牌坊弹跳曲线的基础上，可对牌坊弹跳系数进行拟合。

下面为某厂1450mm五机架冷连轧机第一机架的刚度测试记录与拟合结果。

（1）测试说明：测试说明见表7-3。

**表7-3 测试说明**

| 测试采样时间：From 2013-8-9 14：52：22 to 2013-8-9 14：54：00 | |
|---|---|
| 基准轧制力 | 3MN |
| 弹跳线性段初始轧制力 | 6MN |
| 最大轧制力 | 17MN |
| 轧制力增幅 | 200kN/s |
| 轧辊线速度 | 100m/min |
| 工作辊总弯辊力 | 300kN |
| 中间辊总弯辊力 | 340kN |
| 中间辊窜辊 | 中间辊零位 |
| 采样周期 | 200ms |

（2）采样数据：轧机刚度测试采样数据见图7-14。

（3）刚度系数拟合：轧机刚度系数拟合曲线见图7-15。

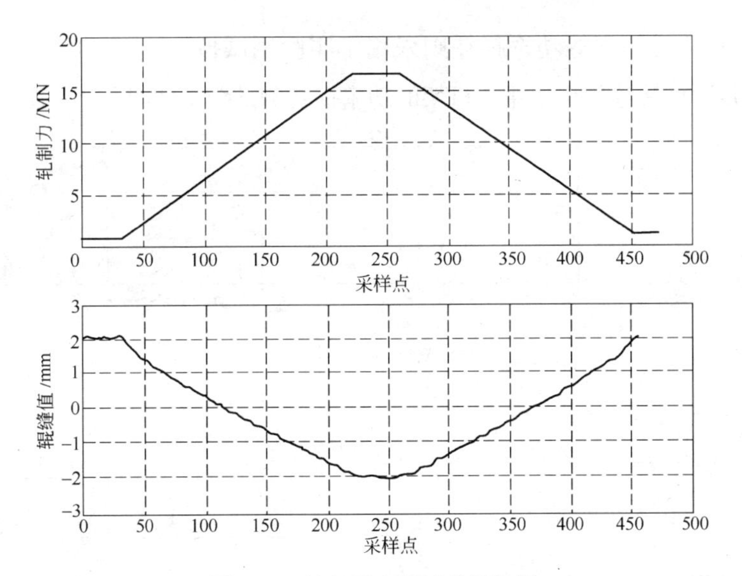


图 7-14 轧机刚度测试采样数据

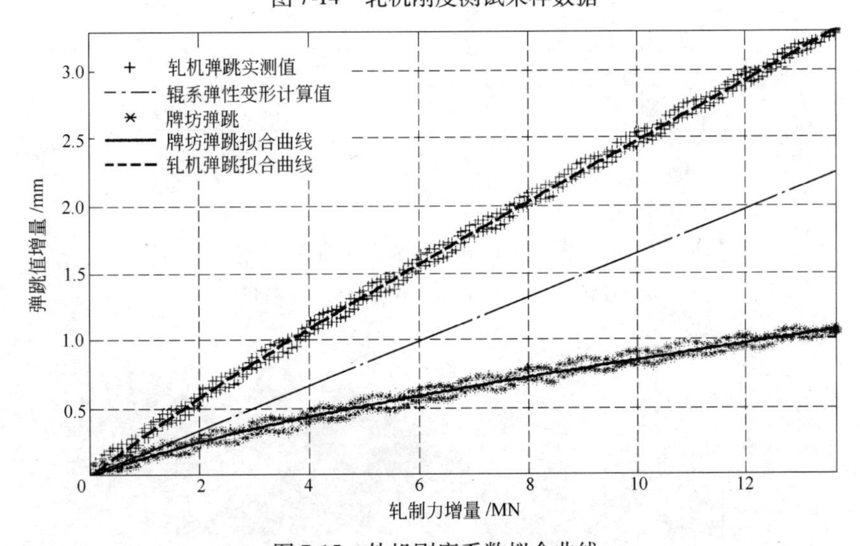


图 7-15 轧机刚度系数拟合曲线

测试时间：2013-8-9；牌坊弹跳：5.9762e－005$F$＋0.25231(1－exp(－$F$/2617.5376))；牌坊刚度：16733.1611kN/mm；轧机弹跳：0.00022205$F$＋0.25239(1－exp(－$F$/2617.1079))；轧机刚度：4503.5368kN/mm

## 7.4.7 电机功率损耗测试

电机功率是轧机电气设备选择及轧制规程设定的重要参数，电机的输出功率除了轧制功率外，还包括摩擦功率、轧机空转时消耗功率等。其中，轧制功率表示使轧件产生塑性变形所需要的功，用理论方法求得；而摩擦功率、轧机空转时消耗功率等功率损耗则采用了实验测试拟合。

某 1450mm 冷连轧机组第 1 机架的功率损耗测试结果如图 7-16、图 7-17 所示。

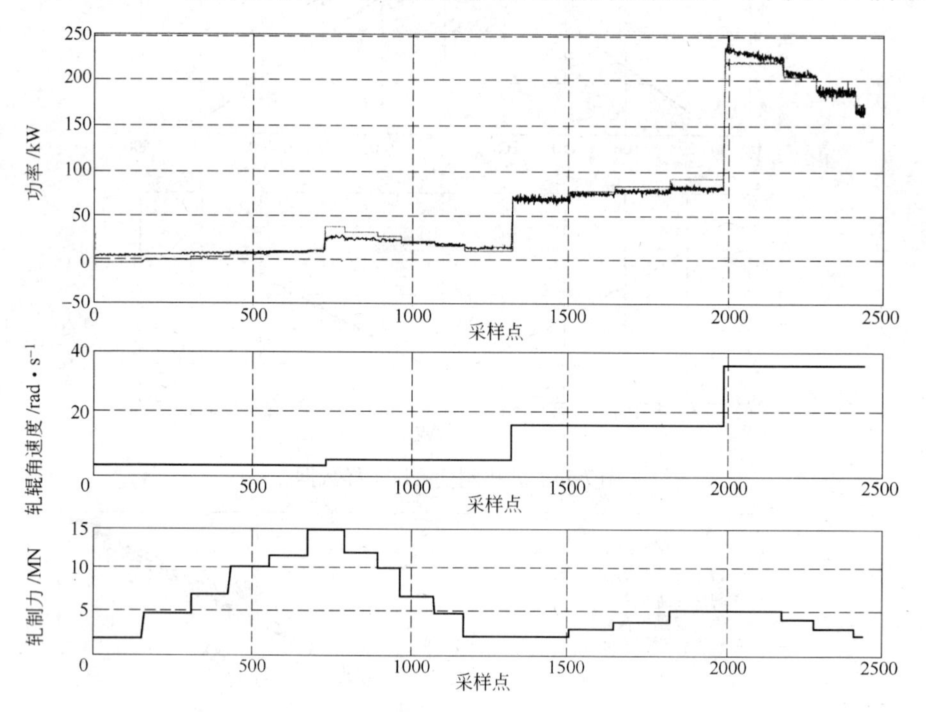


图 7-16　电机功率损耗测试

$$功率损耗 = -14.1814 + n(4.4181 + 0.00044146F_r)$$

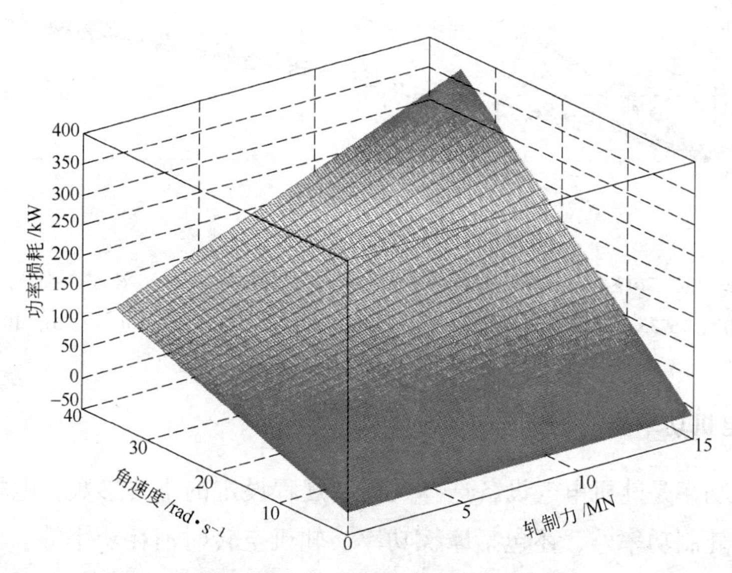


图 7-17　电机功率损耗拟合

## 7.5 模型自适应

### 7.5.1 概述

数学模型是一组描述生产工艺操作与控制规律的方程，是轧制理论和工程经验相结合的产物，是近似的理论模型。在实际轧制过程中，由于轧制条件和来料状况不断变化，这些控制模型并不能对轧制过程进行完全精确的描述，加上模型推导过程中为使计算简化采用了大量假设，因此模型精度受到限制，往往使设定值与实际值之间存在差异，因此必须对设定值进行修正。控制模型自适应学习就是通过比较计算机系统收集的在线检测实际数据与模型设定计算值之间的差异，反映出理论与实际的差别，以不断修正工艺参数模型方程系数的方法，使控制模型逐步求精，从而减少过程状态变化所带来的误差，逼近当前生产轧制的实际，使冷轧机的过程控制系统获得更高的设定精度[94]。

模型系统中的自适应学习既有按轧制阶段来分的低速自适应和高速自适应；又有按时间长短来分的短期自适应和长期自适应，不同类型的自适应用来优化不同的模型参数。

#### 7.5.1.1 短期自适应

短期自适应主要功能是根据轧制过程信息计算模型的修正系数，将当前钢卷计算得到的模型修正系数提供给下一卷带钢，以提高下一卷的预设定值。在轧制每卷带钢的过程中，短期自适应计算要运行 2 次，第 1 次是在低速轧制期间，第 2 次是在高速轧制期间。

短期自适应修正系数的计算采用指数平滑法。低速自适应仅对摩擦系数进行修正；而高速自适应主要对摩擦系数、轧制力矩、工作辊凸度及辊缝等模型进行修正。自适应执行流程如图 7-18 所示。

#### 7.5.1.2 长期自适应

长期自适应通过运行离线程序来分析最近几个月的生产数据，主要用于修正摩擦系数及不同钢种变形抗力的模型参数。在优化了摩擦系数和变形抗力模型参数的基础上，可以提高轧制力、轧制功率的计算精度。

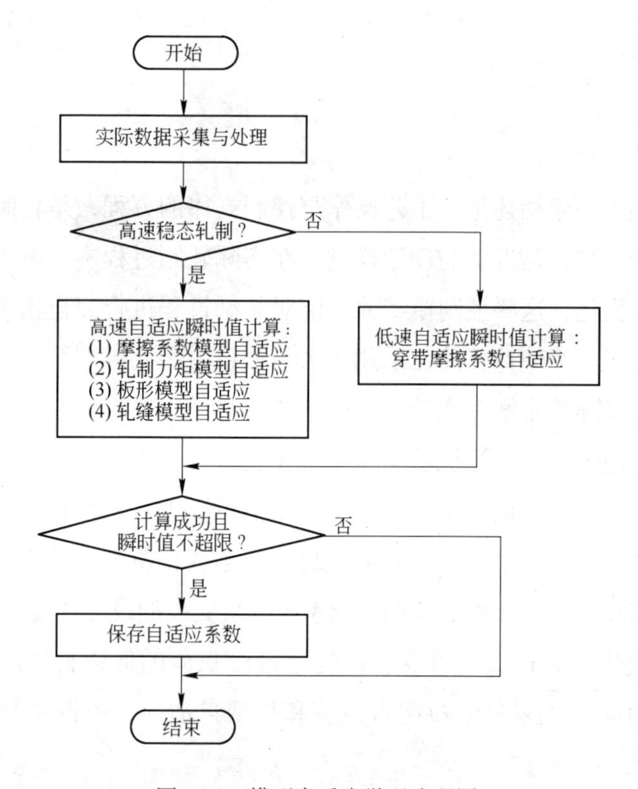


图 7-18 模型自适应学习流程图

长期自适应程序由模型维护工程师手动执行，可以每月离线执行一次。长期自适应执行时，采用上一个月的轧制数据来优化变形抗力参数和摩擦系数。优化的结果作为相应钢种最新的变形抗力模型参数和摩擦系数长期修正值，其中变形抗力模型参数存储在相应数据库表中。

### 7.5.2 轧制力模型参数自适应

在轧制力模型中，带钢变形抗力以及摩擦系数的准确性是影响轧制力模型计算精度的主要因素，而带钢变形抗力以及轧辊和轧件之间的摩擦系数无法通过在线仪表精确测量；由于实际轧制过程中的摩擦系数和变形抗力受到多种因素的影响，因此需要通过对其计算模型进行自适应来提高模型的精度[95~97]。

模型自适应的目的是利用轧制过程中的实测数据更新修正系数。因此，可以在获得各机架实测轧制力的基础上，将带钢变形抗力和摩擦系数作为变量代入轧制力模型中，通过对这两个变量进行修正以使轧制力模型公式计算值与实测值相匹配。

基于上述原理，设计了一种基于目标函数的变形抗力和摩擦系数寻优方法。该方法的基本思想是把追求的目标（模型计算轧制力匹配实测轧制力）表示成数学模型的形式（即目标函数），将变形抗力和摩擦系数模型自适应系数作为变量，然后采用合适的算法获得最优解，以使目标函数值最小，此时可获得满足实际轧制过程的变形抗力和摩擦系数的模型自适应系数。

如图 7-19 所示，轧制力模型参数自适应的方法主要包括两个阶段：

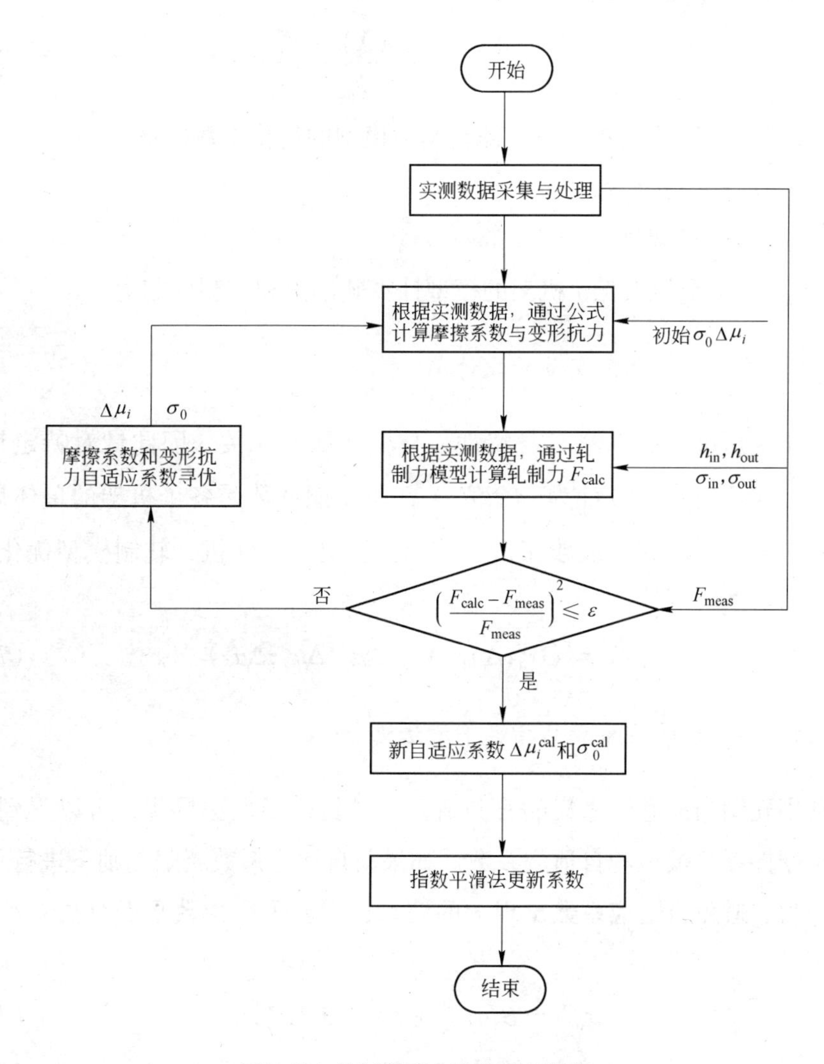


图 7-19　轧制模型参数自适应流程

（1）采用变形抗力和摩擦系数的自适应系数初始值，将实测值代入模型中计算轧制力，并比较计算轧制力与实测轧制力；

（2）通过优化算法，不断调整自适应系数 $\sigma_0$ 和 $\Delta\mu_i$，以使目标函数值最小。

#### 7.5.2.1 轧制力模型参数自适应目标函数

轧制力参数自适应的目标是使各机架的模型计算轧制力与实测轧制力相吻合。综合考虑各个机架，建立目标函数如下：

$$J(X) = \sum_{i=1}^{N}\left(\frac{F_{\mathrm{calc}}^{i}(X) - F_{\mathrm{meas}}^{i}}{F_{\mathrm{meas}}^{i}}\right)^2 \tag{7-23}$$

式中 $X$——决策变量向量，即轧制力模型的优化参数向量；

$N$——总机架数；

$i$——机架号；

$F_{\mathrm{calc}}^{i}$，$F_{\mathrm{meas}}^{i}$——分别为第 $i$ 机架的模型计算轧制力和实测轧制力。

#### 7.5.2.2 模型优化变量的设计

由于变形抗力是材料自身特性，与机架属性无关，因此针对特定钢种，变形抗力自适应系数设计为一个值 $\sigma_0$；而摩擦系数是各个机架的单体属性，各机架应取不同的修正系数 $\mu_{\mathrm{adap}}^{i}$。对于五机架冷连轧机，轧制模型优化参数向量 $X$ 设计为：

$$X = (\sigma_0, \Delta\mu_1, \Delta\mu_2, \Delta\mu_3, \Delta\mu_4, \Delta\mu_5) \tag{7-24}$$

#### 7.5.2.3 自适应系数的指数平滑法更新

利用轧制当前卷时采集的实测值，通过目标函数法寻优，可以得到变形抗力及摩擦系数模型的自适应系数。如果新自适应系数超限，则不进行更新；同时，为了避免自适应系数出现大的波动，需要采用指数平滑算法对其进行处理：

$$\sigma_0^{\mathrm{next}} = \beta_{\mathrm{k}}\sigma_0^{\mathrm{cal}} + (1 - \beta_{\mathrm{k}})\sigma_0^{\mathrm{old}} \tag{7-25}$$

$$\Delta\mu_i^{\mathrm{next}} = \beta_{\mu,i}\Delta\mu_i^{\mathrm{cal}} + (1 - \beta_{\mu,i})\Delta\mu_i^{\mathrm{old}} \tag{7-26}$$

式中 $\sigma_0^{\text{next}}$，$\Delta\mu_i^{\text{next}}$——分别为下一钢卷的变形抗力和摩擦系数模型修正系数；

$\sigma_0^{\text{cal}}$，$\Delta\mu_i^{\text{cal}}$——分别为计算的变形抗力和摩擦系数模型修正系数；

$\sigma_0^{\text{old}}$，$\Delta\mu_i^{\text{old}}$——分别为上一卷修正系数；

$\beta_{\text{k}}$，$\beta_{\mu,i}$——指数平滑系数。

#### 7.5.2.4 模型自适应系数的寻优算法

在建立了目标函数和确定寻优参数后，轧制力模型参数自适应问题转化为多变量非线性无约束的最优化求解问题。模型系统中采用 Nelder-Mead 单纯形算法对带钢变形抗力和摩擦系数进行寻优。

Nelder-Mead 单纯形搜索包括四种基本操作：反射、延伸、收缩和减小棱长，单纯形算法步骤如图 7-20 所示。

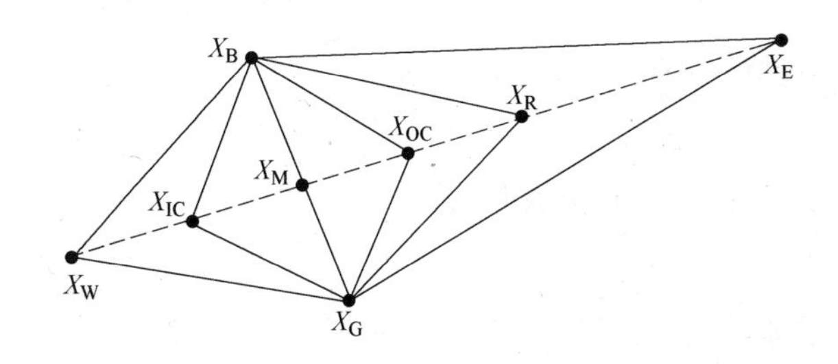


图 7-20 单纯形算法步骤

搜索过程终止准则为：

$$\sigma = \left[\frac{1}{n+1}\sum_{i=1}^{n+1}\|(X_i - \bar{X})\|^2\right]^{\frac{1}{2}} < \varepsilon \tag{7-27}$$

$$\bar{X} = \frac{1}{n+1}\sum_{i=1}^{n+1}X_i$$

式中 $X_i$——单纯形的第 $i$ 个顶点；

$\varepsilon$——最小收敛条件。

若满足上式，则$\bar{X}$即为满足条件的极小点；反之，则继续搜索。

### 7.5.3 自适应增益系数的动态优化

确定轧制力自适应增益系数的一般方法是：根据模型修正系数变化趋势和预设定精度情况选取一个比较合适的值，使得修正系数既能快速逼近目标，又不会产生大的波动。但是，由于在冷连轧生产过程中会出现诸如测量值异常或是轧制状态不稳定等各种状况，很难确定出一个常数去适应轧制过程中可能出现的状况。因此，轧制力自适应增益系数应该能够根据轧制状况在线调整。模型自适应采用了一种根据实测数据动态调整增益系数的方法。

增益系数的在线调整与许多因素有关，其中采集的实测数据的精度无疑是最重要的。在采集 $n$ 个实测数据后，可利用 $t$ 分布的双侧分位数和测量值的方差来确定实测数据置信度。

在计算出各实测数据置信度基础上，下面建立增益系数和实测数据置信度之间的数学关系。由轧制力公式可知，轧制力与机架的入/出口厚度、入/出口张力、带钢速度等参数有关，因此计算实测数据的等效置信度需综合考虑上述因素，计算公式为：

$$ci_i^{\text{total}} = ci_i^F + W_{\text{h}} h_i^{\text{rel}} (ci_i^{h_{\text{in}}} + ci_i^{h_{\text{out}}}) + W_\sigma (ci_i^{\sigma_{\text{in}}} + ci_i^{\sigma_{\text{out}}}) \tag{7-28}$$

对实测数据等效置信区间进行极限限定：

$$ci_i^{\text{total}} = \min\{ci_i^{\text{total}}, ci_{\max}\} \tag{7-29}$$

式中 $ci_i^{\text{total}}$——实测数据的等效置信度；

$ci_i^F$——轧制力测量值的置信度；

$W_{\text{h}}$，$W_\sigma$——分别为厚度和张力置信度权重系数；

$h_i^{\text{rel}}$——厚度相对因子，$h_i^{\text{rel}} = \dfrac{h_{\text{out},i}^{\text{meas}}}{h_{\text{in},i}^{\text{meas}} - h_{\text{out},i}^{\text{meas}}}$；

$ci_i^{h_{\text{in}}}$，$ci_i^{h_{\text{out}}}$——分别为入口厚度、出口厚度测量值的置信度；

$ci_i^{\sigma_{\text{in}}}$，$ci_i^{\sigma_{\text{out}}}$——分别为入口张应力、出口张应力测量值的置信度；

$ci_{\max}$——置信度限定值。

在确定实测数据置信度后，可计算 $\beta$ 值：

$$\beta = \beta_0 (1 - ci_i^{\text{total}} W_{\text{Fci}}) \tag{7-30}$$

式中 $\beta_0$——基本增益系数；

$W_{\text{Fci}}$——等效置信度的权重系数。

## 7.6 轧制规程的多目标优化

### 7.6.1 概述

对于冷连轧而言，轧制规程包括压下规程、速度规程和张力规程。其中，压下规程是轧制规程的核心，要制定有效的轧制规程，首先需要合理分配各机架的压下量。在一定的轧制条件下，各机架的厚度分配确定后，每个机架的入口厚度、出口厚度和轧制速度等工艺参数便可确定，从而可计算出轧制力、轧制力矩、轧制功率等负荷参数，因此压下规程常称之为轧制负荷分配。

常规的轧机负荷分配确定，主要是根据经验分配各道次压下率，进而确定其速度和张力制度。而与常规方法不同，在模型系统中设计了一种基于成本函数的多目标优化负荷分配方式，在设计过程中综合考虑了产量最大化、产品质量和设备工艺要求等因素，设计过程如图 7-21 所示。

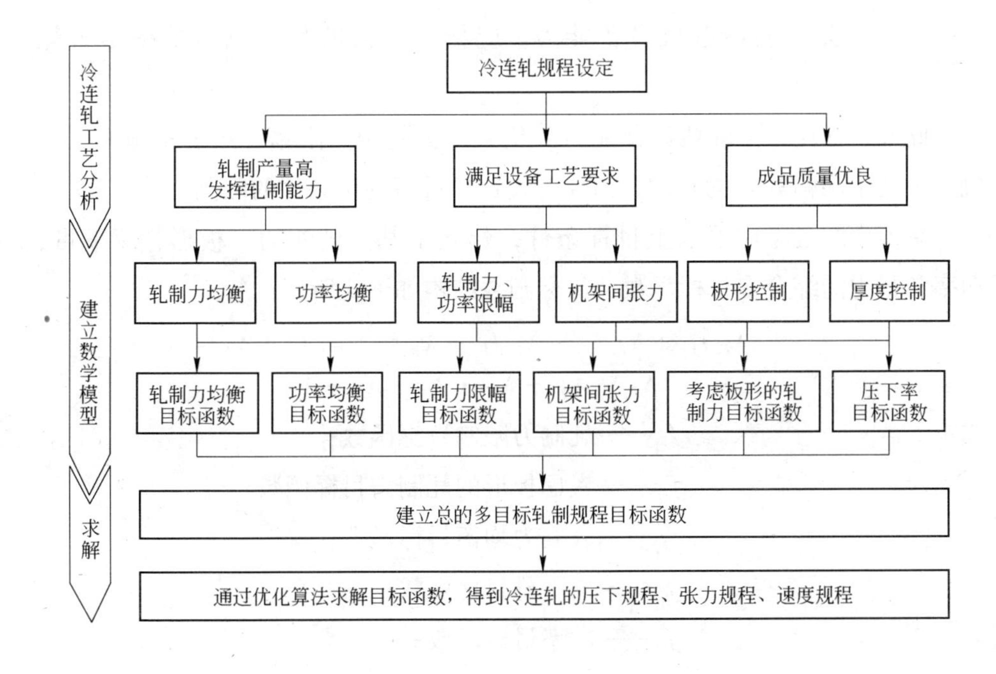


图 7-21　轧制规程优化设计过程示意图

### 7.6.2　工艺分析及总目标函数的设计

冷连轧机组负荷分配的优化就是在满足工艺条件的情况下，合理分配各机架的压下率，使轧制工艺最优化，以提高产品质量及轧机生产效率。

在设计目标函数时，需要考虑轧机的机械型号、电气状态条件、实际操作中应满足的条件等，在不损害设备的前提下，使各设备充分发挥最大的生产能力。同时，还需要考虑如下工艺要求：

（1）轧制速度直接决定轧机的生产能力，为充分利用轧机设备能力以及提高生产效率，实际设备条件允许情况下，可采用最大设定轧制速度；

（2）轧制力分配必须合理，既要保证轧制力均衡条件，又需要满足维持板形最优的轧制力条件；

（3）各机架压下量不能超过限幅，并且主要压下在上游机架实现，为有效控制板形，最末机架压下量应最小；

（4）实际轧制过程中，为避免出现带钢打滑现象，机架间张力设定值必须在限幅之内；

（5）为充分利用电机设备能力，应使各机架的相对电机功率尽可能相等。

此外，还应考虑轧线设计能力（机架最大轧制力限幅、压下量限幅、电机最大功率限幅等）的限制，需要对设定值进行约束条件的限制。

系统中综合考虑了以上目标条件，建立了基于轧制力、板形、压下量、功率和张力的综合多目标函数，目标函数结构如下式所示：

$$f_{\text{total}} = \frac{\lambda_{F_1} f_{F_1} + \lambda_{F_2} f_{F_2} + \lambda_{F_3} f_{F_3} + \lambda_R f_R + \lambda_P f_P + \lambda_T f_T}{\lambda_{F_1} + \lambda_{F_2} + \lambda_{F_3} + \lambda_R + \lambda_P + \lambda_T} \tag{7-31}$$

式中 $f_{F_1}$——轧制力限制目标函数；

$f_{F_2}$——考虑板形的轧制力目标函数；

$f_{F_3}$——轧制力均衡目标函数；

$f_R$——压下量目标函数；

$f_P$——功率目标函数；

$f_T$——张力目标函数；

$\lambda_{F_1}$，$\lambda_{F_2}$，$\lambda_{F_3}$，$\lambda_R$，$\lambda_P$，$\lambda_T$——分别为各目标函数加权系数。

### 7.6.3 单目标函数的设计

为了便于各目标函数式的描述与表达，定义以下中间变量：

$$F_{\text{nom},i} = \frac{F_{\max,i} + F_{\min,i}}{2} \tag{7-32}$$

$$F_{\text{delta},i} = \frac{F_{\max,i} - F_{\min,i}}{2} \tag{7-33}$$

$$P_{nom,i} = P_{max,i}P_{ratio,i} \tag{7-34}$$

$$X_{nom,i} = \frac{X_{max,i} + X_{min,i}}{2} \tag{7-35}$$

$$X_{delta,i} = \frac{X_{max,i} - X_{min,i}}{2} \tag{7-36}$$

$$\delta_1 = \frac{T_{out,i-1}}{WH_{out,i-1}} \tag{7-37}$$

$$\delta_2 = \frac{T_{out,j-1}}{WH_{out,j-1}} \tag{7-38}$$

式中 $i$，$j$——机架号；

$F_{max,i}$，$F_{min,i}$——分别为第 $i$ 机架轧制力最大、最小值，在 $f_{F_1}$ 及 $f_{F_2}$ 计算时取值有所不同；

$P_{max,i}$——第 $i$ 机架轧制功率最大值；

$P_{ratio,i}$——第 $i$ 机架轧制功率占最大功率的比率；

$X_{max,i}$，$X_{min,i}$——分别为第 $i$ 机架压下量或张力最大、最小值；

$T_{out,i-1}$，$T_{out,j-1}$，$H_{out,i-1}$，$H_{out,j-1}$——分别为相应机架出口张力及出口厚度；

$W$——带钢宽度。

（1）基于轧制力限制的目标函数：该目标函数的目的在于使轧制力设定值 $F_i$ 尽可能地接近 $F_{nom,i}$，并满足各种约束条件，目标函数设计为：

$$f_{F_1} = \frac{\sum_{i=1}^{N-1} k_{F_1,i}\left(\frac{F_i - F_{nom,i}}{F_{delta,i}}\right)^2}{\sum_{i=1}^{N-1} k_{F_1,i}} + \sum_{i=1}^{N}\left(\frac{F_i - F_{nom,i}}{F_{delta,i}}\right)^{n_{F_1,i}} \tag{7-39}$$

（2）考虑板形的轧制力目标函数：该目标函数的目的在于使轧制力设定值 $F_i$ 尽可能地接近维持板形的 $F_{nom,i}$，并满足各种约束条件，目标函数设计为：

$$f_{F_2} = \frac{\sum_{i=1}^{N} k_{F_2,i}\left(\frac{F_i - F_{nom,i}}{F_{delta,i}}\right)^2}{\sum_{i=1}^{N} k_{F_2,i}} + \sum_{i=1}^{N}\left(\frac{F_i - F_{nom,i}}{F_{delta,i}}\right)^{n_{F_2,i}} \tag{7-40}$$

（3）基于轧制力均衡的目标函数：该目标函数的目的在于使轧制力设定

值尽可能地保持均衡，并满足各种约束条件，目标函数设计为：

$$f_{F_3} = \frac{\sum_{i=1}^{N} k_{F_3,i}\left(\frac{F_i - \frac{1}{n}\sum_{i=1}^{N} F_i}{\frac{1}{n}\sum_{i=1}^{N} F_i}\right)^2}{\sum_{i=1}^{N} k_{F_3,i}} \tag{7-41}$$

（4）基于压下量的目标函数：该目标函数的目的在于使压下量 $r_i$ 尽可能地接近指定的压下量 $r_{\mathrm{nom},i}$，并满足各种约束条件，目标函数设计为：

$$f_R = \frac{\sum_{i=1}^{N} k_{R,i}\left(\frac{r_i - r_{\mathrm{nom},i}}{r_{\mathrm{delta},i}}\right)^2}{\sum_{i=1}^{N} k_{R,i}} + \sum_{i=1}^{N}\left(\frac{r_i - r_{\mathrm{nom},i}}{r_{\mathrm{delta},i}}\right)^{n_{R,i}} \tag{7-42}$$

（5）基于功率的目标函数：该目标函数的目的在于使功率设定值 $P_i$ 尽可能地接近 $P_{\mathrm{nom},i}$，并满足各种约束条件，目标函数设计为：

$$f_P = \frac{\sum_{i=1}^{N} k_{P,i}\left(\frac{P_i - P_{\mathrm{nom},i}}{P_{\mathrm{delta},i}}\right)^2}{\sum_{i=1}^{N} k_{P,i}} + \sum_{i=1}^{N}\left(\frac{P_i - P_{\mathrm{nom},i}}{P_{\mathrm{delta},i}}\right)^{n_{P,i}} \tag{7-43}$$

（6）基于张力的目标函数：该目标函数的目的在于使张力设定值 $T_i$ 尽可能地接近 $T_{\mathrm{nom},i}$，下游机架的单位张力大于上游机架的单位张力，并满足各种约束条件，目标函数设计为：

$$f_T = \frac{\sum_{i=1}^{N} k_{T,i}\left(\frac{T_i - T_{\mathrm{nom},i}}{T_{\mathrm{delta},i}}\right)^2}{\sum_{i=1}^{N} k_{T,i}} + \sum_{i=1}^{N}\left(\left(\frac{T_i - T_{\mathrm{nom},i}}{T_{\mathrm{delta},i}}\right)^{n_{T,i}} + \sum_{j=i+1}^{N-2}\left(\frac{\delta_1}{\delta_2}\right)^{n_{T,i}}\right) \tag{7-44}$$

式中 $k_{F_1,i}$，$k_{F_2,i}$，$k_{F_3,i}$，$k_{R,i}$，$k_{P,i}$，$k_{T,i}$——分别为与机架有关的各变量加权系数；

$n_{F_1,i}$，$n_{F_2,i}$，$n_{R,i}$，$n_{P,i}$，$n_{T,i}$——分别为与机架有关的各目标函数指数惩罚项系数。

在某 1450mm 冷连轧机组的现场应用中，目标函数中的各参数保存在配置文件中，在调试过程中可以通过修改成本函数的参数方便灵活地对成本函数进行配置，以使轧制过程处于最佳状态。

### 7.6.4 张力规程的修正

冷连轧过程中，随着轧制长度的增加，轧辊摩擦系数减小，轧制力也随之减小，这将造成带钢打滑，因此需要通过修正机架间张力从而对轧制力进行补偿。具体操作过程为：通过多目标优化模型计算出各机架间张力值，然后根据各机架工作辊轧制长度对其进行修正。计算公式设计如下：

$$T_i = \gamma_{i+1} T_i^{(0)} \quad (i = 1 \sim 4) \tag{7-45}$$

式中 $T_i$，$T_i^{(0)}$——分别为第 $i$ 机架与第 $i+1$ 机架间修正后张力值以及模型计算张力值；

$\gamma_{i+1}$——张力修正系数，由第 $i+1$ 机架工作辊轧制长度确定，如图 7-22 所示。

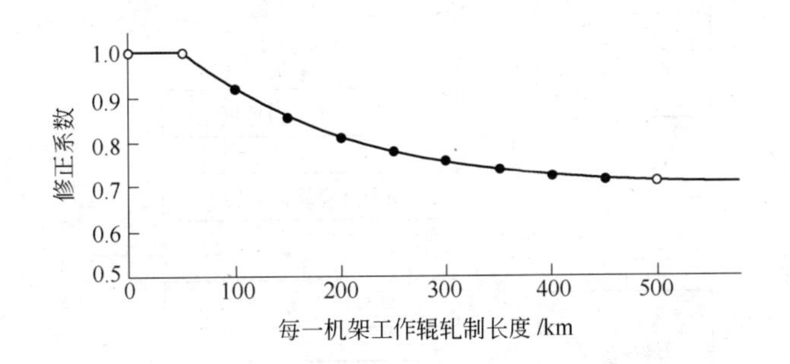


图 7-22 张力修正系数示意图

根据工作辊轧制长度从图 7-22 中得到相应的修正系数，再乘以由模型计算出的机架间张力值，即可得到修正后的张力规程。

### 7.6.5 执行流程

该优化设计的基本思想是：根据来料的初始数据，在满足设备要求和工艺要求的基础上，确定轧机出口速度以及各机架间厚度、张力，根据已知数据初次计算各轧制参数（轧制力、电机功率等），判断功率或转速是否超限，若超限则调整轧机出口速度，重新进行轧制参数计算。满足限制条件后计算目标函数值，计算完成之后进行收敛条件判断，若满足收敛条件，则校核规程并输出；若不满足，则重新进行迭代计算，直至求出满足约束条件的限制并使目标函数值最小的各机架间厚度及张力值，进行规程校核并输出；否则给出报警，结束计算。

轧制规程计算流程图如图 7-23 所示。

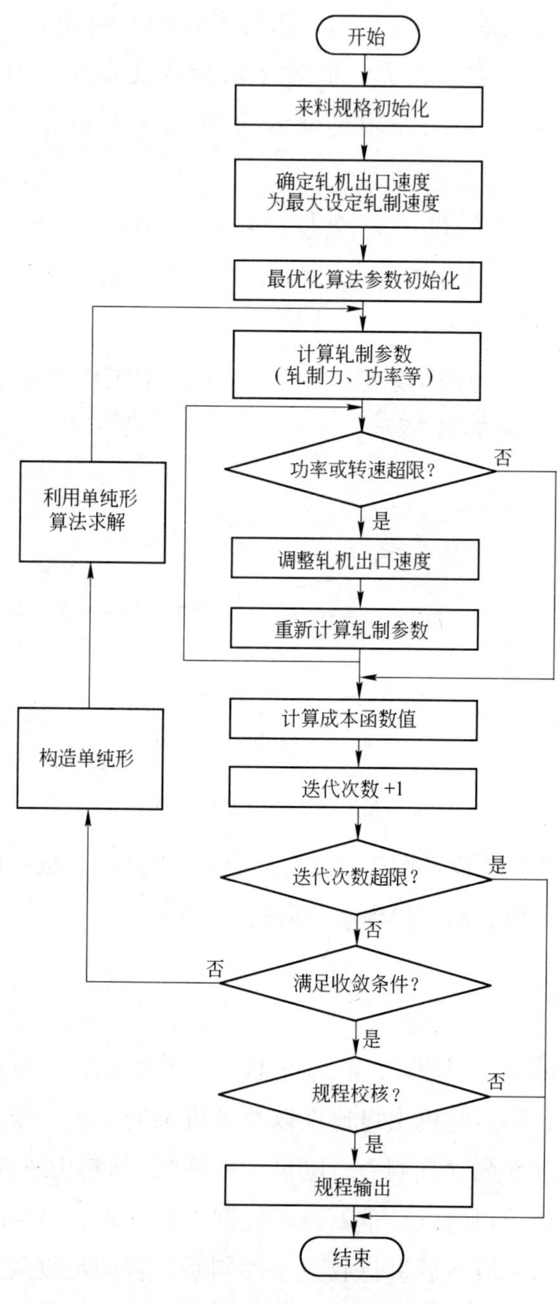


图 7-23 轧制规程计算流程图

# 8 结　　语

轧制技术及连轧自动化国家重点实验室（东北大学）在酸洗冷连轧控制系统方面做了大量的工作，对从国外引进酸洗冷连轧机组计算机控制系统进行消化，包括各工艺控制系统、轧制规程优化及数学模型消化调优。在此基础上自主研究开发了实验室三机架冷连轧机分布式计算机控制系统。2000 年与日本三菱合作完成了上海宝钢益昌薄板有限公司 1220mm 五机架冷连轧机模型设定程序开发及在线应用，2005 年与西门子奥钢联合作完成了唐钢 1800mm 五机架计算机控制系统应用软件联合开发，2010 年与鞍钢自动化公司合作完成了鞍钢福建 1450mm 冷连轧机自动化控制系统研制、开发与现场调试。通过多年的努力和技术积累，轧制技术及连轧自动化国家重点实验室（东北大学）已经具备了自主设计、集成和开发各种冷轧机组自动化控制系统的能力。2011 年，轧制技术及连轧自动化国家重点实验室（东北大学）与思文科德薄板科技有限公司签订了 1450mm 酸洗冷连轧机组自动控制系统研制与开发项目，是国内第一条完全依靠自己力量开发全线控制系统应用软件并自主调试的大型高端精品酸洗冷连轧机组。

轧制技术及连轧自动化国家重点实验室（东北大学）在冷连轧控制系统研究开发过程中，针对其中的难点问题开发了诸多新型控制技术，并取得了针对液压伺服控制、厚度控制、张力控制、板形控制等的多项专利，出版了《带钢冷连轧原理与过程控制》、《高精度板带钢厚度控制的理论与实践》等多部专著，“板带钢轧制过程的智能优化与数模调优”项目和“冷轧板形控制系统研究与开发”项目分别在 2000 年与 2011 年获得了国家科技进步奖二等奖。

思文科德 1450mm 酸轧项目的成功，标志着轧制技术及连轧自动化国家重点实验室（东北大学）已经完全具备了自主完成大型酸轧联机三电系统综合自动化工程项目的能力，实现了在板带冷连轧自动控制领域的跨越式发展！该项目的实施有力地推动了大型高端酸洗冷连轧机组的自主创新和国产化进程，使我国拥有了酸洗冷连轧自动控制系统的自主知识产权，将大大增强我国在轧制控制系统方面的核心竞争力。

# 参考文献


[1] 刘丽燕，张树堂．冷轧板带钢生产的结构调整与发展方向[J]．轧钢，2010，27(3)：1～6.

[2] 思文科德 1450mm 酸洗冷连轧机组自动化控制系统基本设计审查技术规格书，内部资料．

[3] 思文科德 1450mm 酸洗冷连轧机组自动化控制系统详细设计审查技术规格书，内部资料．

[4] Bryant C F. Automation of Tandem Mills [M]. London: British Iron and Steel Institute, 1973.

[5] 汪祥能，丁修堃．现代带钢连轧机控制[M]．沈阳：东北大学出版社，1996.

[6] Sun Dengyue, Du Fengshan, Xu Shimin, et al. Dynamic strip thickness simulation on five-stand cold continuous rolling mill [J]. Journal of Iron and Steel Research, 2006, 13(2): 30～32.

[7] 刘新伟．拉伸弯曲矫直机张力辊传动装置分析[J]．一重技术，2010(3)：4～7.

[8] 陈德来．直接传动型拉矫机拉矫工艺与传动系统控制策略研究[D]．北京：北京科技大学，2009.

[9] 邓智泉，何礼高，严仰光．无轴承交流电机的原理及应用[J]．机械科学与技术，2002(9)：730～733.

[10] 孙杰，李旭，谷德昊．高精确度铝箔张力控制策略的研究与应用[J]．2011，15(12)：73～77.

[11] 邵龙刚，刘磊，陈建．CLECIM 公司的拉伸矫直装置在酸洗线上的应用[J]．电工技术，2008(4)：47～48.

[12] 任涛．酸洗线拉伸弯曲矫直机的应用[J]．鞍钢技术，2001(2)：17～21.

[13] 常铁柱，韩志勇，卢宁．拉矫机结构优化和工艺参数设定分析[J]．冶金设备，2010，特刊(2)：33～36.

[14] 王建国，李同庆．拉矫机破鳞原理的研究[J]．上海金属，1999，21(1)：12～15.

[15] 李同庆，陈先霖，王建国．拉伸弯曲矫直机破鳞功能的研究[J]．冶金设备，1998(3)：1～3.

[16] 金兹伯格．高精度板带材轧制理论与实践[M]．姜明东，王国栋等译．北京：冶金工业出版社，1998.

[17] 中国金属学会轧钢学会冷轧板带学术委员会．中国冷轧板带大全[M]．北京：冶金工业出版社，2005.

[18] 付作宝．冷轧薄钢板生产[M]. 2 版．北京：冶金工业出版社，2005.

[19] 孙一康．带钢冷连轧计算机控制[M]．北京：冶金工业出版社，2002.

[20] 黄庆学，梁爱生．高精度轧制技术[M]．北京：冶金工业出版社，2002.

[21] 胡建平．六辊冷轧机轧辊横移和弯辊力设定策略分析[J]．钢铁技术，2006(1)：25～28.

[22] 王国栋．板形控制和板形理论[M]．北京：冶金工业出版社，1986.

[23] 梁勋国，徐建忠，王国栋，等．UCM 冷连轧机弯辊力设定值优化的研究[J]．轧钢，2008，25(5)：21～25.

[24] 顾云舟，张杰，张清东，等．冷连轧机组弯辊力自动设定的实现[J]．北京科技大学学报，2000，22(2)：173～176.

[25] 刘佳伟，张殿华，王军生，等．冷带非稳态轧制弯辊力设定值的研究与应用[J]．东北大学学报，2010(6)：830～833.

[26] 胡雪生，李小敬．奥钢联-克莱西姆 Smart Crown 辊型研究[J]．河北冶金，2004(6)：18～20.

[27] 杨光辉，曹建国，张杰，等．Smart Crown 冷连轧机板形控制新技术改进研究与应用[J]．钢铁，2006，41(9)：56～59.

[28] 郭忠峰，徐建忠，李长生，等．几类典型轧辊横移变凸度辊型的比较与分析[J]．东北大学学报（自然科学版），2008，29(6)：830～833.

[29] 刘佳伟，王军生，张殿华，等．六辊 UC 轧机中间辊轴向移动速度的研究[J]．钢铁，2009，12(44)：59～61.

[30] Bryant G F，Higham J D. A method for realizable non-interactive control design for a five stand cold rolling mill [J]. Automatica, 1973,(9)：453～466.

[31] John Pittner, Nicholas S Samaras, Marwan A Simaan. A new strategy for optimal control of continuous tandem cold metal rolling [J]. IEEE Transaction on Industry Applications, 2010, 46(2)：703～711.

[32] Tomoyuki Tezuka, Takashi Yamashita, Takumi Sato, Youji Abiko, Tomohiro Kanai, Mamoru Sawada. Application of a new automatic gauge control system for the tandem cold mill [J]. IEEE Transaction on Industry Applications, 2002, 38(2)：553～558.

[33] Sun Jie, Zhang Haoyu, Qin Dawei, et al. Simulation research of integral controller in monitor AGC system [C]. Taiyuan：2012 Chinese Control and Decision Conference, 2012：3951～3955.

[34] Sun Jie, Zhang Dianhua, Li Xu, et al. Smith prediction monitor AGC system based on fuzzy self-tuning PID control [J]. Journal of Iron and Steel Research, 2010, 17(2)：22～26.

[35] 张欣，张殿华，李旭，等．基于 Smith 预估控制器的监控 AGC 在冷连轧机上的应用[J]．钢铁研究学报，2012，23(12)：60～63.

[36] Wang J S, Jiang Z Y, Tieu A K, et al. A flying gauge change model in tandem cold strip mill [J]. Journal of Materials Processing Technology, 2008, 20(4)：152～161.

[37] John Pittner, Marwan A Simaan. Control of a continuous tandem cold metal rolling process [J]. Control Engineering Practice, 2008,(16)：1379～1390.

[38] Xiaofeng Zhang, Qingdong Zhang, Chaoyang Sun. Gauge and tension control in unsteady state of cold rolling using mixed $H_2/H_\infty$ control [A], IEEE International Conference on Control and Automation [C]. Christchurch, 2009: 2072 ~ 2076.

[39] Kazuya Asano, Manfred Morari. Interaction measure of tension-thickness control in tandem cold rolling [J]. Control Engineering Practice, 1998,(6): 1021 ~ 1027.

[40] Kee-Hyun Shin, Wan-Kee Hong. Real-time tension control in a multi-stand rolling system [J]. KSME International Journal, 1998, 12(1): 12 ~ 21.

[41] Liu Guangming, Di Hongshuang, Zhou Cunlong, et al. Tension and thickness control strategy analysis of two stands reversible cold rolling mill [J]. Journal of Iron and Steel Research, International, 2012, 19(10): 20 ~ 25.

[42] John Pittner, Marwan A. Simaan. State-dependent riccati equation approach for optimal control of a tandem cold metal rolling process [J]. IEEE Transaction on Industry Applications, 2006, 42(3): 836 ~ 843.

[43] Hamid Reza Koofigar, Farid Sheikholeslam, Saeed Hosseinnia. Unified gauge-tension control in cold rolling mills: A Robust Regulation Technique [J]. International Journal of Precision Engineering and Manufacturing, 2011, 12(3): 393 ~ 403.

[44] 郑岗，谢云鹏，刘丁，等．板形检测与板形控制方法[J]．重型机械，2002(4)：2 ~ 4.

[45] 张清东，陈先霖，何安瑞，等．冷轧宽带钢板形检测与自动控制[J]．钢铁，1999，34(10)：69 ~ 72.

[46] 王训宏，王快社，杨西荣，等．新型接触式板形检测辊的研制[J]．冶金设备，2005(6)：54 ~ 57.

[47] 胡国栋，王琦，邹本友，等．磁弹变压器差动输出式冷轧带材板形仪[J]．钢铁，1994，29(4)：57 ~ 59.

[48] 王快社，王训宏，张兵，等．板形检测控制新方法[J]．重型机械，2004(5)：18 ~ 22.

[49] 王鹏飞，张殿华，刘佳伟，等．变包角板形测量值计算模型[J]．钢铁研究学报，2010，22(1)：57 ~ 60.

[50] 王鹏飞，张殿华，刘佳伟，等．1450 冷连轧机板形控制系统分析与改进[J]．中国冶金，2009，19(9)：31 ~ 35.

[51] 梁勋国，矫志杰，王国栋，等．冷轧板形测量技术概论[J]．冶金设备，2006(6)：36 ~ 39.

[52] 王向丽，李谋渭，张少军．分段辊测张式板形仪性能及发展趋势研究[J]．冶金自动化，2008，32(3)：39 ~ 42.

[53] 王鹏飞，张殿华，刘佳伟，等．冷轧板形测量值计算模型的研究与应用[J]．机械工程学

报, 2011, 47(4): 58 ~ 65.

[54] 贾春玉, 尚志东. 冷轧板形目标曲线的补偿设定[J]. 钢铁研究学报, 2000, 12(4): 64 ~ 67.

[55] 李汝甲. 论带材板形测控过程中温度影响及其补偿措施[J]. 重型机械, 1995,(5): 27 ~ 28.

[56] 王鹏飞, 张殿华, 刘佳伟, 等. 冷轧板形目标曲线设定模型的研究与应用[J]. 钢铁, 2010, 45(4): 50 ~ 55.

[57] 梁勋国. 六辊冷连轧机板形控制模型优化的研究[D]. 沈阳: 东北大学, 2008.

[58] 张清东, 白剑, 徐乐江, 等. 1420mm 冷连轧机机型改进与板形控制能力扩展[J]. 钢铁, 2009, 44(4): 42 ~ 45.

[59] 张殿华, 王鹏飞, 刘佳伟, 等. UCM 轧机中间辊横移控制模型与应用[J]. 钢铁, 2010, 45(2): 53 ~ 57.

[60] 张清东, 吴越, 翟彪, 等. 1220 冷连轧机板形控制性能综合改善[J]. 上海金属, 2005, 27(23): 23 ~ 25.

[61] 王文明, 钟掘, 谭建平. 板形控制理论与技术进展[J]. 矿业工程, 2001, 21(4): 70 ~ 72.

[62] 彭艳, 郑振忠, 刘宏民. 六辊轧机冷轧带材板形控制的仿真研究[J]. 中国机械工程, 2000, 11(9): 1061 ~ 1064.

[63] Liu Hongmin, He Haitao, Shan Xiuying, et al. Flatness control based on dynamic effective matrix for cold strip mills [J]. Chinese Journal of Mechanical Engineering, 2009, 22 (2): 287 ~ 296.

[64] Liu Yuli, Jin Xiaoguang, Lian Jiachuang, et al. Elastoplastic 3D deformation and stress analysis of strip rolling [J]. Journal of Iron and Steel Research International, 1998, 5(2): 28 ~ 31.

[65] Rubén Usamentiaga, Daniel F García. Compensation for uneven temperature in flatness control systems for steel strips[C]. Conference Record of the 2006 IEEE Volume 1, Issue , Oct. 2006: 521 ~ 527.

[66] 徐乐江. 板带冷轧机板形控制与机型选择[M]. 北京: 冶金工业出版社, 2007.

[67] 刘宏民, 丁开荣, 李兴东, 等. 板形标准曲线的理论计算方法[J]. 机械工程学报, 2008, 44(8): 138 ~ 140.

[68] 杨节. 轧制过程数学模型[M]. 北京: 冶金工业出版社, 1993.

[69] 华建新, 王贞祥. 全连续式冷连轧机过程控制[M]. 北京: 冶金工业出版社, 2000.

[70] 冯志纯, 廖砚林. 对带钢冷连轧机设计若干问题的探讨[J]. 轧钢, 1995(6): 13 ~ 18.

[71] 张锐华, 任涛. 大型宽带钢冷连轧机的研究[J]. 重型机械, 2007(6): 14 ~ 18.

[72] 姜万录, 陈东宁. 冷连轧机负荷分配优化研究进展[J]. 燕山大学学报, 2007, 31(3):

189 ~ 193.

[73] 江潇．热轧带钢粗轧过程控制与模型[D]．沈阳：东北大学，2007.

[74] Wang D D, Tieu A K, de Boer F G, et al. Toward a huristic optimum design of rolling schedules for tandem cold rolling mills[J]. Engineering Applications of Artificial Intelligence, 2000 (13): 397 ~ 406.

[75] 李海军．热轧带钢精轧过程控制系统与模型的研究[D]．沈阳：东北大学，2008.

[76] 王廷溥．金属塑性加工学-轧制理论与工艺[M]．北京：冶金工业出版社，1986.

[77] 祝东奎，张清东，陈守群，等．兼顾板形的带钢冷连轧机最优化负荷分配[J]．北京科技大学学报，2002，22(1)：80 ~ 83.

[78] 王育华．2030冷连轧机的道次计算[J]．宝钢技术，1989(3)：19 ~ 23.

[79] 华建新．宝钢2030mm冷连轧机的压下负荷分配[J]．冶金自动化，1991，15(3)：43 ~ 48.

[80] 徐耀寰，华建新．宝钢2030mm冷连轧机轧制规程及其优化[J]．轧钢，1991(5)：6 ~ 8.

[81] 王军生，矫志杰，赵启林，等．冷连轧过程控制在线负荷分配及修正计算[J]．东北大学学报，2001，22(4)：427 ~ 430.

[82] 矫志杰，赵启林，王军生，等．冷连轧机过程控制在线负荷分配方法[J]．钢铁，2005，40(3)：44 ~ 48.

[83] 马虹蔚，王元仲，李劲．1700mm冷连轧机设定控制系统的研究[J]．轧钢，2000，17(5)：13 ~ 15.

[84] 叶学卫，许健勇，王欣．宝钢1420mm冷连轧机轧制规范及其优化[J]．轧钢，2004，21(6)：50 ~ 52.

[85] Korczak P, Dyja H. Investigation of microstructure prediction during experimental thermo-mechanical plate rolling[J]. Journal of Materials Processing Technology, 2001(109): 112 ~ 119.

[86] Datta A K, Das G, De P K, et al. Finite element modeling of rolling process and optimization of process parameter[J]. Materials Science and Engineering: A, 2006, 426(1 ~ 2): 11 ~ 20.

[87] Yu H L, Liu X H, Zhao X M, et al. Explicit dynamic FEM analysis of multipass vertical-horizontal rolling[J]. Journal of Iron and Steel Research International, 2006, 13(3): 26 ~ 30.

[88] Youngsoo Yea, Youngsoo Ko, Naksoo Kim, et al. Prediction of spread, pressure distribution and roll force in ring rolling process using rigid-plastic finite element method[J]. Journal of Materials Processing Technology, 2003, 140(1 ~ 3): 478 ~ 486.

[89] 王国栋，刘相华．金属轧制过程人工智能优化[M]．北京：冶金工业出版社，2000.

[90] 边海涛，杨荃，刘华强，等．五机架冷连轧机的负荷分配计算[J]．冶金自动化，2007(1)：47 ~ 50.

[91] 李立新，刘雪峰，汪凌云．冷轧带钢板型最优的轧制工艺制度制订[J]．武汉科技大学学报，2000，23(1)：15～17.

[92] 苏逢西，蒋金梅，杨风臣．板带轧制规程最优化方法[J]．自动化学报，1996，129(2)：128～137.

[93] 刘兴刚，谭树彬，崔建江，等．冷连轧第5机架轧制力模型[J]．东北大学学报，2004，25(1)：5～8.

[94] 王军生，赵启林，矫志杰，等．冷连轧过程控制变形抗力模型的自适应学习[J]．东北大学学报，2004，25(10)：973～976.

[95] 龚辉，马京梅，衡毅．攀钢HC冷连轧机轧制数学模型优化[J]．轧钢，2001，18(3)：48～50.

[96] 张超，刘继，耿学鸿，等．攀钢冷连轧机轧制优化模型探析[J]．冶金自动化，1997(5)：4～7.

[97] 郭立伟，杨荃，郭磊．冷连轧过程控制轧制力模型综合参数自适应[J]．北京科技大学学报，2007，29(4)：413～416.